新版ET服装CAD软件操作手册　　　　纺织服装类"十四五"部委级规划教材
新型服装制版原理与CAD应用

U0151350

服装CAD 版型设计 原理与应用

张军雄　温海英◎编著

（第二版）

东华大学出版社·上海

图书在版编目(CIP)数据

服装CAD版型设计原理与应用 / 张军雄,温海英编著
. —2版. —上海:东华大学出版社,2023.7
ISBN 978-7-5669-2229-8

Ⅰ. ①服… Ⅱ. ①张… ②温… Ⅲ. ①服装设计—计
算机辅助设计—AutoCAD软件 Ⅳ. ①TS941.26

中国国家版本馆 CIP 数据核字(2023)第 120406 号

责任编辑　谢　未
封面设计　Ivy 哈哈

服装CAD版型设计原理与应用(第二版)

FUZHUANG CAD BANXING SHEJI YUANLI YU YINGYONG

张军雄　温海英　编著

出　　　　版:东华大学出版社(地址:上海市延安西路1882号　邮政编码:200051)
本 社 网 址:dhupress. dhu. edu. cn
天猫旗舰店:http://dhdx. tmall. com
营 销 中 心:021-62193056　62373056　62379558
印　　　　刷:上海颛辉印刷厂有限公司
开　　　　本:889 mm×1194 mm　1/16
印　　　　张:20.75
字　　　　数:678 千字
版　　　　次:2023 年 7 月第 2 版
印　　　　次:2024 年 7 月第 2 次印刷
书　　　　号:ISBN 978-7-5669-2229-8
定　　　　价:59.80 元

第二版前言

《服装 CAD 版型设计原理与应用》自第一版出版以来,承蒙读者厚爱,已多次重印。

随着服装产业的发展,服装款式和服装 CAD 的应用技术发生了很大的变化,通过这次修订,对第一版中的不妥之处进行了改善,同时增加了一些时尚款式和新的制版方法,使本书作为服装 CAD 制版教材案例更全面,内容更充实。

第二版主要在以下三方面做了修订:

1. 对第一版的疏漏和错误之处做了修改。

2. 增加了百褶裙、落肩袖、大廓形等近年来流行的女装款式及细节的 CAD 制版方法,增加了插肩袖的放码教学案例。

3. 增加了新的 CAD 制版方法操作案例,以满足更多读者对服装 CAD 制版的需求。

读者在使用本书时,如有疑问,或想系统学习服装 CAD 制版技术(视频操作),可通过电子邮件与编者联系,E-mail:756538847@qq.com。

由于编者水平有限,书中难免有疏漏和不足之处,再次望同行、专家赐教斧正。

编　者
2023 年春于广州

前 言

随着服装工业的飞速发展,服装 CAD 在服装企业的应用日益广泛。

深圳布易科技有限公司开发的 ET 服装 CAD 系统,以其强大的技术优势和市场适应能力在服装行业有了较高的市场占有率。

本书以布易(ET SYSTEM)最新版本为平台,系统介绍了 ET 服装 CAD 打版系统、推版系统、排料系统的功能和操作方法。

本书兼具以下三大功能:

1. 有工具书功能:可作为 ET 服装 CAD 系统的操作手册使用,系统操作工具和应用方法图文并茂,介绍详尽,方便查阅。

2. 有 CAD 版型设计应用功能:通过 ET 服装 CAD 系统的操作平台,分步图解服装 CAD 从结构制图到纸样制作、放缝标记、检测排料等全过程。

3. 平面服装制版教程功能:服装软件只是工具,本书将经典女装、男装款式从款式分析、新原型应用、纸样成图的全过程、全图解操作呈现,可作为平面制版方面的学习用书。

为方便各类读者的需要,全书对原型法和比例法结构设计兼顾、自动设计与手动设计同时操作,案例以图片演示为主,轻理论、重实践,同时配有清晰的图片,适合高校和各类培训机构教学需要,不同的款式、领型、袖型、风格都穿插在教学案例中,便于读者全面学习服装 CAD 制版、放码和排料技术,着重分析能力的培养、软件工具的应用,提高学习效果。

需要下载 ET 服装 CAD 相关学习资料的读者可以访问 ET 服装 CAD 官网 www. etsystem. cn。读者可以通过电子邮件与编者联系,E-mail:756538847@qq. com。

由于编者水平有限,书中有疏漏和不足之处望同行、专家赐教斧正。

编　者
2017 年秋于广州

目 录

第一章
服装版型设计基础

服装的结构设计方法,通常包括平面制版、立体裁剪、平面与立体结合裁剪、计算机软件绘制等。学习服装 CAD 版型设计,要掌握人体与服装、服装造型相关的因素,需要学习人体数据、人体的体型特征、服装立体与平面纸样的转换关系、人体活动规律、服装面料与工艺知识等。服装软件是服装版型设计的工具。

第一节　工业纸样人体数据

本书主要以中国女装市场上较普遍应用的人体数据为主要参考。服装企业用标准人体的尺寸进行打版,然后依据人体尺寸变化规律和款式变化进行放大或缩小处理。图 1-1 为我国成年女子中间体 160/84A 的主要部位数据,±后数据为 5·4 系列档差数据,可作为成品尺寸的档差。

人体体型差异较大,多种多样,有标准体型和特殊体型,如肥胖体、驼背体、挺胸体、凸肚体等,本书以工业纸型为研究对象,对特种体型暂不作研究,对涉及工业纸样的规格系列,参考相关国家号型标准中的规定,以人体的胸腰落差或臀腰落差将人体体型分为四种:A 代表标准体,Y 代表偏瘦体,B 代表偏胖体,C 代表较胖体。

上装中各种体型组别女性胸腰差数据如表 1-1 所示。

表 1-1　女性胸腰差体型数据　　　　　　　　　　　单位:cm

体型组别	Y	A	B	C
胸腰差	19～24	14～18	9～13	4～8

下装中各种体型组别女性臀腰差数据如表 1-2 所示。

表 1-2　女性臀腰差体型数据　　　　　　　　　　　单位:cm

体型组别	Y	A	B	C
臀腰差	4.5～6.8	4～6	3.5～5.2	3～4.5

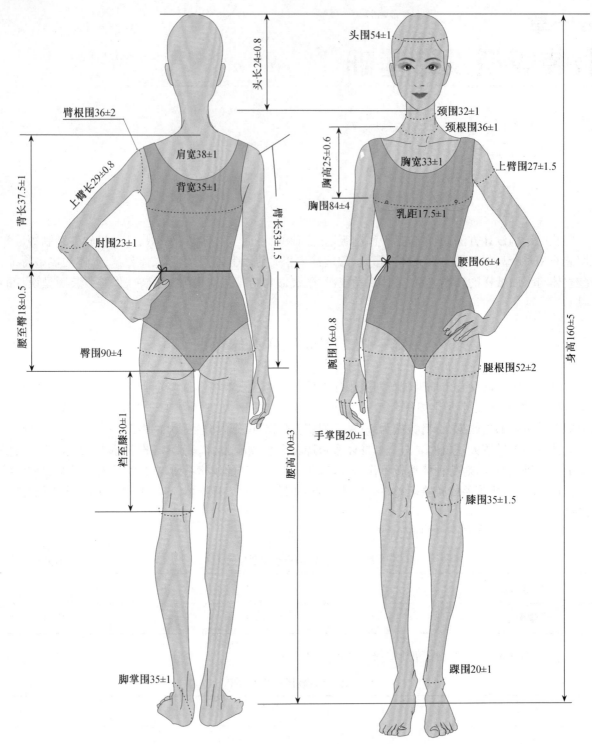

图 1-1　160/84A 成年女子人体静态数据(5·4 档差,单位:cm)

第二节　工业纸样制作流程

一、分析款式

在开始进行纸样设计之前,要进行款式分析,纸样设计的依据一般分为依设计图纸或已有样衣进行分析,款式分析包含廓形、长度和围度尺寸、结构分割、工艺细节、面料辅料等。

二、规格设计

在人体数据的基础上加放一定的松量和造型量,才能达到服装造型的要求。在平面制版中,对人体的数据进行归纳处理很重要,在工业纸样设计中,应用服装号型标准进行规格设计。

原型法纸样设计以原型纸样为基础进行各部位尺寸的放大或缩小。

身高、胸围、腰围是人体体型的基本数据,通过这些数据来推算人体其他部位的数据,误差最小。"号"代表身高,是设计服装长度的依据,如衣长、袖长、裤长等;"型"代表胸围或腰围,是设计服装围度的依据,可用下面的一元一次函数表示:

$$服装长度部位尺寸 = a \times 号 + b$$
$$服装围度部位尺寸 = c \times 型 + d$$

其中 a、b、c、d 为相关系数。

在工业纸样设计中,掌握平均体即中间体的数据很重要,其他规格按人体数据的变化规律进行放大、缩小(推档)。

服装加放松量与下列因素有关:

(1) 服装款式;

(2) 人体基本活动量;

(3) 款式立体造型需要的量;

(4) 服装材料。

常见服装放松量参考表 1-3。

表 1-3　　　　　　　　　　　　　　　　　　单位:cm

序号	品类	风格	松量
1	女衬衫、女西服	较贴体风格	胸围+6~8
		较宽松风格	胸围+12~20
		宽松风格	胸围+20~30
		大廓形	胸围+30 以上
2	连衣裙	贴体风格	胸围+0~4
		较贴体风格	胸围+4~6
		较宽松风格	胸围+10~18
		大廓形	胸围+30 以上
3	大衣、风衣、棉服	较贴体风格	胸围+10
		较宽松风格	胸围+15~20
		宽松风格	胸围+25~35
		大廓形	胸围+40 以上
4	半裙	无弹直身裙	臀围+2~6
		A字裙	臀围+4~10
		喇叭裙	臀围+10 以上,不受控
5	女裤	弹力贴体风格	臀围-(2~10)
		无弹贴体风格	臀围+0~4
		较贴体风格	臀围+6~10
		较宽松风格	臀围+10~16
		宽松风格	臀围+16 以上

三、绘制结构底稿

1. 作图

绘制服装结构图的方法很多,有原型法(基型法)、比例法等,对于平面服装构成,纸样的精确、合理性,一定要通过服装的假缝、立体试衣、修正的方法进行,以臻完美。

原型法绘制结构底稿,一般是先绘制原型,再在原型基础上进行加放处理和切展变化(图1-2)。

直接作图法一般是依据原型的数据和结构变化原理,直接绘制服装结构图(图1-3)。

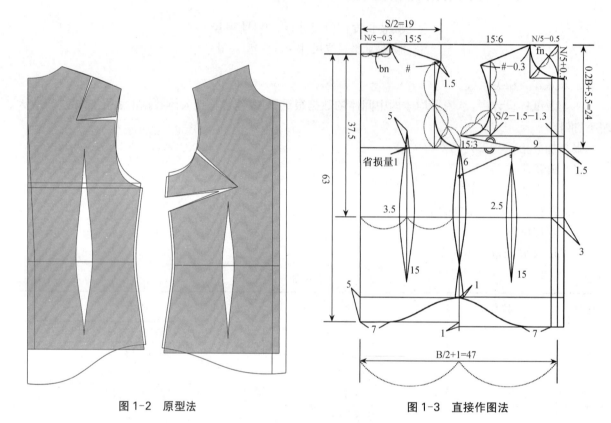

图1-2　原型法　　　　　　　　　图1-3　直接作图法

2. 纸样变化技巧

(1) 省道转移,将基础纸样的省道进行合并、分散或转移(图1-4)。

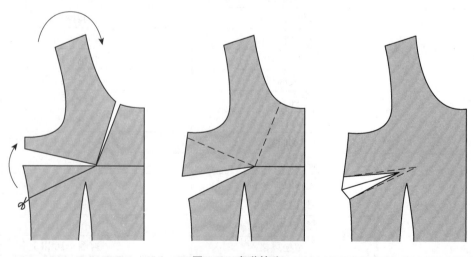

图1-4　省道转移

（2）将有关部位进行合并、展开或重叠处理，从而得到新纸样（图 1-5）。

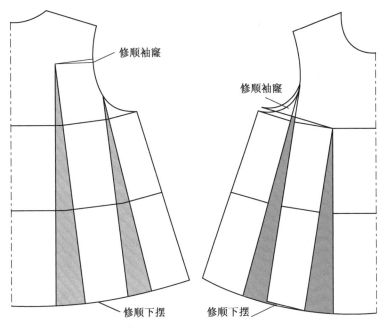

修顺袖窿

修顺袖窿

修顺下摆　　修顺下摆

图 1-5

3. 修正纸样

服装平面纸样经缝合以后，可能会有相关连接部位不圆顺的现象，或者有的部位对接点出现问题，这就需要缝合前在纸样阶段进行修正。

（1）纸样的前后片肩缝缝合以后，领窝或袖窿不圆顺时要重新修正，直至圆顺为止（图 1-6）。

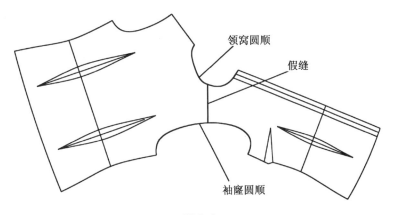

领窝圆顺

假缝

袖窿圆顺

图 1-6

（2）省道缝合以后出现不圆顺的现象，应用立体的思维进行修正（图 1-7）。

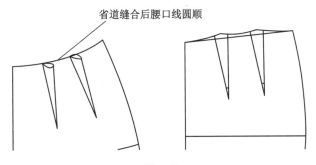

省道缝合后腰口线圆顺

图 1-7

（3）袖山弧线缝合后应确保其圆顺（图 1-8）。

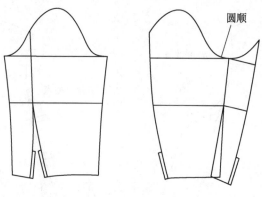

图 1-8

四、生成裁片

（1）加入缝份；

（2）加上对位记号：在省底、拉链止点、腰节点、裤子中裆、臀围侧缝点等处作刀眼，在距省尖 0.3 cm 处作钻孔；

（3）画上布纹线，为了裁剪的准确性，布纹线即经纱方向应画成通过纸样最长位置，画通，对称纸样应该在纸样的正反面都画上布纹线，以便于翻转纸样裁剪面料；

（4）注明布纹线信息，如款式（号）、纸样名称、片数、必要说明等。

五、试衣调板

要重视把平面二维的纸样假缝成三维的立体造型的必要性，当三维的服装构成完成后，可用人体模型或真人进行试衣，客观地评价三维立体效果，再对平面的二维纸样进行修正，直至达到设计效果。虽然现在计算机技术发展迅速，计算机 3D 试衣软件迅猛发展，但目前真人试衣仍是必不可少的环节。

第三节　服装 CAD 绘制工业纸样

一、服装 CAD 的硬件

服装 CAD 系统以计算机为核心，由软件和硬件两大部分组成（图 1-9）。硬件包括计算机、数字化仪、摄像机、手写板、数码相机、绘图仪、打印机、电脑裁床等设备。其中，服装 CAD 软件起核心控制作用，其他的统称为计算机外部设备，分别执行输入、输出等特定的功能。

（1）计算机：包括主机、显示器、键盘、鼠标等。

（2）输入系统：用这些设备可以方便地输入样版。拍照输入仪、数字化仪是一种图形输入设备，在服装 CAD 系统中，往往采用大型数字化仪作为服装样版的输入工具，它可以迅速将服装纸样输入到电脑中，并可以修改、测量及添加各种工艺标识，读取方便，定位精确。

（3）输出系统：

1）绘图仪，是输出 1∶1 纸样和排料的必备设施。大型的绘图仪有笔式、喷墨式、平板式和切割式。绘图仪可以根据不同的需要使用 90～220 cm 不同宽幅的纸张。

2）电脑裁床，可按照服装 CAD 排料系统的文件对布料进行自动裁切。可以最大限度地使用服装 CAD 的资料，实现高速度、高精度、高效率的自动切割。

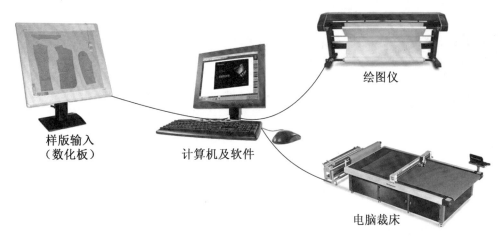

样版输入
（数化板）　　　计算机及软件

绘图仪

电脑裁床

图 1-9

二、服装 CAD 的优势和特色

（1）服装 CAD 智能化发展迅速，可以胜任平面手工制版所能实现的工作内容。服装 CAD 的专业化工具可以快速准确绘制手工制版难以完成的图形，如在纸样设计中经常用到的转省、切展、放缝、放码、排料等，在计算机软件中可以轻松实现。

随着服装 CAD 智能化的发展，还研发出了比较完善的三维服装 CAD 技术体系，覆盖三维服装人体建模、三维服装仿真、三维服装设计、二维与三维服装融合等。

（2）服装 CAD 的高效性、精确性、降低劳动强度等方面优于手工。

（3）服装 CAD 能降低生产成本，提高生产效率。

（4）服装 CAD 使所有纸样都数字化，便于纸样的存档、查阅、修改、远程纸样传送等。

三、服装 CAD 的学习提高方法

服装软件仅仅是工具，要达到精准、科学、合乎人体结构规律和设计款式的要求，关键还是操作人员对服装结构原理的理解和服装造型能力的把握，要把积累的服装结构设计经验与试衣调整技术相结合，将服装制版原理与应用相结合，将服装 CAD 软件的智能化和真人着装、产品品质和设计精确合理化相结合。

第二章
ET 服装 CAD 操作指南

随着计算机技术的飞速发展,计算机在服装领域的应用已经从服装设计渗透到制作的各工序,主要包括 3 个方面:服装计算机辅助设计(Garment Computer Aided Design,简称服装 CAD)、服装计算机辅助制造(Garment Computer Aided Manufacture,简称服装 CAM)、服装企业管理信息系统(Garment Management Information System,简称服装 MIS)。其中,服装 CAD 系统包括款式设计、样片设计、放码、排料、人体测量、试衣等功能;服装 CAM 系统包括裁床技术、智能缝纫、柔性加工等功能;服装 MIS 系统是对服装企业中生产、销售、财务等信息的管理。随着经济的发展,现代服装的生产方式由传统的大批量、款式单调转变为小批量、款式多样化。服装生产企业利用计算机技术,可以提高服装的设计质量,缩短服装的设计周期,获得较高的经济效益,同时减轻劳动强度,便于生产管理。

服装 CAD 系统主要包括:结构设计系统(Pattern Design System)、推版设计系统(Grading Design System)、排料设计系统(Marking Design System)和试衣设计系统(Fitting Design System)。

深圳布易科技有限公司研发的 ET 服装 CAD 系统技术成熟,操作便捷,在服装行业应用较为广泛。

第一节 打 版 系 统

软件安装完成后,双击桌面软件打版、推版 图标即可进入系统界面(图 2-1)。系统的工作界面就如同用户的工作室,熟悉了这个工作界面也就是熟悉了工作环境,自然就能提高工作效率。

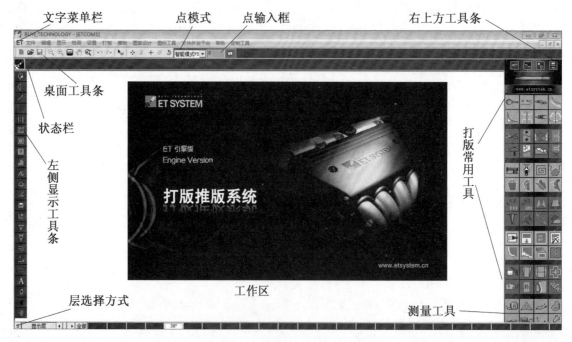

图 2-1

一、桌面工具条

图 2-2

图 2-2 所示桌面工具条用于放置常用命令的快捷图标,为快速完成打版、排料工作提供了极大的方便,还包括点选择模式、点输入框和要素选择模式。桌面工具常用操作见表 2-1。

表 2-1

图标	名称	功能	操作方法	图例
	文件新建	当前画面中的内容全部删除,创建一个新画面	如画面上有图形,则会弹出如右提示窗 鼠标左键按"是",即可创建一个空白工作区	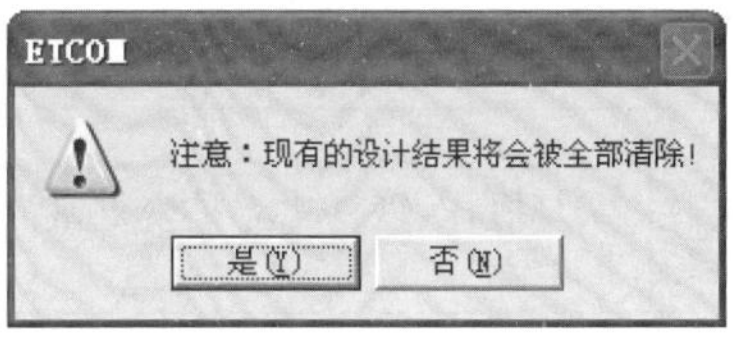
	文件打开	打开一个已经存在的文件	鼠标左键点击该图标,会弹出右图对话框	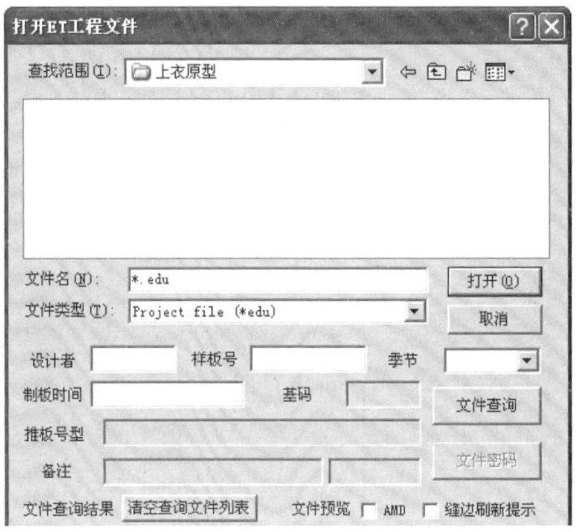
	文件保存	保存当前文件	保存当前文件,出现右图所示界面	 文件保存完毕!
	视图缩小	整个画面以屏幕中心为基准缩小	鼠标左键每选择一次此功能,画面就缩小一次	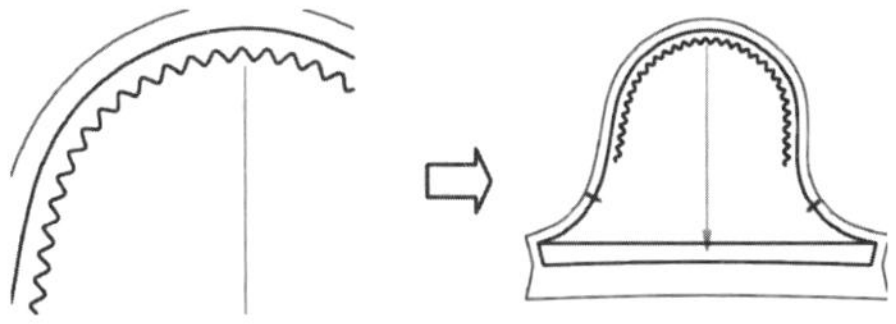
	区域放大	通过框选区域,放大画面	鼠标左键拖动两点位置1、2 按 Shift+鼠标左键框选,可以无限放大 注:右键结束可回到之前使用的工具	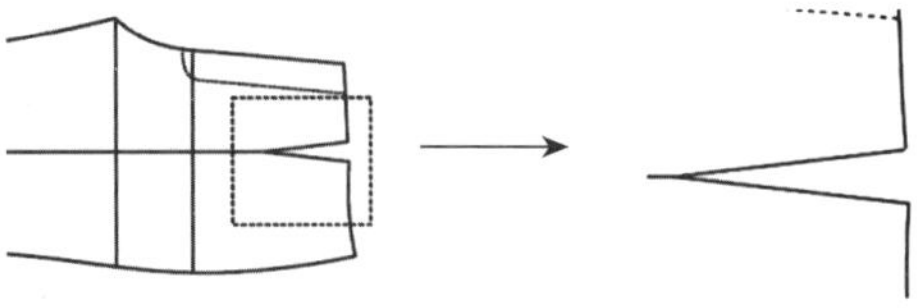

（续　表）

图标	名称	功能	操作方法	图例
		充满视图:将画面中的所有内容完全显示在屏幕上		
		手动移屏:拖动鼠标,移动画面到所需位置		
		恢复前一画面:回到前一个画面状态		
		撤消操作:依次撤消前一步操作,撤消功能用于按顺序取消做过的上一个操作步骤 打版、推版系统可由用户自定义撤消步数		
		恢复操作:恢复功能是恢复撤消的操作,打版、推版系统可由用户自定义撤消步数		
	删除	将选中的要素删除	(1) 鼠标左键框选或点选要删除的要素,右键结束操作 (2) 此功能可以删除除了刀口以外的所有内容	
		删除多级纱向和刀口	按 Ctrl 键可删除多级纱向和刀口	
	平移	按指示的位置,平移选中要素	(1) 鼠标左键选择平移类型 (2) 鼠标左键选择要移动的要素框选,右键结束选择 (3) 按住鼠标左键,移动要素至所需位置,松开	左键框选或点选
		精确旋转平移、缩放平移、平移复制、平移纱向、水平垂直镜像	松开鼠标前,按 Q、W 键可精确旋转,按 A、S 键可缩放,按 Ctrl 键,则为平移复制,并可多次复制,按 Ctrl 左键点纱向可平移纱向,按 D、F 进行水平垂直镜像	
		按输入数值平移	智能模式F5 ▾ 0 横偏移 10 纵偏移 5 单步长 5 数值平移	
		指定单步长平移	在输入框处,输入数值,按小键盘上的 2、4、6、8 键,则按指定单步长平移要素	
		平移联动	选择联动,修改母片时,复制出的裁片同时改动 注:8=上移、4=左移、6=右移、2=下移	

图标	名称	功能	操作方法	图例
正	水平垂直补正	将所选图形按指定要素做垂直补正	（1）鼠标左键选择参与补正的要素框选,右键结束选择 （2）鼠标左键选择补正参考要素点(如选择靠中点下端要素,则裁片以此端点靠左下方旋转补正,如中点靠上,则反方向补正;如果补正参考要素是曲线,则按曲线两端点连成的直线做补正) （3）系统自动做垂直补正	
		将所选图形按指定要素做水平补正	按 Shift＋补正的参考要素,系统自动做水平补正	
＋	水平垂直镜像	对选中的要素做上下或左右的镜像	（1）左键选择镜像类型 （2）左键选择要做镜像的要素框选,右键结束选择 （3）左键指示镜像轴鼠标点1、点2为垂直镜像,点3、点4为水平镜像,点5、点6为45°镜像 （4）在指示最后一点之前按 Ctrl 键,为复制镜像 （5）选择联动,修改母片时,复制出的裁片同时改动	
⬚	要素镜像	将所选要素按指定要素做镜像	（1）鼠标左键选择要做镜像的要素框选,右键结束选择 （2）左键指示镜像要素点(如果镜像要素是曲线,则按曲线两端点连成的直线做镜像) （3）在指示最后一点前按 Ctrl 键,为要素镜像复制 （4）要素镜像后刷新系统自动检测重合要素	
↻	旋转	将选中要素按角度或步长旋转	（1）鼠标左键框选需要旋转的裁片,右键结束 （2）左键指示旋转的中心点,左键拖动到需要旋转的位置,按住 Ctrl 键为复制 （3）在指示最后一点之前按 Ctrl 键,为复制旋转 （4）在"旋转角度"处输入数值,可以按指定角度旋转	

（续　表）

图标	名称	功能	操作方法	图例
			（5）在"旋转步长"处输入数值，可以用小键盘上的 2、4、6、8 键，按指定步长旋转	

二、点模式与要素模式

图 2-3 所示为点模式与要素模式。点模式种类见表 2-2。

| 智能模式F5 ▾ | 1.5 | ⬙ | 长度 | 0 | 宽度 | 0 |

图 2-3

表 2-2

点名称	快捷键	使用方法
端点		（1）选择要素中心偏向侧的位置，就会选到端点 （2）此点可输入数值，如输入正值 5，则会在线上找到 5 cm 的位置，如输入负值，则在线外找到相应数值的位置
交点		（1）直接选择两线交叉位置，就会选到相应的交点 （2）如输入数值 2，则会找到距交点 2 cm 的位置 （3）交点模式不可输入负值
比例点		（1）通过输入比例，并指示中心偏向侧，找到相应点的位置 （2）比例可以输入小数或分数
要素点	F4	要素上的任意位置
任意点智能点	F5	（1）屏幕上的任意位置 （2）多数情况下，只需使用此种点模式 （3）在画面上移动，端点与交点会自动变红 （4）如输入大于等于 1 的数值，则起始位置的点与系统自动找到的相应的数值点，都会变红 （5）如输入 0~1 之间的数值，如输入 0.5，系统会自动找到两个位置，一是距端点 0.5 cm 的位置，此点为红色；二是要素上 1/2 位置，此点为黄色 （6）如输入 0.5，1，系统会自动找到 1/2 偏离 1 cm 的两个位置，要素上的任意点与屏幕上的任意点，只需直接指示

要素模式有三种，见表 2-3。

表 2-3

要素模式	使用方法
点选	（1）鼠标左键通过点击的方式，一条一条地选择 （2）错选的要素，再次选择时，将被取消
框内选	（1）鼠标左键按下，拖住移动，形成框后松开，框内的要素均被选中 （2）错选的要素，可以点选的方式，一条一条地取消
压框选	（1）鼠标左键按下，拖住移动，形成框后松开，框内的要素与边框线碰到的要素均被选中 （2）错选的要素，可以点选的方式，一条一条地取消

三、左侧工具条

单击桌面左下角 S，将弹出左侧工具条（图 2-4），再次单击，则隐藏。左侧工具条功能介绍见表 2-4。

图 2-4

表 2-4

序号	图标	功能	序号	图标	功能
1		刷新参照层	13		缝边宽度标注
2		显示参照层	14		缝边要素刀口
3		显示要素端点	15		省线要素刀口
4		单步联动更新	16		省尖打孔
5		单步缝边刷新	17		显示放码点
6		线框显示	18		显示点规则
7		填充显示	19		显示切开线
8		裁片信息	20		文字显示
9		单片全屏	21		隐藏缝边
10		动态长度显示	22		隐藏净边
11		弦高显示	23		隐藏裁片
12		要素长度标注			

四、打版常用工具

在 ［空 CM ▥］ 中的 CM 下拉中的图形面板,可实现常用打版工具大小图标的切换(图 2-5)。

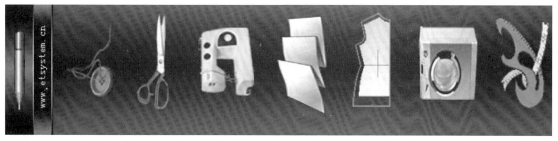

(1)

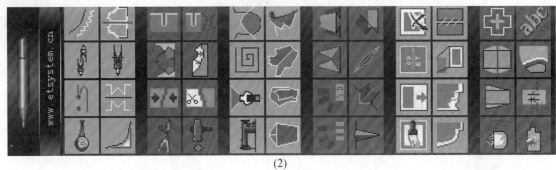

(2)

图 2-5

（一）智能工具操作说明（表 2-5）

表 2-5

图标	名称	功能	操作方法	图例
智能工具（作图类）（先左键点选）	智能工具（作图类）（先左键点选）	（1）绘制矩形	（1）在输入框处输入数值在空白处单击鼠标左键，再左键点击第二点位置 （2）按 Shift 键，双击鼠标左键，可绘制任意大小的矩形 （3）当屏幕上没有任何要素时，框选也是矩形	点1 点2
		（2）丁字尺	先鼠标左键点击第一点，按一下 Ctrl 键并松开，使智能工具切换到丁字尺的状态（丁字尺指水平、垂直、45°方向），然后鼠标左键点第二点，再输入长度数值，则按指定长度作水平、垂直、45°方向的线 注意：Ctrl 键为切换键，可在任意直线和丁字尺两个功能间切换	点1　点1　点2　点2 点1 点2
		（3）绘制直线	在屏幕上点击一下鼠标左键并松开，移动鼠标后，左键点击第 2 点，右键结束直线操作。在输入框输入数值，则按指定长度作任意角度的直线	点2 点1
		（4）绘制曲线	鼠标左键依次单击曲线点（曲线点数≥3），右键结束曲线操作	点3 点1 点2　点4
		（5）省道	在输入框处输入数值 智能模式F5▼　0　长度　12　宽度　3 ，长度是省长，宽度是省宽，鼠标左键单击要做省的要素。鼠标左键指示省的方向，如果想在线的 1/3 处做省，则在点输入框内输入0.33 智能模式F5▼　0.33　长度　12　宽度　3	点1 点2
		（6）单向省	在输入框输入省宽，宽度　3　鼠标左键单击要做省的要素（省张开的一端），左键指示省的方向	点1 点2

（续　表）

图标	名称	功能	操作方法	图例
智能工具（修改曲线类）（先右键点选）		（1）调整曲线	右键点击曲线，左键按住曲线上的点，拖动到目标位置，松开。依次调整曲线上的其他各点，调整完毕后，右键结束操作	
		（2）调整曲线增减点	（1）在调整曲线状态下按 Ctrl 键＋左键，可以增加曲线上的点 （2）减点：Shift 键＋左键，可以删除曲线上的点	
		（3）点群修正	Ctrl 键＋鼠标右键，点击需要修改的曲线，左键拖动曲线上的点，进行修改	
		（4）直线变曲线	右键点选直线，中间自动加出一个曲线点	
		（5）定义曲线点数	右键点选曲线后，在输入框 点数 0 处，输入点数，右键确定	
		（6）两端固定修曲线	右键点选要修改的线，在输入框 长度 0 处，输入指定长度，左键点住要调整的曲线点拖动	
智能工具（修正类）（先左键框选）		（1）角连接	鼠标左键框选成角两条线的调整端，角连接的框选一次最多只能框选两条线	
		（2）长度调整	先输入数值，左键框选线的调整端，右键结束操作。在输入框的数值为直接定义整条线的长度，在此处输入的数值为线加长或减短的长度。数值加长为正，减短为负	
		（3）一（两）端修正	左键框选被修正线的调整端（允许多条） 左键点选修正线（一条为一端修正，两条为两端修正） 右键结束操作 框选修正端时，必须注意框选位置，不能超中点	

（续　表）

图标	名称	功能	操作方法	图例
		（4）平行线	（1）左键框选参照要素，按住 Shift 键＋右键指示平行的方向 　　在长度输入数值，可作指定距离的平行线 （2）在调整量处输入数值，可作指定条数的平行线；或在长度输入数值，在宽度输入条数，框选裁片后按 P 键	
		（5）省折线	左键框选需要做省折线的四条要素，右键指示倒向侧	
		（6）转省	左键框选需要转省的线，左键依次点选闭合前、闭合后的省线及新省线，右键结束	闭合前 闭合后 新省线
		（7）端移动	左键框选要移动的端，在松开左键前，按住 Ctrl 键，松开左键及 Ctrl 键。鼠标右键点选新的位置。智能笔中的端移动功能与单独的端移动功能做出的多端点移动的效果不同。智能笔会保留原多端点的状态。端移动会把原来的多端点变成同一个端点	端点 新端点 端点 新端点
		（8）删除	左键框选要删除的线，按 Delete 键（或 Ctrl＋右键），则选中的线被删除	

（二）常用打版工具组一——打版类图标操作说明

图 2-6 所示为打版类图标，打版类图标操作说明见表 2-6。

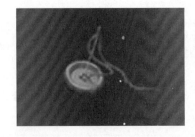

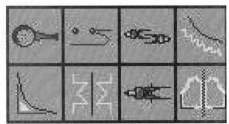

图 2-6

表 2-6

图标	名称	功能	操作方法	图例
扣子扣眼	扣子扣眼	在指定位置生成扣子扣眼	先用鼠标左键点选图上所需扣子扣眼的形状,如右图所示	
			(1) 做等距扣子扣眼,在屏幕上方选择 ⊙ 等距 ① 先输入扣眼的直径、个数和扣偏离量 ② 鼠标左键依次输入扣眼基线特征点(特征点不少于两个)鼠标点 1、鼠标点 2 ③ 鼠标右键生成扣眼基线 ④ 鼠标左键指示扣偏离方向点 3,鼠标右键生成扣眼	点1 点2 点1 点3 点2
			(2) 做不等距扣子扣眼,在屏幕上方选择 ⊙ 非等距 ① 先输入扣眼的直径和扣偏离量,及距第一、第二粒扣子之间的距离 ② 鼠标左键依次输入扣眼基线特征点起点 1、终点 2 ③ 鼠标右键生成扣眼基线 ④ 鼠标左键指示扣偏离方向点 3,生成第一、第二粒扣眼 ⑤ 依次输入下一个距离,鼠标左键预览扣眼位置,鼠标右键生成所有扣眼	点1 点3 点2
			① 点选"空白位置"为一字扣眼,按 Shift 键＋右键可使扣子扣眼同步生成。扣偏离量＝扣眼比扣子大的量 ② 在按鼠标右键前,按 Ctrl 键＋左键,做出的扣眼为纵扣眼,扣眼的大小应平分(扣眼大小＝直径＋扣偏离量) ③ 自定义扣子扣眼形状。先做好扣子扣眼形状(大小为 20 mm),然后用附件登录功能将形状登录进附件库中的 ETNSHAPER 组件中	
			注意: ① 基线特征点为曲线,则扣眼生成在曲线上(曲线上连续点击) ② 当纵扣眼直径和扣偏离数值相等时,必须选择一字形扣眼	
端移动	端移动	将一个或多个端点移动到指定的位置	鼠标左键选择类型, ⊙ 局部 ● 整体 "局部"线端作局部移动,"整体"为线的点列整体移动 鼠标左键点选或框选线的移动端,鼠标右键结束选择,鼠标左键点选移动后的点(或拖动鼠标到新的位置),按 Ctrl 键可以复制	13.29 17.53 22.54

（续　表）

图标	名称	功能	操作方法	图例
	双圆规	通过指示两点位置，同时作出两条指定长度的线	鼠标左键指示目标点 1，鼠标左键指示目标点 2 在输入框输入半径 1、半径 2 的数值，则指定半径作线。当半径 1、半径 2 为 0 时，可作任意长度的线，如西装驳头形状	7.49　点1 14.5 点2
	工艺线	生成各种标记线	在下拉框中选择所需线型	明线 ▾ 明线 波浪线 等分线
			（1）明线。在指定要素的方向位置作明线标记。在输入框输入距离 1、距离 2、距离 3 数值（如只作双明线，距离 3 处可不填）。鼠标左键指示要作明线的要素鼠标点 1，鼠标左键指示明线的方向鼠标点 2，修改基础边后，需要选择菜单→服装工艺→刷新明线，框选基础边，鼠标右键结束。 注意：如先在系统属性设置中选择明线，进入推版系统会自动计算其他号型的明线	点1：作明线要素 点2：明线方向
			（2）波浪线。在裁片内代表吃势量的波浪线标记 鼠标左键在作波浪线的要素上指示起点点 1，鼠标左键指示波浪线的终点点 2，鼠标左键指示波浪线的位置方向点 3	点3 点1　　点2
			（3）等分线。按指定等分数，在一条要素线上，两点的等分标记 在输入框输入等分数值，鼠标左键指示两点位置，等分线生成。"捕捉"通常用于曲线的位置，"不捕捉"通常用于悬空两点的位置 注意：生成的等分线为辅助线的形式	点1　　点2 点1 点1　　点2
	圆角处理	对两条相连接的要素做等长或不等长的圆角处理	等长和不等长可按 Shift 键进行切换。 鼠标左键框选参与圆角处理的两条要素后按住鼠标左键拖动，选择圆角的半径大小，松开时，确定圆角的最终位置。在输入框处输入数值，则按指定半径作圆角	2.3.4　3.55 3.55 等长

（续　表）

图标	名称	功能	操作方法	图例
	对称修改	在作对称的过程中同时修改曲线	鼠标左键框选要修改的要素,鼠标右键结束选择。鼠标左键指示对称轴点 1、点 2。此时可以直接修改原曲线或对称过的曲线,按 Ctrl 键可加点,按 Shift 键可减点。修改完毕,可以按提示保留相应的边(留原边、留新边或全部保留)	点1 点2 点1 点2
	量规	通过某点到目标线上,作指定长度的线	鼠标左键指示起点 1,鼠标左键指示目标线点 2,在输入框输入半径数值,则按指定半径作长度线 智能模式F5 ▾　1　半径 19.5	点1 点2
	要素属性定义	将裁片上任何一条要素变成自定义线的属性	鼠标左键选择要素属性框后框选要素,鼠标右键结束 要素属性定义名称解释见表 2-7 注意:第一次框选要素,是定义要素属性;再次框选该要素,则变为普通要素	要素属性定义 辅助线 对称线 全切线 必出线 不对称 虚线 不输出 半切线 优选线 普通剪切线 清除 不推板 非片线 加密线 0 曲线 充绒分割 对格线 区域剪切线 3D工艺线 3D标记线

表 2-7

序号	名称	解　释
1	辅助线	(1) 要素变成辅助线后,将不参与加缝边的操作,当进入推版与排料模块时,不显示辅助线 (2) 如果在文件菜单→系统属性设置→操作设置中,选择 ☑禁止对辅助线操作 ,则在打版时,只能捕获到辅助线上的点,不能选择辅助线。只有"设置辅助线"功能,才能选择辅助线 (3) 如果想删除所有辅助线,可选择"编辑"菜单中的"删除所有辅助线"命令
2	虚线	将实线变为虚线,虚线变为实线
3	清除	设过其他类型的线,变回普通实线
4	曲线	与其他软件生成的文件互通时,将产生的折线转换成曲线
5	对称线	将衣片上任何一条直线边变成对称边。若此时刷新缝边,被对称边立即呈现,修改时只需修改真实的一边(一块裁片上只允许有一条对称线,且必须为整线)
6	不输出	在排料或输出模块中,不输出的线
7	不推版	只在基础码上出现,不进入其他号型
8	对格线	裁片进入排料时,对需要对格对条的要素进行设置
9	全切线	针对切割机操作时,胸围线等单独线型的切割定义
10	半切线	裁片上的对称线,如在切割机中输出,可切半刀,便于纸样折叠
11	非片线	不参与加缝边的线

（续　表）

序号	名称	解　释
12	必出线	一定会输出的内线。在输出选项中，内线统一被称为工艺线。如果裁片内只有极少的工艺线需要输出，又不希望将其他的工艺线删除，就可以在打版中将其定为必出线，而在输出时，不必勾选工艺线
13	优选线	优先被选择的线。当两条线重合在一起时，定义为优选线属性的线会被优先选择
14	加密线	用于曲线弧线过大时做保型处理
15	不对称	此功能只对设过对称线的裁片起作用。定义过不对称属性的要素，在使用刷新缝边功能后，不会自动做对称处理
16	剪切线	用于服装的褡棉线位置，先输入等距离再选基线。刷新缝边后可看到效果。当数值为 0 时，可以作不规则的褡棉线

F9 功能介绍

用来查看要素定义过的属性。

| 对称 | 辅助 | 不出 | 明线 | 剪切 | 不推 | 文字 | 扣子 | 打孔 | 虚线 | 全切 | 半切 | 必出 | 优选 | 非片 | 不对称 | 加密 | 角度 | 3工艺 | 3标记 | 任意 |

长度：41.003厘米，　　缝边宽度1：-----　　　　缝边宽度2：-----　　　　属性：非片线

（1）输入 F9 可打开或关闭此功能。

（2）点击上面的文字按钮，系统就会将相应选项的要素用绿色显示。

（3）"任意"是指显示全部要素。

（4）当鼠标移动到裁片中时，会显示如下与裁片相关的信息。

裁片名称：后片　　　　布料名称：面A　　　　对称性：对称　　　　附注：

（5）当光标移到线上时，会显示如下与线相关的信息。

长度：38.177厘米，　　缝边宽度1：1.000厘米，　　缝边宽度2：1.000厘米，　　属性：

（三）常用打版工具组二——剪切类标记操作说明

图 2-7 所示为剪切标记，剪切标记功能见表 2-8。

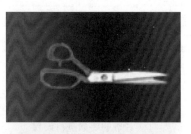

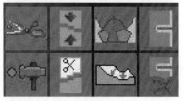

图 2-7

表 2-8

图标	名称	功能	操作方法	图例
	点打断	将指定的一条线按指定的一个点打断	左键点选需要打断的线点 1,左键指示打断位置点 2 如需按指定位置打断,则在点输入框输入数值,再进行如上操作	点1点选要素　　　点2点选要打断的位置
	形状对接	将所选的形状,按指定的两点位置对接起来	左键选择需要对接的形状框选,左键点选对接前的起点 1 和终点 2,左键点选对接后的起点 3 和终点 4。在鼠标指示第 4 点之前按 Ctrl 键,为形状对接复制功能 此功能可多层操作,直接点左下角的 全部 可查看所有号型 注意:不能直接点展开	点1　　点2 点3　　点4
	袖对刀	将裁片上的袖窿位置与袖片上的袖山位置同时生成刀口	(1) 左键选择前袖窿框 1、框 2,右键过渡到下一步 (2) 左键选择前袖山框 3、框 4,右键过渡到下一步 (3) 左键选择后袖窿框 5,鼠标右键过渡到下一步 (4) 左键选择后袖山框 6、框 7,鼠标右键出现如右对话框 (5) 在"袖对刀"对话框中,输入相关数值后,按确认键 (6) 注意事项: ① 大袖的袖山弧线必须是一条曲线,指示必须按曲线顺序 ② 袖对刀在后袖窿曲线及后袖山曲线上生成的第 1 个刀口一律为双刀 ③ 勾选"刀口 1 从袖顶刀口向下算起"则第 1 个刀口,从袖顶向下计算 ④ 勾选"刀口 2 从袖顶刀口向下算起"则第 2 个刀口,从袖顶向下计算 ⑤ 袖顶刀口位置如需自定义,则在袖顶刀口处输入:前袖窿＋前袖溶位	袖对刀
	刀口	在指定要素上作对位剪口	首先在下拉框中选择所需刀口的形状,并选择 ● 单刀　● 双刀	NONE / 直线 / T型 / U型 / 外V / 内V

图标	名称	功能	操作方法	图例
			注意:其中 NONE 刀口进入排料后可修改刀口类型 (1) 普通刀口。按输入的数值或比例,在指定要素的方向生成刀口。在输入框输入数值或比例,左键框选要素的起始端,右键结束操作 (2) 要素刀口。在指定要素上,按另一要素的延伸方向生成刀口。左键先点选要作刀口的要素点 1,左键点选决定刀口位置的要素点 2,鼠标右键生成刀口。要素刀口在该要素删除后将不存在。作要素刀口的过程中,如按住 Ctrl 键加右键确定,可按要素的反转方向作刀口 (3) 指定刀口。在指定要素上,按任意点的位置生成刀口;在点输入框输入数值则可打距离刀口。左键先点选要作刀口的要素点 1,右键点选刀口位置点 2	
⬥🔨	打孔	在裁片上生成指定半径的孔标记	鼠标左键选择打孔形状和类型 在输入框输入打孔长宽数值,鼠标左键指示打孔位置点,如需修改打孔点尺寸,则选择菜单"服装工艺"设置打孔点尺寸,输入打孔点半径尺寸,框选打孔点,鼠标右键结束 在做附件时,不用考虑尺寸要求,打孔的图形大小由输入的数值决定 打孔的图形在附件库中的组名: ETHSHAPER.prt,点空白处为默认圆形打孔 注:打孔功能与半径圆功能的作用完全不同,用打孔功能作的是一种特殊的标记,使用切割机出图时,会在纸上直接打孔	
✂	纸形剪开	沿裁片中的某条切割线将裁片剪开,或复制剪开的形状	鼠标左键选择需要剪开的要素框选,鼠标右键过渡到下一步 鼠标左键松开前按 Ctrl 键,为复制功能 此功能可多层操作(注:多层剪开时一定要保留母板) (1) 直接剪开	

（续 表）

图标	名称	功能	操作方法	图例
			（2）复制剪开	
	贴边	在裁片上生成等距的贴边形状	（1）在输入框输入贴边宽数值 （2）鼠标左键选择参与做贴边的要素框选 （3）拖动鼠标左键，指示贴边位置，松开鼠标，完成贴边操作 　如选择 ⦿固定 ○移动 拉伸时，会在原来的基础上另加出一条贴边线 　如选择 ○固定 ⦿移动 拉伸时，则是直接移动参考线。如未输入任何数值，则按指示位置做贴边	29.03 -·-3.43
	修改及删除刀口	修改已做好的刀口的数值，或删除刀口	（1）鼠标左键框选刀口，在输入框填入要修改的数值或比例 （2）鼠标右键结束操作 　框选刀口后按下 Delete 键，为删除刀口 　框选刀口后按下 Ctrl 键，可以修改刀口的方向 　框选刀口后按下 Shift 键，可以修改刀口的起始端	
			框选刀口后按右图选择所需选项，右键结束，可修改刀口的形状 注：修改刀口时只能一次框选一个刀口。删除刀口时可以一次框选多个刀口	直线 ▼ NONE 直线 T型 U型 外V 内V

（四）常用打版工具组三——自动成型类图标操作说明
图 2-8 所示为自动成型类图标，操作说明见表 2-9。

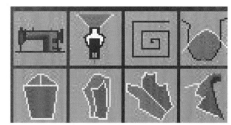

图 2-8

表 2-9

图标	名称	功能	操作方法	图例
	接角圆顺	将裁片上需要缝合的部位对接起来，并可以调整对接后曲线的形状，调整完毕后，调整好的曲线自动回到原位置	先选择"不合并"，再进行如下操作： (1) 鼠标左键依次选择被圆顺的曲线点 1、点 2、点 3，右键过渡到下一步 (2) 鼠标左键选择与曲线连接的要素点 4、点 5、点 6、点 7，右键过渡到下一步（选择曲线时，应注意中点、方向需一致） (3) 鼠标左键直接修改曲线点列，修改完毕，右键结束操作，被修改后的曲线将自动回到初始位置 (4) 如确定后还需继续修改，则按下 Ctrl 键，框选其中一条要素后，右键结束 (5) 加按 Shift 键可 3D 仿真显示 注意：此功能可画圆顺的位置包括裁片下摆、前后袖窿曲线、大小袖的拼接等	
			鼠标指示被圆顺的曲线前，如先选择"合并线"，并输入节点数 节点数 10 ，就会把被圆顺的线拼成一条 10 个点的曲线，此时可以调整整条曲线的曲度。在调整的状态下，鼠标左键点住缝合线，可以调整缝合线的位置	点选缝合线时一定要点在此线上
	拉链缝合	将两个裁片假缝后，做工艺线的处理	(1) 鼠标左键按顺序点选固定侧的要素点 1，右键过渡到下一步 (2) 鼠标左键框选所有移动侧的要素，右键过渡到下一步 (3) 鼠标左键按顺序点选移动的要素点 2，右键后，可以在对合线处滑动 (4) 鼠标右键或按 Q 键定位退出 (5) 此时可以在对合好的裁片上作新的工艺线，如口袋位 (6) 按 Alt＋H 键将对合裁片复位，如确定后还需继续修改，则按下 Ctrl 键，框选其中一条要素后，右键结束 当缝合的片距离不等时，需移动其中一片位置再对位。按 D、F 进行移动侧调整，按 N 键可打对位刀口，按 Shift 键可以更换对齐端 Alt＋H 复位功能只能在裁片上使用，未加缝边的线条不能使用此快捷键	框2 点1 右键或按Q键定位退出

（续　表）

图标	名称	功能	操作方法	图例
				Alt+H键将对合裁片
	螺旋操作	用于做夸张的荷叶领,可以最大程度地节省布料。鼠标左键在屏幕任意位置点击后弹出螺旋形状框与调整对话框,在右图中,输入所需尺寸或拉动长度或间距滚轮调整至满意程度后按确定		
	袖综合调整	将袖山与袖窿组合在一起进行调整,并且可以将拉链缝合查看效果	注意:(1) 前后大身必须是裁片且前中向左,袖山顶点必须打断,前袖向左 　　　(2) 选择前后袖窿时,必须选择靠夹底的位置 　　　(3) 选择袖山时,必须靠侧缝边 ① 鼠标左键选择前袖窿线,鼠标右键过渡到下一步,左键选择后袖窿线,右键过渡到下一步 ② 鼠标左键依次点选大袖前袖点 1、小袖前袖点 2,右键过渡到下一步 ③ 鼠标左键依次点选大袖后袖点 3、小袖后袖点 4,弹出如右预览图与设置框,调整好自己所需版型,可点选 拉链缝合 来查看缝合效果,确定结束 如确定后还需继续修改,则按下 Ctrl 键,框选袖窿其中一条要素后,右键结束 调整时,袖山线会随溶位大小自动变换颜色:溶位<1 cm 时,线条为绿色;溶位≥1 cm且<1.5 cm 时,线条为白色;溶位≥1.5 cm时,线条为红色	点4　点3 点2　点1 前袖窿长 22.48 前袖山长 23.95 前袖溶位 -1.47 前袖山长 23.93 前袖山 25.48 后袖溶位 -1.55

（续　表）

图标	名称	功能	操作方法	图例
	一枚袖	通过已知的前后袖窿的数值，自动生成一枚袖	（1）鼠标左键选择右图（普通、两枚袖、袖综合）生成状态 （2）鼠标左键选择前袖窿，右键过渡到下一步 （3）鼠标左键选择后袖窿，右键过渡到下一步 （4）在合适的位置指示袖山基线点 （5）弹出对话框后，按需要调整袖山的形状及数据 （6）在 总溶位 [2] 溶位调整 填入溶位量，左键点击"溶位调整"，完成一枚袖 （7）增加两枚袖和袖综合串连，生成的两枚袖自动命名，可替换原有裁片并生成 3D 仿真显示	注意：袖肥、袖高只允许其中一项与总溶位匹配，且袖肥、袖高不能同时设置数值
	两枚袖	将一片袖直接生成两枚袖，并可 3D 仿真显示	（1）鼠标左键指示前袖山曲线点 1 （2）鼠标左键指示后袖山曲线点 2，出现对话框 （3）修改尺寸后，按"预览"键，可看到调整尺寸后的图形变化 （4）所有尺寸修改完毕，按"确认"键，两枚袖生成 （5）生成后自动命好裁片名并可替换原同名裁片	
			设置缺省参数：可以将自定义的合理参数保存起来 恢复缺省参数：可以将最后一次保存过的缺省参数调出 注意：将要做两枚袖的一片袖，袖山曲线必须是前袖山、后袖山两段曲线	
	插肩袖	通过已知的前后袖窿的数值，自动生成插肩袖	注意：裁片的摆放必须是前中向左，后中向右 （1）鼠标左键框选所有的前袖线，右键过渡到下一步 （2）鼠标左键框选所有的后袖线，右键过渡到下一步 （3）鼠标左键选择前袖窿底端点 1，左键选择后袖窿底端线点 2 （4）鼠标左键选择前袖分割线底端点 3，左键选择后袖分割线底端点 4 （5）在合适的位置指示袖山基线点 5，弹出对话框后，按需要调整袖山的形状及数据 （6）按"确定"键，直接生成插肩袖	

（续　表）

图标	名称	功能	操作方法	图例
	西装领	专用于做西装领	（1）裁片的摆放必须是前中向左 （2）前后领口线必须是一整条线，且驳头处连接好，翻折线与驳头线必须相交 （3）框选时，必须框靠领嘴的一端 　①鼠标左键选择驳头线点 1，弹出调整框，输入所需参数 　②按"确定"键，直接生成西装领，后领中线自动生成对称线 　生成后自动命好裁片名并可替换原同名裁片	

（五）常用打版工具四——省褶类工具组操作说明

图 2-9 所示为省褶类工具，其工具操作说明见表 2-10。

 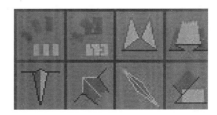

图 2-9

表 2-10

图标	名称	功能	操作方法	图例
	固定等分割	将裁片按自定义的等分量及等分数进行分割处理	（1）在输入框输入分割量和等分数值 （2）鼠标左键框选参与分割的要素，右键结束选择 （3）鼠标左键指示固定侧要素的起点端点 1，右键结束 （4）鼠标左键指示展开侧要素的起点端点 2，右键结束 （5）弹出对话框后，可以通过 ┿ 拉杆或输入数值，调节固定侧及移动侧的分割量（允许输入负数） □曲线拟合 □R 可以使分割好的形状自动连接成曲线，可以使螺旋向内收紧	

（续　表）

图标	名称	功能	操作方法	图例
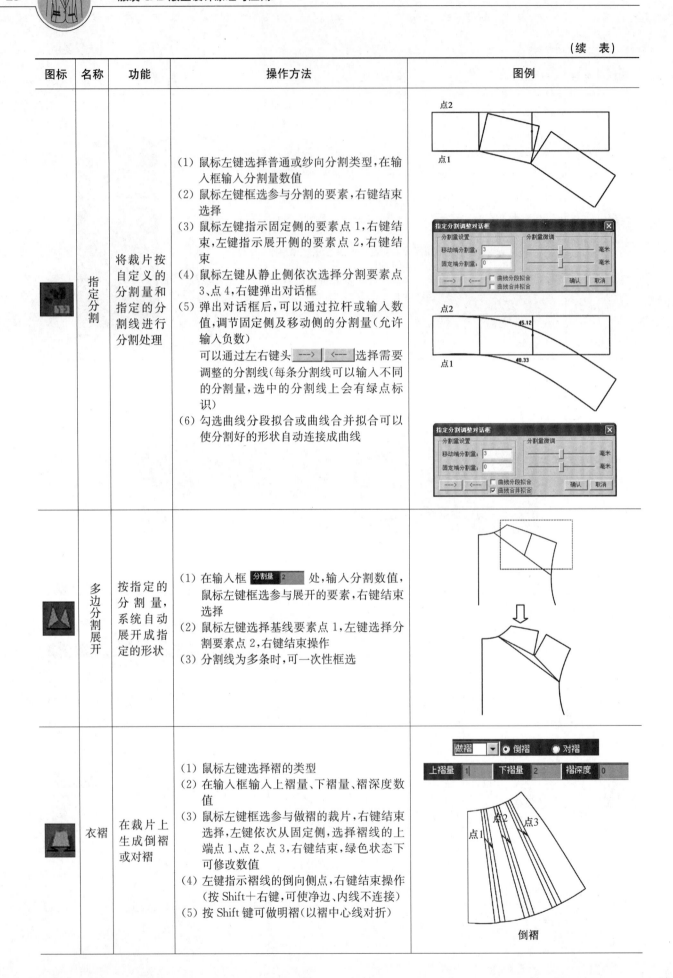	指定分割	将裁片按自定义的分割量和指定的分割线进行分割处理	(1) 鼠标左键选择普通或纱向分割类型,在输入框输入分割量数值 (2) 鼠标左键框选参与分割的要素,右键结束选择 (3) 鼠标左键指示固定侧的要素点 1,右键结束,左键指示展开侧的要素点 2,右键结束 (4) 鼠标左键从静止侧依次选择分割要素点 3、点 4,右键弹出对话框 (5) 弹出对话框后,可以通过拉杆或输入数值,调节固定侧及移动侧的分割量(允许输入负数) 　可以通过左右键头 ---> <--- 选择需要调整的分割线(每条分割线可以输入不同的分割量,选中的分割线上会有绿点标识) (6) 勾选曲线分段拟合或曲线合并拟合可以使分割好的形状自动连接成曲线	
	多边分割展开	按指定的分割量,系统自动展开成指定的形状	(1) 在输入框 分割量 2 处,输入分割数值,鼠标左键框选参与展开的要素,右键结束选择 (2) 鼠标左键选择基线要素点 1,左键选择分割要素点 2,右键结束操作 (3) 分割线为多条时,可一次性框选	
	衣褶	在裁片上生成倒褶或对褶	(1) 鼠标左键选择褶的类型 (2) 在输入框输入上褶量、下褶量、褶深度数值 (3) 鼠标左键框选参与做褶的裁片,右键结束选择,左键依次从固定侧,选择褶线的上端点 1、点 2、点 3,右键结束,绿色状态下可修改数值 (4) 左键指示褶线的倒向侧点,右键结束操作(按 Shift＋右键,可使净边、内线不连接) (5) 按 Shift 键可做明褶(以褶中心线对折)	倒褶

(续 表)

图标	名称	功能	操作方法	图例
			(6) 在输入框褶深度数值,则按指定深度做褶 在输入框褶深度负数,褶深度为尖角 (7) 选择修褶状态,框选两条褶线后按右键, 可对做好的衣褶进行修改 注意:当褶线为曲线时,褶量不能超过 0.5 cm,且无倒向侧	对褶
	省道	在指定部位做指定长度和宽度的省道并可以 3D 仿真显示	左键选择做省状态 (1) 有省中心线的情况下做省道:先输入省量,鼠标左键点选做省线点 1,鼠标左键点选省中心线点 2	不仿真 ⚫不做 ⚫省折 / 不仿真 / 3D仿真 点1 点2 ⇨
			(2) 无省中心线的情况下做省道:沿做省线的方向做指定省长的省道 先输入 省长 10 省量 3 ,在做省线上,按住鼠标左键,往做省方向拖动并松开	点拖 ⇨
			按 Shift 键进入接角圆顺状态,实现省道＋接角圆顺＋省折线的顺序连接 再次修改省道大小,按 Shift 键点两条省线上端	求和:16.266
	省折线	做省道中心的折线,且把不等长的两条省线修至等长	(1) 鼠标左键框选 4 条省线,左键确定省折线的倒向侧点方向 (2) 在 省深度 4 处输入数值,则为活褶功能 (3) 在做省折线前,最好先使用"接角圆顺"功能,调整与省道相连的曲线	省折线 活褶
			(4) 如果做省折线的位置是特殊省的形状或没有省尖的形状,则操作方法是:鼠标左键先点选做省的线,再依次点选两条省线,在选第二条省线时,要按住 Ctrl 键,左键指示省折线的倒向侧	点1 点2 点3 点4 +Ctrl 省折线 省折线

图标	名称	功能	操作方法	图例
	枣弧省	通过指示中心点,做出形状类似枣弧的省道	在衣片腰节线上后中心点,鼠标左键点选枣弧省中心点鼠标点1,出现枣弧省对话框 dx、dy:指中心点的横纵偏移量 省量:指枣弧省的省量 L量:指下段枣弧省的长度 开口:有数值时,为开口的枣弧省,数值为0时,为闭合的枣弧省 曲线处理:在曲线处理前打勾,可以做曲线枣弧省,还可以调整曲线曲度	
			输入数值后,鼠标左键点 预览 键,可看到枣弧省在衣片上的形状,左键点 确定 键,枣弧省功能完成 在系统属性设置中操作设置下 ☑省尖加打孔点 打勾,在上图对话框中打孔偏移里输入打孔点位置,生成的枣弧省里自动生成打孔点位置 再次修改,按Shift键点两条省线上端,曲线省能再次修改	
	转省	将现有省道转移到其他地方	方法一:直接通过BP点转省 (1) 鼠标左键框选需要转省的线,如果有内线参与转省,要按Shift键框选内线(内线要先打断)右键过渡到下一步 (2) 鼠标左键选择闭合前的省线点1 (3) 鼠标左键选择闭合后的省线点2 (4) 鼠标左键选择新省线点3,右键结束操作	
			方法二:等分转省 (1) 输入 等分数 4 ,鼠标左键框选需要转省的线,右键过渡到下一步 (2) 鼠标左键选择闭合前的省线点1 (3) 鼠标左键选择闭合后的省线点2 (4) 鼠标左键选择新省线点3,右键结束操作	
			方法三:指定位置转省 (1) 鼠标左键框选需要转省的线,右键过渡到下一步 (2) 鼠标左键选择闭合前的省线点1 (3) 鼠标左键选择闭合后的省线点2 (4) 鼠标左键框选新省线,右键结束操作	
			方法四:等比例转省 (1) 鼠标左键框选需要转省的线,右键过渡到下一步 (2) 鼠标左键选择闭合前的省线点1 (3) 鼠标左键选择闭合后的省线点2 (4) 鼠标左键框选新省线,右键结束操作	

（六）常用打版工具组五——缝边类图标操作说明

图 2-10 所示为缝边类图标，操作说明见表 2-11。

图 2-10

表 2-11

图标	名称	功能	操作方法	图例
	缝边刷新	当裁片上的净线被调整后，将缝边自动更新	可先在菜单→文件→系统属性→操作设置→缺省缝边宽度中设置默认缝边宽，修改净边线后，选刷新缝边功能，屏幕上所有裁片的缝边自动更新，在裁片上增加要素后，选刷新缝边功能，将其刷新成裁片的内线。刷新后自动生成的布纹线方向有 8 种，设定方法在"系统属性设置"中"工艺参数"下进行设置 注意：此功能仅限于结构没有被破坏	
	修改缝边宽度	调整裁片局部缝边的宽度	在输入框填入缝边宽数值，鼠标左键选择要修改宽度的净边，按右键后呈现修改后的形状。当只在"缝边宽1"处输入数值，则系统默认一条要素加等距的缝边 注意：缝边宽度大于或等于系统属性设置中设定的宽度时，自动变成反转角。当"缝边宽1"与"缝边宽2"输入不同的数值，可在一条线上做渐变的缝边	
	裁片属性	指代表裁片属性的特殊文字	如样版号、裁片名、基础号型等，以备这些信息可以在除打版以外的其他模块起到作用 （1）对准纱向按右键（如想改变纱向，则鼠标左键输入纱向点1、鼠标点2为键头方向），弹出右下对话框 （2）填入相关信息后，按"确定"键，此时衣片上显示属性文字信息	
			加过缝边的裁片才能加属性文字 （1）系统生成的纱向允许有多个方向：指示纱向第1点后，鼠标移动，可加水平、垂直及45°的纱向	

图标	名称	功能	操作方法	图例
			（2）按一下 Ctrl 键,可加任意角度的纱向 （3）右键再次点选纱向时,可以修改裁片属性 （4）按 Shift＋鼠标左键,可生成多纱向。按 Shift＋鼠标右键可删除增加的纱向 菜单中的设置布料名称功能,可以定义布料名称	
			如在读图前纸样已经包含缩水,想读入电脑后清回没有加过缩水的状态,或是再修改成现在所需的缩水,可以用"初始缩水"功能进行基码缩水记录 文字倾斜可以将文字设置为任意角度的倾斜度,可以使属性文字不平行于纱向 拖动拉杆可以改变文字的大小,并可自定义大小 纱向文字摆放分横向和纵向 纱向可放码 按住 Ctrl 键框选纱向后可以多片一起修改布种	文字倾斜 文字摆放
			编码由系统自动产生(在输出 DXF 功能时使用) 02:裁片名称序号 A:布料代号 ×1:裁片片数为 1 片	
	删除缝边	将裁片上的缝边删除	鼠标左键框选需要删除缝边的裁片纱向,右键结束操作 注意:删除缝边后就不是裁片而只是线条了	

（续　表）

图标	名称	功能	操作方法	图例
缝边角处理		将缝边中的指定边变成指定角的形式	（1）延长角:鼠标 鼠标左键点选一条边(注意中点),右键结束操作	
			（2）反转角: 鼠标左键框选一条边,右键结束操作	
			（3）切角: 在切量 1、切量 2 中输入数值 切量1　1.5　切量2　1 Shift 键＋左键框选,选择两条要素 注意:先框的一边为"切量 1",需注意中点	
			（4）折叠角: 鼠标左键框选两条要素	
			（5）直角: 鼠标左键点选两条要素点 1、点 2 框选要素时,先框选 A 裁片上要素,再框选 B 裁片上要素 如果要将 A 裁片复制出来,与 B 裁片再做一次直角,请使用专用缝边角处理中的单边直角功能,数值输入 0,指示两个裁片即可	点1　点2
			（6）延长反转角: 鼠标左键框选两条要素框 1、框 2。框选要素时,先框选 A 裁片上的要素,再框选 B 裁片上的要素 复制裁片的操作方法: 将 A 裁片直接复制,与 B 裁片再做一次延长反转角。直接用此功能,框选两个裁片即可 将 A 裁片镜像复制,则按住 Shift 键框选两个裁片即可 包边延长反转角:按 Ctrl 键框选两条线,右键结束 来去缝延长反转角:先做出延长反转角,在切角里输入第一道拼合缝的数值,按 Ctrl 键同时框选两条线,右键结束 注意:除以上几种角处理功能外,"专用缝边角处理"功能还提供了更多的角处理方法	框A　框B 延长反转角 框1+Ctrl　框2+Ctrl 包边延长反转角

（续　表）

图标	名称	功能	操作方法	图例
			（7）内衣切角 在以下输入框中输入负数 切量1 -1　切量2 -1 Shift 键＋左键框选两条要素	框1 框2
	专用缝边角处理	将缝边上的指定边变成指定角的形式	选此功能后，弹出对话框 在对话框中选择一种角的形式，并在 A、B、C、D 中输入相应的数值（如果图中只标有 A、B，则只在 A、B 处输入数值） 鼠标左键指示要做角处理的净边，右键结束	
	提取裁片	在纸样的草图上，选择一个封闭的区域，使之生成一个新的裁片	（1）左键框选需要提取的线，右键结束，左键选择需要提取的内线，如果没有内线则直接右键结束，生成的裁片在光标上，在屏幕上指示此裁片的位置 （2）生成的裁片会自动加上系统默认的缝边 （3）无规则提取出的裁片及放码量能随母板的改动同时进行修改，如不想联动，则选择菜单工具打版→服装工艺→解除联动关系，框选提取出的裁片，鼠标右键结束 （4）有规则提取出的裁片可以进行裁片合并 （5）按 Shift 键点击的方法提取裁片，提取裁片后右键弹出裁片属性定义对话框，不按 Shift 键放下裁片则不弹裁片属性对话框 （6）按 Shift 键点选提取处理是不产生放码量的情况，如果要生成放码量，则必须采用边选择的模式	
	裁片合并	将两个裁片合并成一个裁片	鼠标左键选择合并类型（保形、变形），鼠标左键点选拼合要素 1（不动的裁片）点 1（一定要指示拼合的起点方向），鼠标左键点选拼合要素 2（动的裁片）点 2（也要指示拼合的起点方向）。如选择变形，则此功能可多号型操作，如果是放过码的裁片，只需在基码上操作，其他码的纸样会自动对应 当拼合要素长度差值超过 0.1 cm 时，拼接会失败	保形　变形 保形 变形

（七）常用打版工具组六——缩水类图标操作说明

图 2-11 所示为缩水类图标，操作说明见表 2-12。

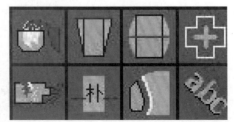

图 2-11

表 2-12

图标	名称	功能	操作方法	图例
	缩水操作	给指定的要素或衣片加入横向及纵向的缩水量	在输入框输入数值,加大为正,缩小为负,鼠标左键框选要加缩水的衣片,右键结束操作 注意:(1) 横缩水及纵缩水都是相对屏幕来算的,因此在做缩水之前先要用纱向水平垂直补正功能将所有裁片补正后再进行加缩水 (2) 裁片加完缩水后,系统会自动在裁片属性定义中的初始缩水中记录 (3) 再次修改缩水时,如果是裁片,只需直接输入新的缩水量,如果是未加缝边的要素,则需要先输入负缩水将原缩水清掉再加新的缩水 (4) 此功能不会影响缝边的宽度 (5) 加完缩水的裁片如要旋转、水平垂直镜像等修改,需先去掉缩水量再操作	经纱缩水 -10　纬纱缩水 -12　溶位量 0
	要素局部缩水	对线条进行局部缩水	在 单向 双向 处选择类型,在 缩水量% 5 输入缩水量,鼠标左键框选要素后右键结束,如是单向则需框选靠向移动端要素	单向 / 双向
	裁片动态局部缩水	对裁片局部进行横向或纵向缩水	(1) 先在键盘输入缩水量或调整量 缩水量% 5　调整量 0 (2) 在屏幕上方选择单向或双向类型 单向　双向 鼠标左键点选要素上下拖动至满意位置后鼠标左键确定,如是纵向则按下 Shift 键点选要素上下拖动至满意位置后鼠标左键确定	向拖 / 按shift键拖
	比例变换	将裁片按比例进行整体放大或缩小	先在键盘输入横纵比例数值 横比例 5　纵比例 5,鼠标左键框选纱向后鼠标右键确定	

（续　表）

图标	名称	功能	操作方法	图例
	裁片拉伸	将裁片上的指定部位拉长或缩短	（1）鼠标左键一次性框选参与拉伸的要素，右键弹出如右对话框（在框选前，按 Shift 键＋左键点选要素，可以显示要素的曲线点列。之后再框选要素，框到的点会跟着移动，没框到的点不会移动。框选后，可鼠标左键去掉不参与操作的要素），按"取消"键将移动后的量返回到移动前的状态，在拉伸量处填入数值后，鼠标选择要移动的方向，移动完毕，按"确认"键 （2）如选择局部则移动时只移动框选的部分，如选择整体则移动时是以整条线来移动，移动量只能根据屏幕上水平、垂直方向来移动 注意：操作过程中，画面里不允许出现 Alt＋2 的要素水平辅助线	
	自动生成朴	对加过缝边的裁片，自动生成下摆或袖窿朴	在输入框输入侧偏移和折边距数值，鼠标左键选择需要生成朴的基线，右键结束选择，此时生成的朴在光标上，左键指示朴的位置。此时，原裁片上会有"朴"的标识，新裁片上也会是"朴"的布料属性（如果标注的文字不希望是朴，而是衬或其他的文字，请在布料名称设置中修改第 21 项的布料名称） 按 Shift 键一起框选净边后右键可多条要素一起做 注意：加过缝边的裁片才可以使用自动生成朴功能。生成朴的基础必须是一条整线	
	变形缝合	通过对曲线要素的拼合，使之形成省量转移	（1）鼠标左键选择长度固定侧要素，并指示起点端鼠标点 1 （2）鼠标左键选择展开侧要素，并指示起点端鼠标点 2 （3）鼠标左键选择参考要素，并指示起点端鼠标点 3 结束后可以用形状对接、裁片合并将变形后的裁片拼回大身	

（续 表）

图标	名称	功能	操作方法	图例
 abc	任意文字	在裁片上的任意位置,标注说明的文字	鼠标左键选择文字类型,左键指示文字的位置及方向点 1,点 2,弹出如右对话框 输入"文字内容",及"字高"后,按"确认"键。鼠标左键点生成的任意文字可任意移动位置,按 Ctrl 键可复制,并可再次修改在平移中输入数值,点上、下、左、右可移动任意文字位置,在旋转中输入数值,点顺、逆可旋转任意文字角度,参与推版操作:文字可以在除基础码外的其他码上出现 锁定边推版:文字与最近边产生关联,使其按最近边的规则推放。但文字需靠近要锁定的边,并与此条边尽量保持平行 不参于对称操作:对称部分不显示任意文字 可对任意文字进行放码 可在右图下拉框中选择需要输出当前裁片的各种信息 注意:写完文字后,再点选文字,可以直接修改与文字相关的内容	

（八）测量工具组操作说明

图 2-12 所示为测量工具组图标,操作说明见表 2-13。

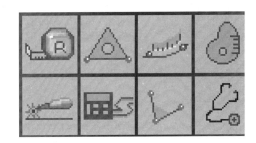

图 2-12

表 2-13

图标	名称	功能	操作方法	图例
	皮尺测量	按皮尺的显示方式测量选中要素	(1) 鼠标左键框选被测量要素的起始点侧,系统显示出测量结果 (2) 鼠标左键再次选择为关掉皮尺,F8 快捷键可以关掉所有皮尺显示 按住 Shift 键点选要素,则只显示要素长度	

（续　表）

图标	名称	功能	操作方法	图例
	两点测量	通过指示两点，测量出两点间的长度、横向、纵向的偏移量	（1）鼠标左键指示两点位置点 1、点 2，当鼠标指示第二点时，出现测量值 （2）"L"为两点间的直线长度，"X"为横向偏移量，"Y"为纵向偏移量 （3）当鼠标选择其他工具时，测量值自动消失。如果是放过码的文件，能测出全码档差 （4）点尺寸 1 或尺寸 2、尺寸 3，可以将对应的测量值追加到尺寸表中。单击 命名 ，在弹出对话框中输入要素名称或直接选择尺寸表中的部位名称，可按 Alt＋M 键调出所有命名过的测量值，取消则再按一次	点1 Y　　L 点2 X 放过码的文件，能测出全码档差
	要素上两点拼合测量	通过指示要素及要素上的两点位置，测量出两组要素中，各两点间的要素长度及长度差	（1）鼠标左键点选第一组测量要素点 1，鼠标左键指示第一点点 2，鼠标左键指示第二点点 3，右键结束第一组要素的选择 （2）鼠标左键点选第二组测量要素点 4，鼠标左键指示第一点点 5，鼠标左键指示第二点点 6，右键结束第二组要素的选择，并弹出对话框显示测量值 （3）如只测量第一组要素长度，则按 Ctrl＋鼠标右键 单击命名，在弹出对话框中输入要素名称或直接选择尺寸表中的部位名称，可按 Alt＋M 键调出所有命名过的测量值，取消则再按一次	点2　点5 要素点1 要素点4 点3　点6
	综合测量	可测量一条要素的长度，或几条要素的长度和及长度差	（1）通过指示两点，可测量出两点间的长度、横向、纵向的偏移量。测量要素上两点间长度，鼠标左键指示两点位置鼠标点 1、鼠标点 2，鼠标右键结束弹出对话框显示测量值 （2）测量两点间长度，鼠标左键指示两点位置鼠标点 3、鼠标点 4，鼠标右键结束弹出对话框显示测量值 （3）测量一条要素长度，鼠标左键指示鼠标点 5，鼠标右键结束弹出对话框显示测量值 （4）按住 Shift 键，鼠标左键点选另一要素，鼠标右键结束可测量两要素长度和，按住 Ctrl 键，鼠标左键点选另一要素，鼠标右键结束可测量两要素长度差。如需测量多条要素，则重复操作	点1 点2 点5　　点3　点4

图标	名称	功能	操作方法	图例
	要素长度测量	测量一条要素的长度，或几条要素的长度和	（1）鼠标左键选择要测量的要素框选，鼠标右键显示测量值。如果是放过码的文件，能测出全码档差，对话框要人工关闭 （2）点尺寸 1 或尺寸 3，可以将对应的测量值追加到尺寸表中 测量出线长后如要直接修改线长，可在"要素长度和"处填入新的数值，左键点修改则可以修改线长，如在 ☑联动操作 处打勾，则与它连接的那条线也随之修改 （3）单击命名，在弹出对话框中输入要素名称或直接选择尺寸表中的部位名称，可按 Alt＋M 键调出所有命名过的测量值，取消则再按一次	
	拼合检查	测量两组要素的长度及长度差	（1）鼠标左键选择第一组要素框选 1，鼠标右键过渡到下一步，鼠标左键选择第二组要素框选 2，鼠标右键弹出测量结果对话框，查看完毕，按 确认 键 （2）如测量推放过的样版，测量结果将显示所有号型的测量值 （3）点尺寸 1 或尺寸 2、尺寸 3，可以将对应的测量值追加到尺寸表中 （4）测量出线长后如要直接修改线长，可在"长度 1"处填入新的数值，左键点修改则可以修改线长，如在 ☑联动操作 处打勾，则与它连接的那条线也随之修改 （5）单击命名，在弹出对话框中输入要素名称或直接选择尺寸表中的部位名称，可按 Alt＋M 键调出所有命名过的测量值，取消则再按一次 注意：此功能通常用来测量袖窿与袖山，袖口弧长及领子，衣片中所有需要缝合的部位	
	角度测量	测量两直线夹角角度	鼠标左键选择两条构成夹角的直线点 1、点 2，指示第二条要素时，出现测量角度值	点2 点1
	安全检测	可检测出系统自动判断出的所有问题	选此功能后，弹出如右对话框 （1）要素检测：可以检测出是否有重合线 （2）刀口检测：可以检测出是否有不合理的无效刀口 （3）重点检测：可以检测出是否有重合的放码点 （4）缝边连接检测结果：可以检测出是否有不连接的缝边 （5）裁片面积检测结果：可以检测同一个裁片在放码后的面积是否正常增加或减小	

（续　表）

图标	名称	功能	操作方法	图例
			（6）点上图"＋"弹出右边对话框，能检查出有问题的裁片 （7）测量结果检测用于检测测量尺寸修改后与原测量值的比较。点要素或点列表中的顺序值则可弹出测量对比对话框	 缝边宽度检测结果

五、文字菜单栏中常用打版工具

文字菜单栏分布如图 2-13 所示。

ET 文件　编辑　显示　检测　设置　打板　推板　图案设计　图标工具　文件外发平台　帮助　定制工具

图 2-13

该区是放置菜单命令的地方，它放置着打版、推版等 11 个大菜单，且每个菜单的下拉菜单中又有各种命令。

单击一个菜单时，会弹出一个下拉式命令列表。可以用鼠标单击选择一个命令。

（一）"文件"菜单

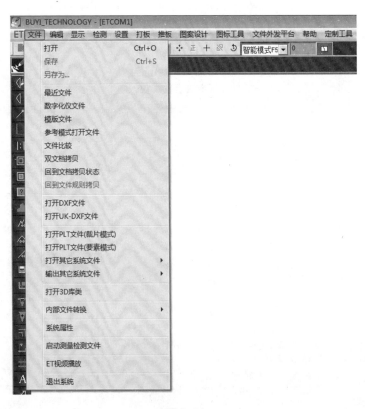

图 2-14

1."文件"菜单功能

表 2-14

序号	菜单命令		功能
1	打开	快捷键 Ctrl+O	打开已储存的 ET 打版文件
2	保存	快捷键 Ctrl+S	保存 ET 打版文件
3	另存为		该命令用于给当前文件做一个备份
4	最近文件		打开上个窗口的最后一个文件
5	数字化仪文件		通过数字化仪读入打版或放码文件
6	模板文件		在已设为模板的文件上修改基码样版
7	参考模式打开文件		打开文件时,选择参照还是辅助线底层显示
8	文件比较		可将已修改样版文件与原文件进行比较
9	双文档拷贝		将两个打版文件合并成一个打版文件
10	回到文档拷贝状态		在双文档拷贝过程中,用了其他功能后返回双文档拷贝状态
11	打开 DXF 文件		打开国际通用 DXF 格式文件
12	打开 UK-DXF 文件		打开优卡软件的 DXF 格式文件
13	保存切割文件		进入自动裁床的文件必须用此功能保存
14	打开 PLT 文件		打开 PLT 文件
15	打开其他系统文件		打开格柏、力克服装 CAD 软件绘制的源文件
16	输出其他系统文件		输出格柏、力克服装 CAD 软件绘制的源文件
17	打开图片文件	调入底图	调入 bmp、jpg 图片文件
		关闭底图	关闭 bmp、jpg 图片文件
		打开款式文件图	打开 bmp、jpg 图片文件
		绣花位	打开 bmp、jpg 图片文件
18	Office 文件	切图至 Office	将打版、推版系统中的裁片转入 Word、Excel 等系统中
		打开 Word 文件	打开 Word 文件
		输出 Word 文件	输出 Word 文件
		打开 Excel 文件	打开 Excel 文件
19	内部文件转换		转换 ET 服装 CAD 不同版本绘制的文件
20	系统属性		系统属性设置
21	视频监控		监控电脑屏幕
22	ET 视频播放		播放 ET 服装 CAD 软件教学视频
23	退出系统		退出 ET 服装 CAD 打版系统

2. 系统属性设置功能介绍

调整打版、推版系统的各种参数设置和为用户提供个性化设置(表 2-15)。

表 2-15

子菜单名称	功能与图例
工艺参数	 在"刀口属性"中提供了直线、T 形和 U 形三种刀口的选择类型及其参数的设定,并且可以选择"自动检测并删除非正常刀口"的自动功能 "打孔属性"可以设置"打孔半径",系统的默认值为"0.25 cm" 点击"纱向标注方式"选择框会弹出如图所示的"属性文字布局设置"对话框,分别选择"纱向线上、下部"需要显示的裁片文字信息,实现在经过放缝处理的裁片上,进行必要的文字标注,设置完毕按确定按钮即可 注意:系统属性设置中的"刀口大小"与"打孔半径",与排料输出中的设置是有区别的,前者只是起到屏幕显示的作用,方便用户的查看;而后者则是绘图机输出纸样文件时刀口、打孔的最终设置情况
操作设置	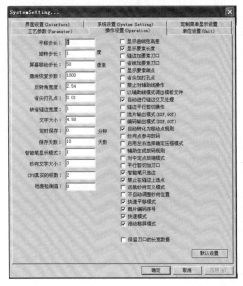 "平移步长"和"旋转步长":分别用于设置每次点击数字小键盘上的 2、4、6、8 键时,"平移"的厘米数或"旋转"角度数。系统默认值为"5" "屏幕移动步长":用于设置每次点击键盘上的上、下、左、右方向键时,屏幕移动的厘米数。系统默认值为"20" "撤消恢复步数":用于设置操作过程中备份步数,用户可以根据所用计算机硬盘的容量尽量设置大一些,这样系统可以更多地备份用户的打版步骤,即使万一出现文件被覆盖的误操作事故,也还有可能将文件找回来。系统默认值为"20" "反转角宽度":用于设置反转角处理的最小缝边宽度,裁片的缝边宽一旦大于该设置值,系统将自动进行缝边的反转角处理。系统默认值为"2" "曲线精度等级":设定图形的曲线精细度 "省尖打孔点":设置系统自动进行省尖打孔操作时,打孔点到省尖的距离,此功能必须与"省线加要素刀口""省尖加打孔点"一起设置才能起作用。一般工业制版要求,省长方向的打孔距离为"1",省宽方向的打

孔距离为"0.3"

"缺省缝边宽度":设置"缝边刷新" 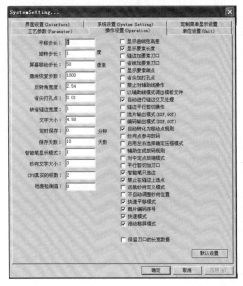 工具的默认缝边数值,用户可以根据实际需要自行设置,系统默认值为"1"

"文字大小":设置"任意文字" **abc** 工具的默认文字高度数值,一般数值为"4"

"显示曲线弦高差":在智能笔进行曲线调整时显示曲线弦高差,系统默认为不勾选。此功能主要用于有曲度垂直量要求的曲线操作,如驳口线曲度的调整操作

"显示要素长度":在智能笔进行曲线调整时,在曲线中点的位置显示该曲线的长度,系统默认值为勾选

"缝边加要素刀口":在缝边宽度超过 1.5 cm 时,系统会自动在两边加上要素刀口。系统默认值为不勾选

"省线加要素刀口"和"省尖加打孔点":在用"省折线"工具处理省道或"衣褶"工具操作结束后,系统自动在省开口处或褶线处加上要素刀口,省尖处加打孔点。系统默认值为勾选

（续　表）

子菜单名称	功能与图例
	"显示要素端点"：使要素的端点显示绿色的位置点，特别是被打断的要素，可以显示出打断点的位置。系统默认值为勾选 "禁止对辅助线操作"：使辅助线只能是打版操作的参考线，而不能进行修改、调整及删除操作。系统默认值为勾选 "自动生成垂直纱向"：当裁片进行"缝边刷新"或"自动加缝边"操作后，自动生成垂直的纱向（布纹方向）。如果勾选此功能，则自动生成垂直纱向，否则自动生成水平纱向。用户可以根据自己竖向（横向）的打版习惯进行选择。系统默认值为勾选 "以辅助线模式调出模板文件"：使"打开模板文件"功能打开的模板文件全部以辅助线的模式呈现，适应某些用户的打版习惯，对模板进行改板的作业 "自动进行缝边交叉处理"：使裁片在交叉处的缝边自动连接。系统默认值为勾选 用于服装的棉衣、羽绒间线是否扩展到缝边。系统默认值为勾选
单位设置	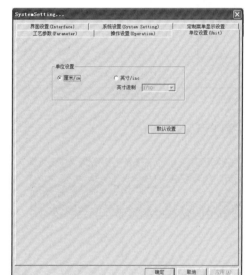提供了"厘米/cm"和"英寸/inch"两种打版单位选项，用户可以根据实际订单的尺寸单位制进行选择。系统默认为"厘米/cm"制 在"英寸/inch"进制的 1/8、1/16、1/32 等是代表测量精度，而不是输入精度。系统默认的英寸进制为1/16，因为 1/8 进制太大了，而 1/32 则过于精确
界面设置	各种颜色的设置操作方法相同。鼠标左键点击每一个选项的颜色框，弹出如图的"颜色"对话框，在"基本颜色"或"自定义颜色"中选择一个颜色，按确定按钮即可 "显示智能工具条"：勾选此选项后，界面上会弹出"智能工具条"，如图所示，但"智能工具条"中的所有功能已经被 ET2007 智能笔完全取代，一般不再使用此工具条了 "显示选择分类对话框"：用于显示屏幕上各种要素的属性。勾选此选项后，界面上会弹出如图"选择分类"对话框，用鼠标左键选择点击一种要素的属性，操作屏幕上相应属性要素的颜色就变成绿色，以便检查要素属性定义的是否正确。用快捷键"F9"可以快速打开与关闭该对话框 "显示裁片选择对话框"：勾选此选项后，在进入推版操作界面时，系统会弹出如图的裁片选择对话框，可以选择面料或里料的名称。系统默认为勾选

（续　表）

子菜单名称	功能与图例
定制菜单 显示设置	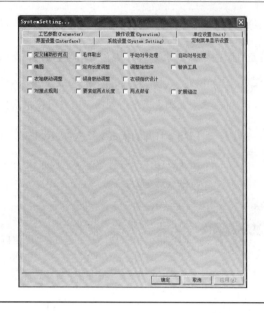

（二）"编辑"菜单

主要用于裁片文件进行整体修改拷贝等操作（图 2-15、表 2-16）。

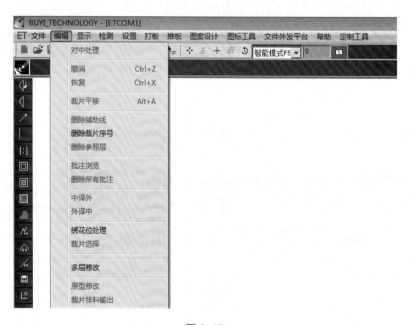

图 2-15

表 2-16

序号	菜单命令		功能
1	撤消	快捷键 Ctrl＋Z	用于按顺序取消做过的操作指令
2	恢复	快捷键 Ctrl＋X	恢复撤消的操作
3	裁片平移	快捷键 Ctrl＋A	移动裁片
4	删除辅助线		删除辅助线

（续 表）

序号	菜单命令	功能
5	删除裁片序号	删除裁片序号
6	删除参照层	删除参照层
7	批注浏览	对裁片进行注释
8	删除所有批注	删除所有批注
9	中译外	中文译成外文
10	外译中	外文译成中文
11	绣花位处理	处理绣花位置
12	裁片选择	选择裁片
13	多层修改	多层修改
14	原型修改	修改原型
15	裁片排料输出	裁片排料输出

（三）"显示"菜单

主要用于选择各种形式的屏幕显示操作（图 2-16、表 2-17）。

图 2-16

表 2-17

序号	菜单命令		功能
1	分隔视窗		分隔成几个视窗
2	工具条		显示状态小图标
3	画面显示	纹理显示	裁片填充布料纹理
		编辑纹理	更换纹理图片
		照片集	将当前裁片界面以拍照方式储存
4	1∶1显示		1∶1显示
5	显示误差修正		修正不同分辨率的显示精度
6	全局导航图		进行局部当前显示
7	裁片分类放置		以裁片布种分类进行放置

（续　表）

序号	菜单命令	功能
8	裁片查询	裁片无规则提取后检查母片、子片的归属
9	显示坐标系	显示坐标系
10	照片集	照片集

（四）"检测"菜单

主要用于选择各种形式的屏幕显示操作（图 2-17、表 2-18）。

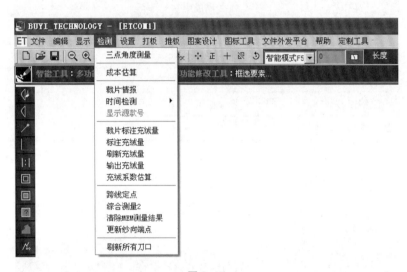

图 2-17

表 2-18

序号	菜单命令	功能
1	三点角度测量	测量三点角度
2	成本估算	根据当前裁片估算成本
3	裁片情报	统计裁片信息
4	时间检测	记录文件始建时间和修改时间
5	显示源款式号	显示源款式号
6	裁片标注充绒量	裁片标注充绒量
7	标注充绒量	标注充绒量
8	刷新充绒量	刷新充绒量
9	输出充绒量	输出充绒量
10	充绒系数估算	充绒系数估算
11	跨线定点	跨过相邻的几条线确定某点
12	综合测量 2	综合测量 2
13	清除 MEM 测量结果	清除 MEM 测量结果
14	更新纱向端点	更新纱向端点
15	刷新所有刀口	勾选此功能后,系统会自动检测是否存在非常规设置的刀口,并用红色的圆圈显示非正常刀口,便于用户修改

（五）"设置"菜单

主要用于选择各种形式的屏幕显示设置操作（图 2-18、表 2-19）。

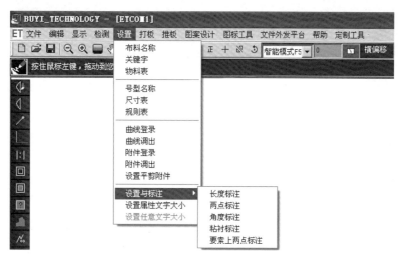

图 2-18

表 2-19

序号	菜单命令		功能
1	布料名称		自定义在裁片纱向上显示的面料名称
2	关键字		将常用文字设置到关键词中。可以免除输入常用文字的麻烦。如常用的衣片名称等
3	物料表		物料表
4	号型名称		设置号型名称
5	尺寸表		设置尺寸表
6	规则表		设置点规则
7	曲线登录		将裁片上常用的曲线，登录到曲线库中
8	曲线调出		将已保存的曲线按指定大小调出
9	附件登录		将服装上常用的部件，登录到附件库（参见案例）
10	附件调出		将服装上常用的附件按指定大小、指定模式调出（参见案例）
11	设置平剪附件		
12	设置与标注	长度标注	要素距离标准
		两点标注	要素距离两点标注
		角度标注	要素角度标注
		粘衬标注	对需要粘衬部位的要素进行标注
		要素上两点标注	要素上两点距离标注
13	设置属性文字大小		设置纱向上文字大小
14	设置任意文字大小		设置任意文字大小

（六）"打版"菜单

主要用于选择各种形式的与打版相关的操作设置（图 2-19、表 2-20）。

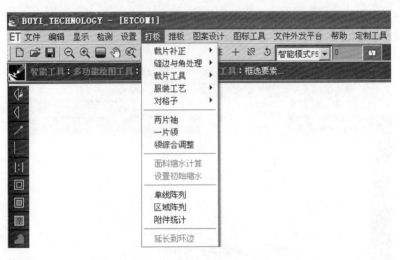

图 2-19

表 2-20

序号	菜单命令		功能
1	裁片补正 （裁片纱向补正）	纱向水平补正	可以水平补正所有裁片
		纱向垂直补正	可以垂直补正所有裁片
2	缝边与角处理 （用于裁片缝边处理 的专用工具）	自动加缝边	自动加缝份量
		缝边改净边	将缝边改为净边并加零缝边
		缝净边互换	将裁片上的缝边与净边做互换处理
		更新所有缝边	自动检测所有裁片的缝边
		清除所有缝边	删除基码所有裁片缝边
3	裁片工具 （对裁片整体处理 的工具）	层间拷贝	将裁片移动至另一个号型
		裁片对齐	将读入的裁片对齐成网状图显示
		通码裁片	设置不放码裁片
		内部刷新快捷键 Alt＋D	只刷新修改裁片
		捆条	根据要素长度生成相同长度的长条矩形
		褶收敛	设置单片裁片上的衣褶合拢
		全收褶	所有衣褶裁片全部合拢
		全展褶	所有衣褶裁片全部展开
4	服装工艺 （与服装工艺 相关的工具）	特殊省	特殊要求的转省
		切线	通过指定点，作圆或曲线的切线/垂线
		平行线	按指定长度或指定点作与参照线的平行线
		角度线	指定角度作定长的直线
		连续线	连续画出多条要素线
		角平分线	自动找到相交要素的角平分线
		定长调曲线	两端固定调整曲线至所需长度
		曲线端矢调整	曲线调整时有端矢线做参考
		半径圆	通过输入圆的半径作圆

（续　表）

序号	菜单命令	功能
	圆角处理	自动生成半径定长或不定长的圆角
	两点镜像	以两点为镜像轴进行要素镜像
	两点相似	通过指示两点位置，做要素的相似处理
	单边展开	按指定的分割量，系统会自动生成泡泡袖形状
	局部调整	将多条直线或曲线做局部的变形处理
	直角连接	按已知两点的位置连接水平线或垂直线
	要素合并	将一条或多条要素，合并成一条要素
	要素打断	将指定的若干条线，按指定的一条线打断
	变更颜色	将所有要素，变更成指定的颜色
	变更线宽	改变要素粗细显示
	刷新明线	当明线的基线改动后，将明线按基线的形状刷新
	转换成袖对刀	将读图进入的刀口转换成袖对刀
	扣子	生成一串扣子
	分割扣子扣眼	将一串生成的扣子或扣眼分割
	联动修改	同时调整袖窿弧线与袖山弧线，保证形状和长度不变
	解除联动关系	无规则提取裁片后取消与母片的联动关系
	设置打孔点尺寸	修改已生成的打孔点的尺寸
	明线	裁片上压边的车缝线标识
	等分线	要素上做等分处理
	波浪线	要素需要归拢时做的工艺标识
	曲线减点	将折线变为曲线并可减少曲线的点数
	刀口拷贝	将一块裁片上的刀口拷贝至另一块裁片

（七）"图案设计"菜单

主要用于与 Office、Photoshop、Coreldraw 等图案图形设计相关联的操作设置（图 2-20、表 2-21）。

图 2-20

表 2-21

序号	菜单命令	功能
1	打开款式文件图	打开款式文件图
2	切图至 Office	可将纸样图形直接导入 Office 软件

（续　表）

序号	菜单命令	功能
3	调入底图	用来打开由 Photoshop 等图形软件制作的图像文件
4	关闭底图	用来关闭由 Photoshop 等图形软件制作的图像文件
5	编辑花稿	编辑花稿
6	删除对花点	删除对花点

（八）"图标工具"菜单

包括全部图标工具的分类组合（图 2-21、表 2-22）。

图 2-21

表 2-22

序号		菜单命令	快捷键	功能
1	上方工具条图标工具	打开	Ctrl+O	打开储存 ET 打版文件
		保存	Ctrl+S	保存 ET 打版文件
		缩小	X	缩小或局部缩小
		放大	Z	放大或局部放大
		全屏	V	全屏显示
		屏幕移动	X	手形移动裁片
		前画面	F10	前一个画面
		撤消	Ctrl+Z	用于按顺序取消做过的操作
		恢复	Ctrl+X	恢复撤消的操作
		删除		删除选中的要素
		平移		按指示的位置平移选中的要素
		水平垂直补正		将所有的图形按指定要素做水平或垂直补正
		水平镜像补正		将选中的要素做上下或左右的镜像
		要素镜像		将选中的要素按指定要素做镜像
		旋转		将选中的要素按角度或步长做旋转
2	左侧图标工具	刷新参照层		在裁片下面增加一层参照层
		显示参照层		清除增加的参照层
		线框显示		裁片显示缝净边外框
		填充显示		裁片内填充指定颜色
		单片全屏		将所选的裁片充满视图

（续　表）

序号	菜单命令		快捷键	功能
		显示要素长度		显示所有要素的长度
		显示缝边宽度		显示所有缝边的宽度
		显示/隐藏放码点		显示/隐藏基码上的放码点
		显示/隐藏放码规则		显示/隐藏放码点的规则
		显示/隐藏切开线		显示/隐藏切开线
		显示/隐藏属性文字		显示/隐藏属性文字
		显示/隐藏缝边		显示/隐藏缝边
		显示/隐藏净边		显示/隐藏净边
		隐藏裁片		隐藏裁片
3	打版图标工具	智能工具		详见第一节打版常用工具内容
		打版一～六		详见第一节打版常用工具内容
4	检查与检测	皮尺测量	Ctrl+1	按皮尺的显示方式测出选中要素的长度
		两点测量	Ctrl+3	通过指示两点,测出两点间长度、横向、纵向的偏移量
		线上两点拼合检查	Ctrl+5	通过指示要素及要素上的两点位置测出两组要素中,各两点要素的长度和、长度差
		综合测量	Ctrl+2	测量一条要素的长度或几条要素的长度之和
		拼合检查	Ctrl+4	测量两组要素的长度及长度差
		角度测量	Ctrl+6	测量两直线夹角角度
		安全检测		可检测出系统自动判断的所有问题
5	智能工具条	矩形框		用于画矩形
		丁字尺		用于画水平、垂直、45°方向直线
		直线/曲线		用于画直线/曲线
		曲线编辑		修改曲线
		端修正		要素延长或缩短后与另一条要素相交

（九）"帮助""定制工具"菜单

图 2-22

表 2-23

序号	菜单命令	功能
1	关于 ETCM	显示所有版本年号
2	自定义快捷菜单	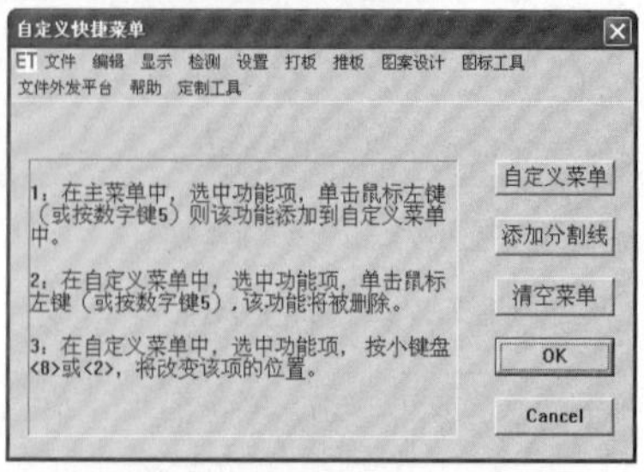  将菜单功能加入鼠标滚轮
3	自定义工具组	将功能组合后按 Tab 键切换
4	自定义快捷键	 用户自定义快捷键
5	系统升级	系统升级
6	定制工具	定制工具

第二节　推版系统

单击打版系统界面中左上方工具条中的打/推图标，进入推版系统，界面右侧出现推版常用工具(图 2-23)。

左上方工具条　　　　大图形面板　　　　小图形面板

图 2-23

一、推版方式介绍

ET 服装 CAD 推版系统主要提供点放码、切线放码、超级自动放码三种放码方式,特点如下:

1. 点放码

点放码是最常用的放码方式,用工具框选样版外轮廓上的放码点,依据号型档差表逐一进行推档。点放码是对各放码点依据一定档差的规律按纵横向公共线进行横向和纵向的放缩。

2. 切线放码

切线放码是在样版的缩放部分引入适当的切线,输入切线量,实现衣片的自动放缩,切线放码适合分割片较多的样版。

3. 超级自动放码

Alt 键+F 键是超级自动放码,系统将自动形状比对后,将参考裁片的放码规则拷贝后自动放码。

二、推版常用工具操作说明

见表 2-24。

表 2-24

图标	名称	功能	操作方法	图例
	推版展开	在点放码规则或线放码规则输入完毕后,将裁片展开成网状图	选此功能后,裁片展开情况如右图所示 在屏幕左下角的推版设置中,设置了推版号型,才可以使用展开功能	
	对齐	按框选的点,对齐各号型的裁片	鼠标左键框选对齐点 此功能只能针对有纱向的裁片使用。按住 Ctrl 键可进行横向对齐,Shift 键可进行纵向对齐。恢复没对齐之前的网状图,必须用展开功能展开一次。如要素对齐,可选择推版菜单中"线对齐"功能	
	尺寸表	对推版时要用到的尺寸表进行编辑	选择此功能后出现如右对话框 在尺寸名称处填入所需的部位名称,如衣长、胸围、肩宽等,在(基础码)大一个号的位置填入档差,并按"全局档差"键,使其他号型的档差自动计算(全局档差使用一次后,再次需要计算时,要使用局部档差,以免把不规则的档差改成规则的了)。如直接用实际尺寸放码,则在号型的下方填入相应的尺寸,在成衣尺寸里填入工艺单的档差,纸样尺寸会自动记录用测量工具测出的裁片的实际尺寸,按 Alt+M 键,弹出如下测量值对话框,勾选"对照模式"可显示纸样尺寸、成衣尺寸及差值,点选"绘到纸样"可将测量表放置到指定裁片上输出	

图标	名称	功能	操作方法	图例
			附:功能解释1 打开尺寸表:将以前保存过的尺寸表调出,给当前款式使用。尺寸表的左上角显示尺寸表名称。 保存尺寸表:将当前尺寸表保存,保存过的尺寸表,可多个款式共用 插入尺寸:在选中行的上方,插入一行 删除尺寸:删除选中行 附:功能解释2 全局档差:对所有部位名称后面的数值,做档差计算 局部档差:将选中行的数值,做档差计算 追加:将测量值追加到尺寸表中 修改:修改已有的测量值 缩水:对尺寸表中的数值进行缩水计算(选中要加缩水的部位名称,在输入框中输入缩水值,按"缩水"键) 实际尺寸:实际尺寸与档差方式的转换 显示 MS 尺寸:对于直接在移动点输入框中修改的其他码的尺寸,系统会自动生成 MS 尺寸。打勾后,系统在尺寸表中显示这些尺寸 追加模式:打开尺寸表时,新的尺寸表以追加的方式调到当前的尺寸表中 确认:指此尺寸表的修改只应用于当前款式 WORD、EXCEL、TXT:可将尺寸表导入其中	
规则修改	放码点的放码数值的修改		鼠标左键框选要检查规则的放码点,弹出如右对话框 此时对话框中显示所选点的放码规则类型及当时输入的移动量,且可以在保持当前规则类型不变的情况下,修改输入框中的数值 修改完毕,按确定键。如未做任何修改,按 取消 键	
移动点	定义放码点横向及纵向的移动量,使之相对于固定点移动		鼠标左键框选需要放码的点,弹出如右对话框 在对话框中输入横向及纵向的偏移量(既可以通过键盘直接输入数值,也可以鼠标选取尺寸表中的项目),选择数值框可以输入不均匀的档差,选择层间差可以显示层与层之间的档差,数值填写完毕,按 确定 键。按住 Shift 键可连续框选多个放码点,松开 Shift 键会弹出规则输入框。按住 Ctrl 键框选放码点,会出现 X、Y 坐标轴。按住鼠标左键拖动坐标轴,可自定义放码点的方向,生成任意角度的坐标,输入适当规则。红线的数值在横向量中输入,绿线数值在纵向量中输入	

（续 表）

图标	名称	功能	操作方法	图例
	固定点	此放码点在横向及纵向的移动量均为零	鼠标左键框选放码点 a，鼠标右键结束操作	
	要素比例点	此放码点在已知要素上按原比例移动	鼠标左键框选要放码的点，左键点选参考要素点 此放码点多应用在刀口点或裁片内部分割线等位置 系统属性设置中勾上 ☑自动转化为移动点规则，操作结束后则自动转成普通放码点	
	两点间比例点	此放码点在已知的两放码点间按原比例移动	鼠标左键框选要放码的点，鼠标左键框选第一参考点，鼠标左键框选第二参考点 此放码点通常用于放省道部位 系统属性设置中勾上 自动转化为移动点规则，操作结束后则自动转成普通放码点 注意：省道上的三个放码点，只能有一个做成两点间比例移动点，其他两点用点规则拷贝的功能做。否则，会影响各号型的省量	
	要素距离点	此放码点在已知的要素上设置移动量	左键框选要放码的点，鼠标左键点选参考距离的起点方向，出现如右对话框： 直接在要素距离处填入数值，或选择尺寸表中的部位名称。填写完毕，按确定键。此放码点多应用在裁片上的刀口点或裁片内部分割线等位置。参考距离起点方向的点可以是要素的端点，也可以是线上的点（如刀口点）。 系统属性设置中：勾上 ☑自动转化为移动点规则，操作结束后则自动转成普通放码点 注意：原刀口在曲线上 10 cm 的位置，当要素距离填 1 时，放码结果为：小号刀口在 9cm 的位置，大号刀口在 11 cm 的位置	

（续　表）

图标	名称	功能	操作方法	图例
	方向移动点	此放码点沿要素方向移动	可以定义要素方向及要素垂直方向的移动量 鼠标左键框选要放码的点，鼠标左键点选参考要素点1，鼠标左键指示垂直方向点2，出现如右对话框 在要素方向及垂直方向的位置直接填入数值，或选择尺寸表中的项目。填写完毕按确定键 系统属性设置中勾上 ☑自动转化为移动点规则，操作结束后则自动转成普通放码点 注意：图 a 是要素方向数值为 1 的放码结果，图 b 是要素方向数值为 1、垂直方向数值为 1 的放码结果	点1要素 点2 要素方向为1 图a　　要素与垂直方向都为1 图b
	距离平行点	此放码点与已知要素平行，并可以定义横向或纵向的移动量	鼠标左键框选要放码的点，左键点选参考要素鼠标点，出现如右图对话框： 在横偏移或纵偏移的位置直接填入数值，或选择尺寸表中的项目。填写完毕按 确定 键 此放码点多应用在衣片的肩点部位 系统属性设置中勾上 ☑自动转化为移动点规则，操作结束后则自动转成普通放码点	
	方向交点	此放码点沿要素方向移动，并与放码后的另一要素相交	此功能有两种操作方法： 其一，与裁片中的内线相交（常用于驳口线的位置）： 鼠标左键框选要放码的点，鼠标左键点选锁定要素点	锁定点
			其二，与裁片中的净线相交，也叫环边相交： 鼠标左键框选要放码的点，右键结束操作 环边相交的方法，可以使放码点在不同的码上相交于不同的线	此点下移3cm

（续　表）

图标	名称	功能	操作方法	图例
	要素平行交点	此放码点是已知两要素平行线的交点	鼠标左键框选要放码的点 鼠标左键指示平行要素 1 鼠标点 1，鼠标左键指示平行要素 2 鼠标点 2 此放码点多应用在西装前片的领口位置 系统属性设置中：勾上 ☑自动转化为移动点规则 ，操作结束后则自动转成普通放码点	平行要素1 平行要素2
		删除指定点的放码规则 鼠标左键框选要删除放码规则的点，右键结束操作		
	点规则拷贝	将已知放码点的规则，通过9种不同的方式，拷贝到当前的放码点上	选此功能后，出现如右选择框。 9 种参照方式分别为： 完全相同：横偏移量相同，纵偏移量相同 左右对称：横偏移量相反，纵偏移量相同 上下对称：横偏移量相同，纵偏移量相反 完全相反：横偏移量相反，纵偏移量相反 单 X：只拷贝 X 规则 单 Y：只拷贝 Y 规则 单 X 相反：只拷贝相反的 X 规则 单 Y 相反：只拷贝相反的 Y 规则 角度：拷贝参考点的角度 要素镜像：以要素为对称轴进行拷贝 拷贝：拷贝打勾，是拷贝的方式，拷贝不打勾，是参照的方式 选择一种参照方式后，鼠标左键框选参照放码点，鼠标右键结束操作 （参照放码点可以多个，如果被参照点是三个，对应点也要是三个） 参照与拷贝的区别： 将 A 点规则参照给 B 点：当 A 点规则改变时，B 点也会同时改变。将 A 点规则拷贝给 B 点：当 A 点规则改变时，B 点不改变 注意：（1）只有固定点与移动点的规则可以拷贝，其他特殊点的规则都只能参照 （2）要素镜像时只能用参照模式	点规则拷贝 完全相同 左右对称 上下对称 完全相反 单X 单Y 单X相反 单Y相反 角度 要素镜像 ☑拷贝

(续　表)

图标	名称	功能	操作方法	图例
	分割拷贝	将未分割前裁片上的放码规则,拷贝到分割后的衣片上	左键框选参考衣片的定位点框 1,左键框选目标衣片的定位点框 2,此时,目标裁片上的放码点由蓝色转变为其他颜色,证明放码规则已被拷贝 此放码点多应用于分割线较多的裁片	
	文件间片规则拷贝	将整个裁片的放码规则拷贝到另一个文件中形状类似的衣片上	先将所需的模板文件另存为 ET 安装目录下的 Patlib_dir 文件夹中,并输入文件名及样版号,保存结束,点击文件间片规则拷贝功能,弹出如下对话框,并选中所需款式,如果参考裁片与被参考裁片方向不同,可以先选择一种对称方式,选此功能后,出现打开文件对话框,左键选择一个有参考规则的文件,并按 打开(O) 键,此时,屏幕上出现两个窗口,如下图所示,左边的窗口显示参考文件,右边的窗口显示当前文件,左键在左边窗口中框选参考裁片的纱向,左键在右边窗口中框选被参考衣片的纱向	
	片规则拷贝	整个裁片的放码规则拷贝	将整个裁片的放码规则拷贝到另一个形状类似的衣片上,如果参考裁片与被参考裁片方向不同,可以先选择一种对称方式。左键框选参考裁片的纱向,左键框选被参考裁片的纱向,鼠标右键结束操作 注意:此功能只能拷贝移动点规则	
	移动量检测	查看当前屏幕上点的移动量	还可以将用特殊规则放码的点转为普通的移动点 框选放码点后弹出对话框,如框选点是特殊放码点,按确认键,此点就变为移动点。按取消,此点还是原来的特殊点	
	移动量拷贝	拷贝移动量	拷贝当前屏幕上的放码量(包括特殊点和对齐后的量),拷贝过来的量会变成普通的移动量 分割后的虚拟点的拷贝(如右图的 a 点) 按住 Shift 键左键点选 A 点,再一次性左键框选 a 点即可	
	增加放码点	增加可以放码的点	在裁片上需要放码的位置,增加可以放码的点 左键点选要增加放码点的曲线,左键指定目标放码点的位置,弹出数值对话框,数值框中显示当前点的移动量 此放码点多应用在上衣袖窿弧线上的前宽点位置 注意:直线上不能增加放码点	

（续　表）

图标	名称	功能	操作方法	图例
	删除放码点	删除放码点	将用户自行增加的放码点和系统自动生成的 T 形连接点删除 左键框选要删除的放码点，右键结束操作	
	锁定放码点	锁定放码点	将其他码的选中端点位置锁住，使展开工具不影响这些锁定点 在其他码上增加一个基码上没有的图形，框选这个图形，可以将这个图形锁定在其他的码上。如右图所示的点 注意：（1）在其他码上的原线上做修改，如用智能笔、端移动、裁片拉伸等功能调整，系统会自动将线锁定 （2）添加的内容，需人工锁定	
	解锁放码点	将锁定的放码点解锁	此功能可以在多层的状态下操作，框选需要解锁的放码点，右键结束操作	
	量规点规则	按量规的方式放码	（主要用于西裤斜侧袋的放码）左键框选目标放码点，左键框选参考点，左键点选距离参考要素侧缝线上端，弹出对话框后输入所需的斜袋的档差，确定 注意：侧缝线不能是断线，目标放码点上不能有多余的放码点和刀口	
	对齐移动点	将参考点对齐后，定义放码量	在 ○普通 ○保留 中选择类型。左键框选对齐点，再框选目标放码点，弹出对话框后填入所需的放码量，确定 保留选项设置移动点数值后，再用点对齐框纱向退回，如果仅框选纱向点（不管是否显示出来），就可以恢复纱向对齐	
	长度约束点规则	用于袖窿曲线位置的放码	左键框选长度调整要素的调整端，左键框选参考点，左键选择方向参考要素，如没有参考要素则直接按右键，弹出如右对话框： 要凑数的方向是向下的，所以要选择最后一个选项 在长度调整量处输入袖窿曲线的档差 1.2 在附加移动量处输入胸围的放码量 1，确定	

（续　表）

图标	名称	功能	操作方法	图例
	距离约束点规则	用于夹直位置的放码	左键框选目标放码点，左键框选参考点，左键选择方向参考要素，如没有参考要素则直接按右键 弹出如右对话框： 要凑数的方向是向下的，所以要选择最后一个选项 在长度调整量处输入两点直线距离的档差1.2 在附加移动量处输入胸围的放码量1，确定，根据裁片的摆放输入正负移动量	
	拼接合并	用于衣褶位置的放码	左键依次选择对接要素，并指示对接连接点，鼠标右键指定合并线的位置，展开后生成的点规则是要素比例点，如想修改，则选择其他功能操作并展开后，按 Alt＋","键，将其合并至大身 注意：拼接合并前的衣褶线必须是断线	
	缝边式推版	用于类似于缝边（如内衣）的放码	左键框选要素鼠标右键，弹出对话框后输入所需的放码量，按确定结束 如要素需平行放码时，"等距离1"和"等距离2"输入相同放码量，如不平行时，则分别输入不同的放码量	
	曲线组长度调整	利用推版测量结果来自动计算指定位置的放码量	利用推版测量结果来自动计算指定位置的放码量，主要用于袖容量的调整 以袖窿与袖山的调整来示范此功能： 首先要确定袖容量允许调整的是什么部位？如果可以调整部位是袖山高，那么就要查看袖山顶上是不是有放码点，如果没有放码点就先用"增加放码点功能"在袖山顶上增加一个放码点，打开"尺寸表"，在尺寸表中增加一个新尺寸，如袖山高（但是这个尺寸最好不要再用在其他的位置，因为这个尺寸是用来让系统自动凑数的），选择曲线组长度调整的工具，先选择"第一组曲线"袖山弧线，右键结束，再选择"第二组曲线"袖窿弧线，右键结束，弹出尺寸表对话框，选中需要修改的部位名称："袖山高"，按确认键，接着，系统会弹出测量值对话框。在对话框中，将长度3中的档差值，改成所需的差值，点击"修改"（注意联动修改一定不能勾上），此时，系统自动计算，并自动修改尺寸表中的数值。按确认关闭测量对话框	

（续　表）

图标	名称	功能	操作方法	图例
	领曲线推版	用于线条的微调	左键框选领线鼠标右键,点击"推版展开"功能即可,如右图	
	竖向切开线：绿色	在裁片上输入竖向放码线,使衣片横向切开	左键连续输入放码线的点列,鼠标右击结束操作 一次选择放码线的类型后,可输入多条放码线 注意:放码线始端点的颜色为红色,末端点的颜色为绿色。可用颜色区分放码线的输入方向	
	横向切开线：蓝色	在裁片上输入横向放码线,使衣片竖向切开	左键连续输入放码线的点列,鼠标右击结束操作 一次选择放码线的类型后,可输入多条放码线 注意:放码线始端点的颜色为红色,末端点的颜色为绿色。可用颜色区分放码线的输入方向	
	输入切开量	在放码线上输入相对应的放码量	左键框选放码量相同的切开线(不分横竖),左键出现如右对话框: 直接填入数值或选择尺寸表中项目,填写完毕,按确定键 输入过切开量的放码线,在首末端点旁有数值存在 对话框中项目说明如下: 一条切开线上,最多可以输入4个切开量 切开量1:指首端切开量(放码线上红色点的位置) 切开量2:指末端切开量(放码线上绿色点的位置) 如只在切开量1处填入数值,则切开量2默认与切开量1数值相同 注意:鼠标框选切开线后,按Delete键,可以删除切开线	

（续　表）

图标	名称	功能	操作方法	图例
	斜向切开线：湖蓝色	使衣片沿线的方向切开	在衣片上输入任意方向放码线，左键输入放码线的首末点，鼠标右键结束操作 一次选择放码线的类型后，可输入多条放码线 注意：放码线始端点的颜色为红色，末端点的颜色为绿色。可用颜色区分放码线的输入方向	
	展开中心点		在衣片中定义切开线放码时的展开中心点（放码不动点） 左键直接在衣片上输入展开中心点的位置 衣片中出现红色的展开中心点 注意：一个衣片上只能有一个展开中心点，删除点也用此功能，鼠标左键点在红点上就可删除	
	增减切开点	在切开线上增加可以放码的点	左键在放码线上输入需要增加的点，此时放码线上出现湖蓝色的点。再次指示增加的点，则为删除此点 每条放码线上最多增加两个放码点 增加放码点后，切开量的填写方法如下： 当放码线上只增加一个点时，切开量 1 为红色的首点、切开量 2 为新增加的点、切开量 3 为绿色的末点 当放码线上增加两个点时，切开量 1 为红色的首点、切开量 2 为先增加的点、切开量 3 为后增加的点、切开量 4 为绿色的末点 注意：此功能主要应用于裤子放码。由于腰围、臀围、裤口的推放量可能不同，所以要在臀围的位置增加 1 个放码点	

三、主要推版菜单功能介绍

由于 ET 服装 CAD 系统采用打版、推版一体化的操作系统，除了推版操作系统专用菜单工具以外，打版操作系统的菜单中也有部分与推版有关，表 2-25 介绍主要推版菜单功能。

表 2-25

序号	菜单命令	菜单功能与图例
1	文件—系统属性—系统设置	可以设置明线、任意文字、平行剪切线进入推版 明线进入推版：指其他码的明线会根据推版的结果自动计算出来 任意文字进入推版：指系统会按基码的位置推放任意文字 平行剪切线进入推版：指平行剪切线的基线会进入推版 绣花位进入推版：指生成的绣花位会进入推版
2	打版—对格子	定义横条对位点　　定义裁片上的横条对格线 定义竖条对位点　　定义裁片上的竖条对格线 删除所有对位点　　一次性删除所有对位点

（续 表）

序号	菜单命令	菜单功能与图例	
		显示对位点分组	显示选中裁片上的对位点和其他对应裁片的关系
3	推版菜单	进入推版状态	进入推版系统状态
		单步展开	设置放码规则后展开网状图
		袖对刀推版	设置袖对刀放码规则（见下方详解）
		线对齐移动点	以裁片上的某条要素对齐对其他放码点设置放码量
		线对齐	线对齐移动点设置结束后用此功能检查
		修改切开量	用于输入线放码量
		定义角度放码线	放码后其他码的要素起始角度与基码一致
		内衣点柜子 1	用于文胸裁片放码
4	袖对刀推版	用于袖对刀中,刀口 2 从袖顶计算时的放码 左键按正确的方向依次选择目标要素鼠标点,鼠标右键结束,左键框选参考点,左键框选目标点, 弹出对话框后:如果距离输入 0,则每个码的刀口距袖中刀口的距离是一致的,按确定键结束 参考点 目标点 点	
5	线对齐移动点	多用于袋口线与某线平行的放码 在 ●普通 ●保留 中选择类型 左键选择对齐线,并指示对齐点鼠标点 1,左键框选目标放码点鼠标框 2,弹出对话框后:在对应的方向输入放码量,另一方向输"0",确定结束,如需查看效果,用"线对齐"功能,如下图"对齐效果";保留选项设置移动点数值后,再用点对齐框纱向退回,如果仅框选纱向点（不管是否显示出来）,就可以恢复纱向对齐 放码前 放码中 点1 框2 放码后 对齐效果	

（续　表）

序号	菜单命令	菜单功能与图例	
		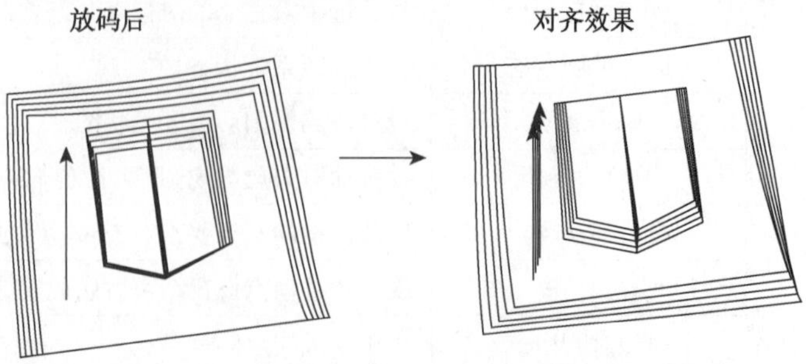 放码后	对齐效果
6	推版图标工具	推版一	图标功能,详见第二节推版常用工具内容
		推版二	图标功能,详见第二节推版常用工具内容
		推版三	图标功能,详见第二节推版常用工具内容
		推版四	图标功能,详见第二节推版常用工具内容
		线放码	图标功能,详见第二节推版常用工具内容

第三节　排 料 系 统

单击打版系统界面中左上方工具条中的排料图标,或者单击桌面排料图标,进入排料系统。

一、排料画面介绍

如图 2-24 所示。

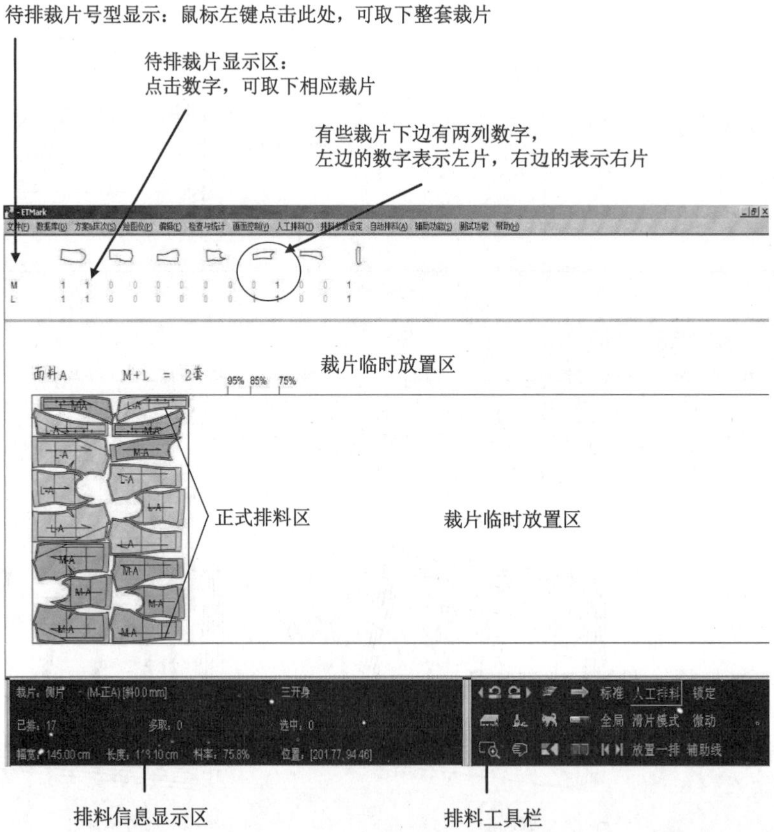

待排裁片号型显示:鼠标左键点击此处,可取下整套裁片

待排裁片显示区:
点击数字,可取下相应裁片

有些裁片下边有两列数字,
左边的数字表示左片,右边的表示右片

裁片临时放置区

面料A　　M+L = 2套　　95% 85% 75%

正式排料区　　　　　　　裁片临时放置区

排料信息显示区　　　　　排料工具栏

图 2-24

二、如何新建一个排料文件

选择文件菜单—新建功能,出现"打开"对话框(图 2-25)。

图 2-25

选择要排料的文件(可以多个),按"增加款式"后,文件增加到右边的白框内。款式选择完毕,按 OK 键,弹出"排料方案设定"对话框(图 2-26)。

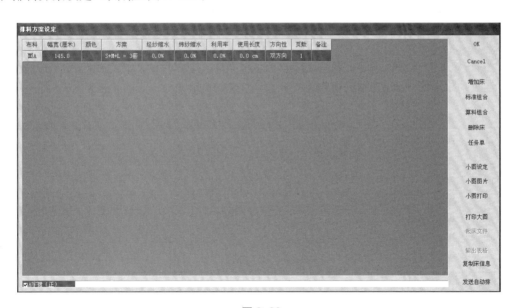

图 2-26

标准组合:默认每码一件。

编辑床:对增加过后的床进行修改。

删除床:将没用的床进行删除。

任务单:对多布种、多号型、件数不一的唛架进行自动计算和分床。

点击"增加床"弹出对话框(图 2-27)。

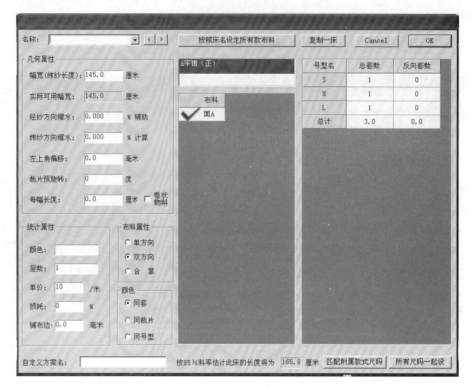

图 2-27

在此对话框中按如下顺序设置：

（1）先设置面料的幅宽（纬纱长度）。

（2）如面料需设缩水量，则在"经纱方向缩水"及"纬纱方向缩水"处填定相应的缩水量。

（3）在"左上角偏移"填入数据，可使裁床倾斜，适用于针织布经纬纱歪斜时的设置，此操作只适用于当前，不记忆，不保存。

（4）单方向、双方向、合掌，决定衣片的转动属性，且与打版中样片的旋转属性相关，详见表 2-26。

（5）在每幅长度中输入数值，则可输出多页床，用于切割机输出。

表 2-26

布料方向	裁片旋转属性
单方向	裁片不可用空格键旋转，可用<>45°旋转，可用 K、L 键微转，可用 I、O 键翻转
双方向	裁片可用空格键 180°旋转、不可用空格键翻转，可用<>45°旋转，可用 K、L 键微转，可用 I、O 键翻转
合掌	裁片可用空格键 180°旋转、翻转，可用<>45°旋转，可用 K、L 键微转，可用 I、O 键翻转

（6）将需排料的布种打上勾（所有布种排一床，则都勾上）。

（7）设置衣片各号型的"正向套数"及"反向套数"（"总套数"为"正向套数"）。

以上 7 项设置完毕，按 OK 键，进入排料主画面。

以上设置，仅设定了"面料"这一床的相关信息，其他布种还需点选增加床按如上 5 步，再次设定。

统计属性功能中的数值由系统自动生成，除单价外，不要轻易改动。

在"排料方案设定"对话框中按"任务单"，弹出如下对话框（图 2-28）。

图 2-28

设置完颜色和件数后,点 OK 键进入自动分床对话框(图 2-29)。

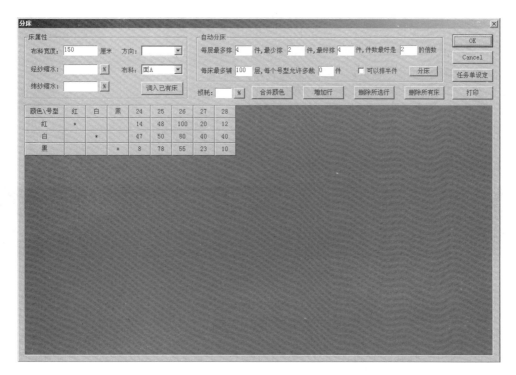

图 2-29

分床:点击此项,系统自动分床。

增加行:可进行手动分床。

合并颜色:采用不分色处理。

删除所选行:对不需要的床次进行删除。

删除所有床:清空所有分好床的信息。

调入已有床:当自动分床好进入排料阶段时,再次进入分床界面后,需点此项,才能调入原分好床的信息。

设置好以上内容后,点 OK 键,进入排料主画面。

三、排料中的取片方法

排料中取片方法见表 2-27。

表 2-27

方法	操作	图示
方法 1	在待排区中,鼠标左键点选衣片底下的数字,无论数字为几,只可取下相应的一片	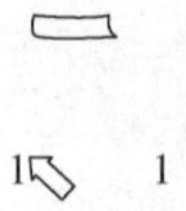
方法 2	在待排区中,鼠标左键框选衣片底下的数字,就可取下框内所有裁片	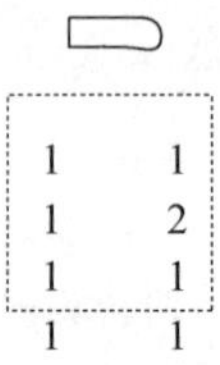
方法 3	在待排区中,鼠标左键点击号型名称,可取出此号型的一套裁片	
方法 4	在排料区中,鼠标左键框选,可选取多个裁片。此时若按下 Ctrl 键,可加选裁片或将选错的裁片取消	

四、排料信息介绍

排料信息如图 2-30 所示,操作方法见表 2-28。

裁片:前片	(M-正向1)[斜0.0 mm]	长宽:59.317 * 62.831 cm = 82.7%	A字裙(正)
已排:12	待排:0　　多取:0	杂片:0　　选中:1	位置:[359.458, -18.684]
幅宽:145.0 cm	长度:194.132 cm	料率:72.6%　　单套:64.711 cm	间隔:0.0 mm

图 2-30

表 2-28

序号	菜单	含　义
1	裁片	ET001-S-前侧片[斜 0 mm][正 A]:指当前选中的裁片是 ET001 款的 S 号的前侧片,此样片没做倾斜操作,是正向套数的第一套
2	已排	指当前排料图中正式排放的有效样片
3	待排	指等待排放的裁片,这些裁片均放在待排区内。当已排片数为 0 时,待排片数就是方案设定中的总片数
4	多取	排料系统中,允许选择方案设定片数之外的多余样片,此时多选裁片数后面,会有相应的数值,而待排区裁片下的数字也会有负数出现
5	杂片	指在临时放置区内,随意放置的裁片
6	选中	指当前选中的裁片数,选中裁片显示为红色外框
7	幅宽	指当前床次排料图的幅宽
8	长度	指当前排料图的长度
9	料率	指排料区的裁片在面料上的实际使用率
10	位置	指 8 在排料区内的坐标位置

五、排料工具条中功能介绍

排料工具条中功能介绍见图 2-31,操作方法见表 2-29。

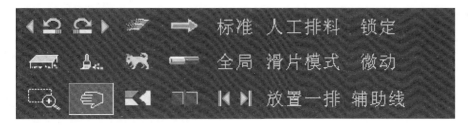

图 2-31

表 2-29

图标	名称	功能	操作方法	图例
	撤消	撤消	依次撤消前一步操作	注意:排料中撤消功能,无次数限制
	重复	重复	在进行撤消操作后,依次重复前一步操作	注意:排料中重复功能,无次数限制
	刷新视图	刷新视图	清扫画面	此功能在画面不清晰时使用
	右分离	裁片群按指示位置向右移动	左键拖动指示两点位置鼠标拖 1、鼠标拖 2,与指示点的垂线相交的裁片,以及其右侧的裁片都按指示位置向右移动 用右分离功能,向右移动的裁片,系统都把其视为杂片	
	清空唛架	清空唛架	排料区内所有裁片,均被收回到待排区中	
	杂片清除	清除杂片	排料区内所有未正式放置的裁片,被收回到待排区中	

（续　表）

图标	名称	功能	操作方法	图例
	裁片寻找	寻找裁片	点击需要寻找的裁片，系统显示此裁片在排料区的相应位置及信息 左键在待排区内，点击要寻找的裁片点 寻找到的裁片，不光在排料区内有特殊显示，在排料信息中也会显示裁片的名称、号型 在排料区内，移动鼠标到任意裁片上，可在排料信息中，看到相应的裁片的名称、号型	
	接力排料	将选中的一组裁片，按系统随机的顺序，传送到鼠标上	左键框选一组需接力排料的裁片，并点选其中的一片，开始排放。排好第一片后，在排料区空白处，单击鼠标左键，系统会随机自动将下个裁片放到鼠标上。放置裁片的同时，可配套使用 K、L、<、>、空格键旋转裁片 使用接力排料的过程中，还可以同时移动其他裁片，当鼠标在黑色屏幕上点击时，会自动回到接力排料状态 如此循环反复，直到框选的裁片全部排完 此功能最适合排放小片	
	放大	通过框选区域，放大画面	左键拖动要放大的 2 点位置 此功能选择后，只可使用一次	
	平移画面	通过拖动鼠标，平移画面	左键拖动，使屏幕上、下、左、右移动	
	选位	定义好要排放的小片后，系统自动在当前排料图中找适当的空位，并标识出位置	左键点选领片后鼠标点，选择"自动选位"功能，系统自动找到可以放下领片的位置，并用黑线标识出来，此时，领片还在鼠标上，放至合理位置即可 要去除屏幕上的标位线，用"刷新视图"功能即可	
	裁片切割	通过鼠标指示裁片中，画出切割线，并按指定位置将裁片切割	拖住左键，在需要切割的裁片上画切割线鼠标拖，弹出如右对话框： 在对话框中可以修改切割线的位置、切割处缝边的宽度等数值，修改完毕，按 OK 键 按第一点后，按一下 Ctrl 键，可画任意角度的切割线 裁片切割功能还支持切割缝边，操作方法同上，如右图点击"是"，即可切掉缝边 如小裁片需切割，建议放大后操作	

（续　表）

图标	名称	功能	操作方法	图例
				是要切掉一点缝边吗？ 是(Y)　否(N)
标准	标准		以标准或幅宽的方式显示排料图	此种显示方式,可看到待排区、临时放置区及正式排料区
全局	全局		以布长充满工作区的方式,显示排料图	此种显示方式,可以看到排料图的全貌
◄◄ ►►	床切换	切换床		如果一个排料文件中包含多个床次,可以通过左、右键头进行切换
人工排料	人工排料	以压片的方式排放裁片	左键点选一块裁片,移动鼠标,使该裁片压住其他裁片,或压住排料区边线,左键放下裁片,该片自动放置到合理位置。裁片放下后,可按"空格"键,选择其他可以放置的位置。裁片在鼠标上时,可按键盘上的上、下、左、右键头滑动裁片。放下裁片后,可以用小键盘的 2、4、6、8 键进行微调。将裁片放下后,在空白的位置点一下左键。再将鼠标指着需要滑动的裁片按键盘上的 F 键,就可以进行裁片的快速调整(要在裁片有可以移动的空间时才可以使用此功能)	
滑片模式	滑片模式	以滑片的方式摆放裁片	先点选"滑片模式",鼠标左键点选一块裁片不松开,并移动鼠标拉出方向线,松开鼠标左键,该片会自动放置到所需位置,如右图所示	面料A　　M+L　＝2套　95% 85% 75%
放置一排	放置一排	系统自动将待排区内的裁片,在排料区内放置一排	选此功能后,裁片自动放置一排如对放置的裁片不满意,可用人工排料的方式,调整裁片位置。调整后,再用"放置一排"功能,放置下一排裁片	

（续　表）

图标	名称	功能	操作方法	图例
锁定	锁定	用来锁定床尾线	床尾线被锁定后,裁片可左右靠齐被锁定的床尾线摆放	
微动	微动	上、下、左、右微量移动裁片	先在排料参数设定—系统参数—排料参数设定中 ，设置微转量,选"微动"功能,并用鼠标选择一个或一组裁片,按键盘上的上、下、左、右键头,移动裁片,每按一次键,裁片移动 5 mm	
辅助线	辅助线	在当前排料图上增加水平、垂直、45°方向的辅助线	选此功能后,在屏幕上的任意位置,单击鼠标左键,就会出现一条垂直于屏幕的辅助线 按下空格键,可以改变辅助线的方向,确定辅助线的方向后,单击鼠标左键,弹出如右对话框,在对话框中修改数值后,按 OK 键 辅助线在鼠标上时,可以按 Delete 键,将辅助线删除	如果想删除所有辅助线,可选用菜单中"辅助功能"里面的"清除所有辅助线"功能 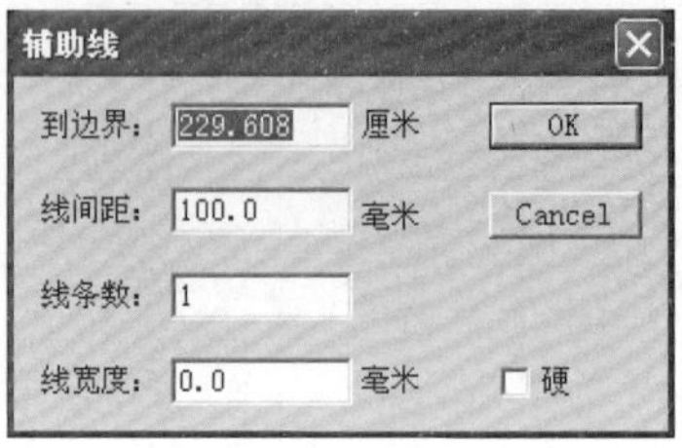 辅助线 到边界: 229.608 厘米 OK 线间距: 100.0 毫米 Cancel 线条数: 1 线宽度: 0.0 毫米 □硬

六、排料菜单工具介绍

排料菜单工具见图 2-32～图 2-43,操作方法和功能见表 2-30～表 2-41。

文件(F) PDM(D) 方案&床次(S) 绘图仪(P) 编辑(E) 对花和对格 检查与统计 画面控制(V) 人工排料(T) 排料参数设定 自动排料(A) 辅助功能(S) 帮助(H)

图 2-32

（一）"文件"菜单栏

文件(F) PDM(D) 方案&床次(S) 绘图仪(P) 编辑(E) 对花和对格 检查与统计 画面控制(V) 人工排料(T) 排料参数设定 自动排料(A) 辅助功能(S) 帮助(H)

新建(N)	Ctrl+N
追加款式	
刷新款式	
更改样板号	
简单出图	
网状出图	
打开(O)...	Ctrl+O
保存(S)	Ctrl+S
另存为(A)...	
恢复非正常退出前的状态	
款式文件导出	
款式及裁片属性	
修改本床WORD	
将小排料图导入WORD	
打印(P)...	Ctrl+P
打印预览(V)	
打印设置(R)...	
页面设置...	
小排料图设定	
信息栏设置	
1 公主线女西装.pla	
2 公主线女西装01.pla	
3 c:\11\排料\et\公主线女西装.pla	
4 c:\11\排料\et\A字裙（正）.pla	
退出(X)	

图 2-33

表 2-30

序号	菜单命令	快捷键	功　　能
1	新建	Ctrl＋N	新建一个 ET 排料文件
2	追加款式		加入另一个打版放码文件进行套排
3	刷新款式		排好排料文件后,当打版文件有改动,则用此功能更新排料文件 选择刷新款式功能后,会弹出打开文件对话框 请选择修改好的打版文件,按 OK 键,弹出方案设定对话框,按 OK 键,弹出床次设定对话框,按 OK 键,款式刷新完毕。裁片信息里会有面积改变的提示
4	更改样版号		打版文件更改样版号后刷新款式
5	简单出图		打开网状排料图
6	网状出图		打印网状排料图
7	打开	Ctrl＋O	打开储存 ET 排料文件
8	保存	Ctrl＋S	保存 ET 排料文件
9	另存为		给当前文件做一个备份
10	恢复非正常退出前的状态		打开上一个窗口的最后一个文件
11	款式文件导出		用排料文件导出全套的打版文件。选款式文件导出功能,并按导出键,选择路径后起名保存即可。通过排料文件导出的打版文件是有推版的全套信息的。如果原打版文件中有文件密码,那么导出的打版文件也会有相同的密码。可查看打版文件的裁片信息,并可对其修改及设置
12	款式及裁片属性		可查看打版文件的裁片信息,并可对其修改和重新设置
13	修改本床 Word		记忆小图模板中的出图设置
14	将小排料图导入 Word		将排料系统中的排料图转入 Word 系统软件中
15	打印	Ctrl＋P	打印排料图
16	打印预览		预览排料图
17	打印设置		设置打印机输出信息、纸张方向等
18	页面设置		设置打印机输出纸张大小、方向和页边距
19	小排料图设定		设置小图的文字大小和选项
20	小排料图文字		设置小图信息栏打印内容
21	退出		退出 ET 服装 CAD 排料系统

（二）"方案＆床次"菜单栏

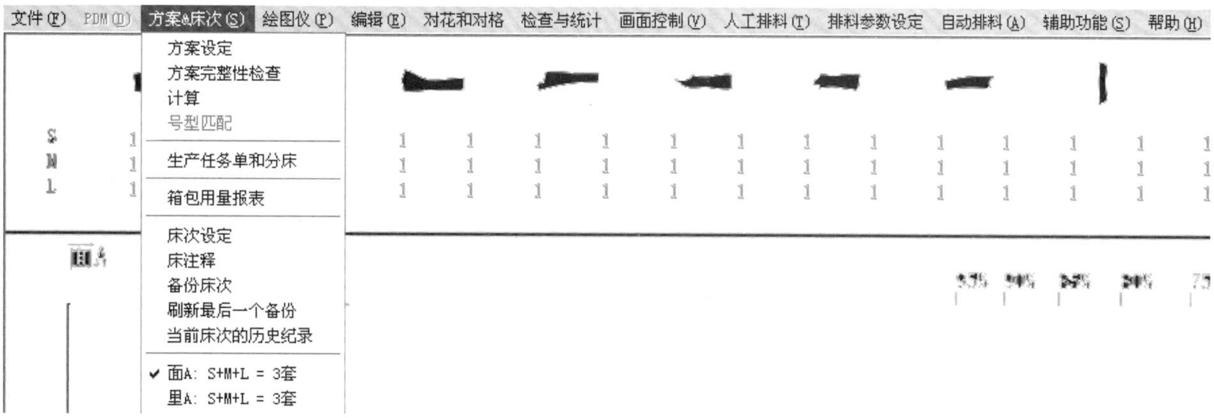

图 2-34

表 2-31

序号	菜单命令	快捷键	功能
1	方案设定		设置排料的方案
2	方案完整性检查		对所有方案进行检查
3	计算		对排料的相关统计数据进行计算
4	号型匹配		将号型进行匹配
5	生产任务单和分床		自动分床时设置颜色和套数
6	箱包用量报表		箱包用量报表
7	床次设定		对幅宽、方向、件数进行设定
8	床注释		在信息栏和裁片上的备注选项进行注释
9	备份床次		一床排料图保存多次方案进行对比
10	刷新最后一个备份		刷新床尾线
11	当前床次的历史记录		调出备份床次的历史记录

（三）"绘图仪"菜单栏

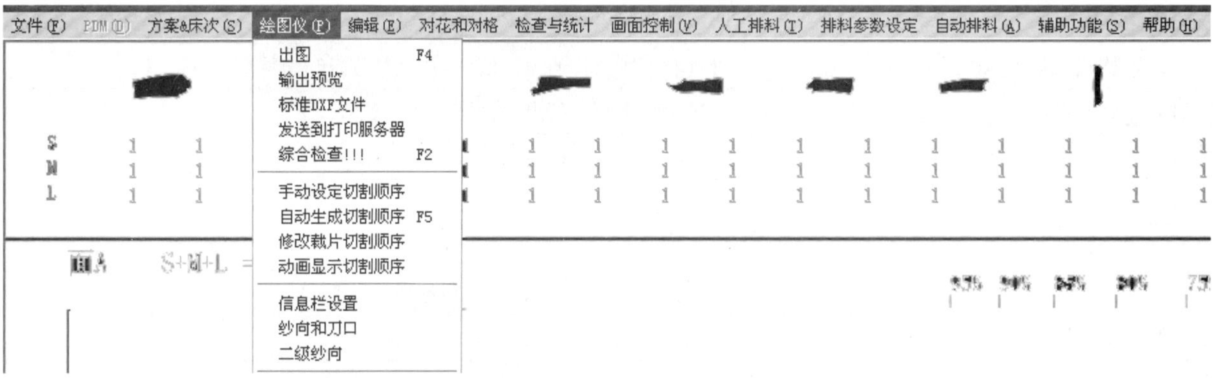

图 2-35

表 2-32

序号	菜单命令	快捷键	功能
1	出图	F4	出图操作
2	输出预览		出图前查看打印状态
3	标准 DXF 文件		标准 DXF 文件，用于外部程序和图形系统处理
4	发送到打印服务器		发送到打印服务器
5	综合检查	F2	这是一个非常重要的功能，当前的排料文件中有可能有的错误均被列出，鼠标单击错误文字，可进行相关的修改
6	手动设定切割顺序		自定义裁片切割顺序
7	自动生成切割顺序	F5	系统自动设定切割顺序
8	修改裁片切割顺序		系统自动设定切割顺序并进行修改

（续　表）

序号	菜单命令	快捷键	功能
9	动画显示切割顺序		以动画的方式显示切割顺序
10	信息栏设置		查看排料图的所有信息
11	纱向和刀口		打印前对纱向和刀口进行设置
12	二级纱向		次级布纹线设定

（四）"编辑"菜单栏

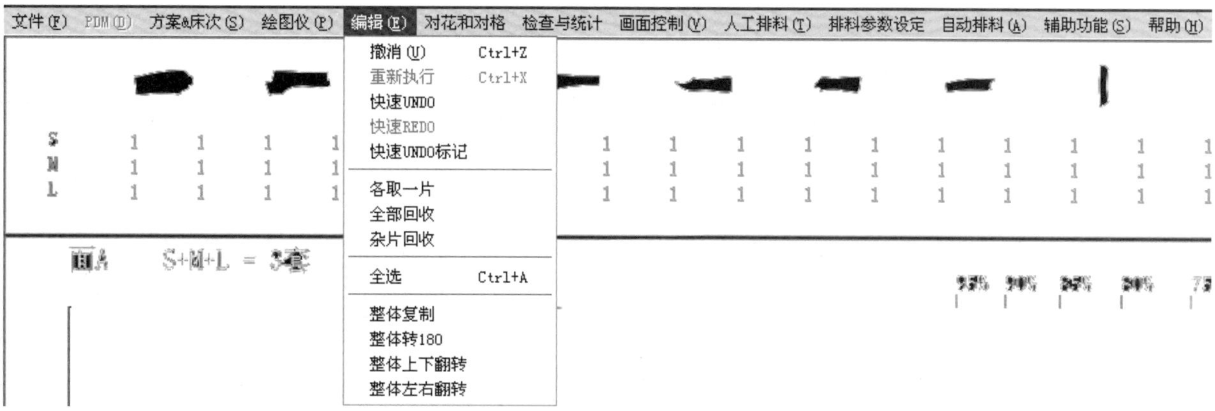

图 2-36

表 2-33

序号	菜单命令	快捷键	功能
1	撤消	Ctrl+Z	用于顺序取消做过的操作指令
2	重新执行	Ctrl+X	恢复撤消的操作
3	快速 UNDO		快速撤消
4	快速 REDO		快速重做
5	快速 UNDO 标记		快速撤消标记
6	各取一片		每块裁片只取一片进行排料
7	全部回收		清除唛架上所有的裁片
8	杂片回收		清除杂片区的的裁片
9	全选	Ctrl+A	指一次性全部选择排料区域的所有样版
10	整体复制		复制排料区域的所有样版
11	整体转 180°		指区域的所有样版整体翻转 180°
12	整体上下翻转		指区域的所有样版整体上下翻转
13	整体左右翻转		指区域的所有样版整体左右翻转

（五）"对花和对格"菜单栏

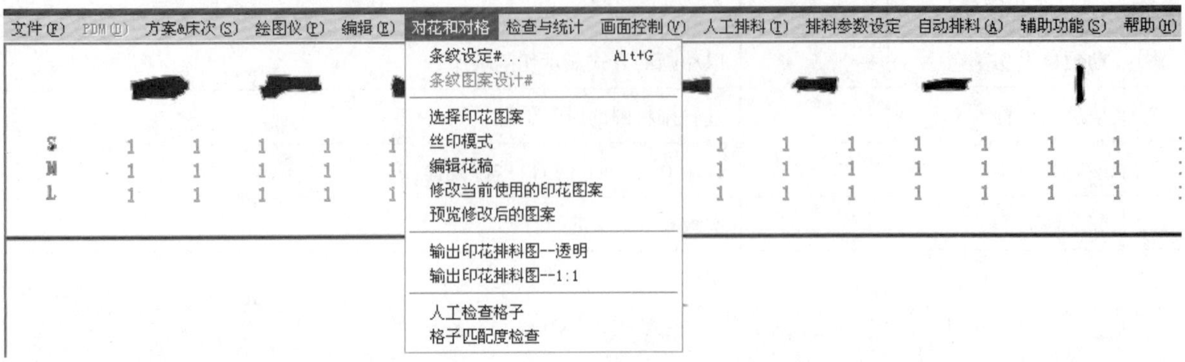

文件(F)　PDM(D)　方案&床次(S)　绘图仪(P)　编辑(E)　对花和对格　检查与统计　画面控制(V)　人工排料(T)　排料参数设定　自动排料(A)　辅助功能(S)　帮助(H)

条纹设定#...　　　　Alt+G
条纹图案设计#

选择印花图案
丝印模式
编辑花稿
修改当前使用的印花图案
预览修改后的图案

输出印花排料图--透明
输出印花排料图--1:1

人工检查格子
格子匹配度检查

S　1　1　1　1　1　　　1　1　1　1　1　1
M　1　1　1　1　1　　　1　1　1　1　1　1
L　1　1　1　1　1　　　1　1　1　1　1　1

图 2-37

表 2-34

序号	菜单命令	快捷键	功能
1	条纹设定（对有对条对格的唛架进行条纹设定）	Alt＋G	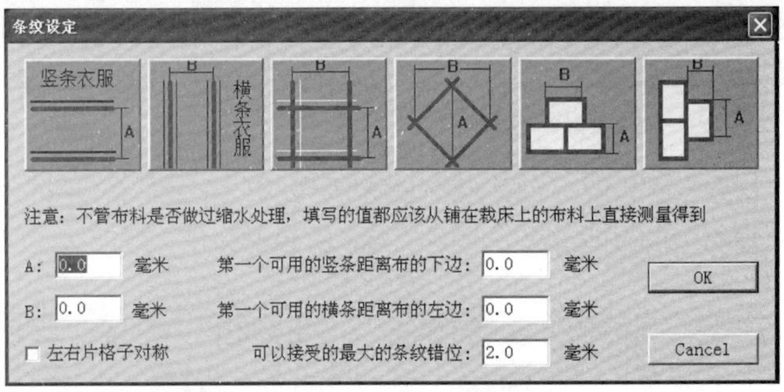 条纹设定 竖条衣服 横条衣服 注意：不管布料是否做过缩水处理，填写的值都应该从铺在裁床上的布料上直接测量得到 A: 0.0 毫米　第一个可用的竖条距离布的下边 0.0 毫米 B: 0.0 毫米　第一个可用的横条距离布的左边 0.0 毫米 □ 左右片格子对称　可以接受的最大的条纹错位 2.0 毫米　OK　Cancel
2	条纹图案设计		条纹图案设计
3	选择印花图案		选择印花图案
4	丝印模式		丝印模式
5	编辑花稿		编辑花稿
6	修改当前使用的印花图案		修改当前使用的印花图案
7	预览修改后的图案		预览修改后的图案
8	输出印花排料图——透明		输出透明印花排料图
9	输出印花排料图——1：1		输出 1：1 印花排料图
10	人工检查格子		检查鼠标上的裁片是否与格子匹配
11	格子匹配度检查		排料后检查所排裁片是否和打版中的格子匹配

（六）"检查与统计"菜单栏

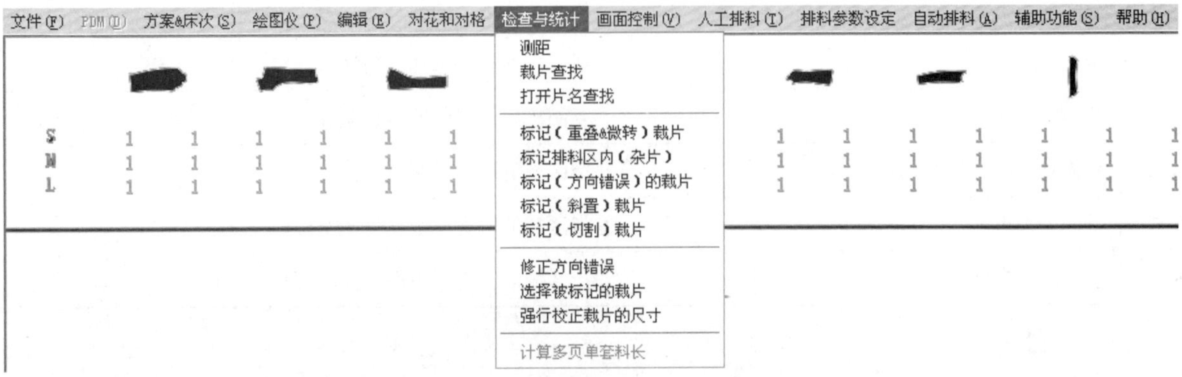

文件(F)　PDM(D)　方案&床次(S)　绘图仪(P)　编辑(E)　对花和对格　检查与统计　画面控制(V)　人工排料(T)　排料参数设定　自动排料(A)　辅助功能(S)　帮助(H)

测距
裁片查找
打开片名查找

标记（重叠&微转）裁片
标记排料区内（杂片）
标记（方向错误）的裁片
标记（斜置）裁片
标记（切割）裁片

修正方向错误
选择被标记的裁片
强行校正裁片的尺寸

计算多页单套料长

S　1　1　1　1　1　1　　　1　1　1　1　1　1
M　1　1　1　1　1　1　　　1　1　1　1　1　1
L　1　1　1　1　1　1　　　1　1　1　1　1　1

图 2-38

表 2-35

序号	菜单命令	功　能
1	测距	测量点与点之间的距离
2	裁片替换	替换裁片使待排区和唛架区的裁片相对应
3	打开片名替换	按裁片名替换裁片
4	标记(重叠或微转)裁片	标记重叠或微转的裁片
5	标记排料区内(杂片)	检查排料区是否有杂片
6	标记(方向错误)裁片	标记方向错误的裁片
7	标记(斜置)裁片	标记斜置的裁片
8	标记(切割)裁片	标记切割的裁片
9	修正方向错误	修正方向错误的裁片
10	选择被标记的裁片	选择被标记的有问题的裁片
11	强行校正裁片的尺寸	将有可能尺寸不一致的同块裁片强行校正尺寸
12	计算多页单套料长	计算多页单套料长

（七）"画面控制"菜单栏

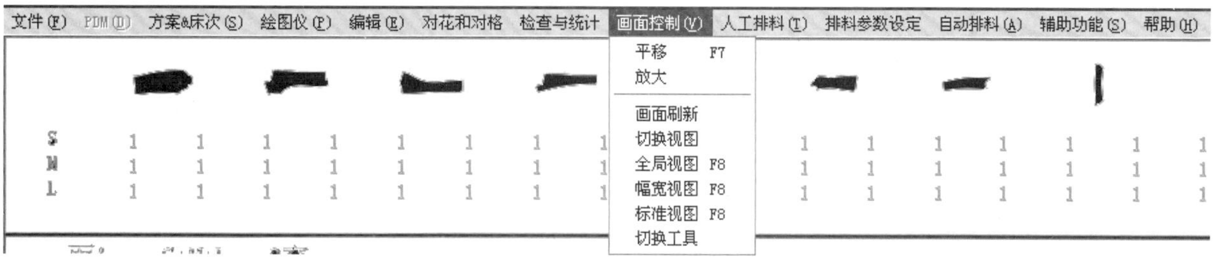

图 2-39

表 2-36

序号	菜单命令	快捷键	功能
1	平移	F7	手形移动唛架
2	放大	F5	放大或局部放大
3	画面刷新		刷新当前视图使界面清晰
4	切换视图		在全局、幅宽、标准视图之间切换
5	全局视图	F8	全局显示所有裁片
6	幅宽视图	F8	幅宽模式显示所有裁片
7	标准视图	F8	标准模式显示所有裁片
8	切换工具		在手形平移和人工排料之间切换

（八）"人工排料"菜单栏

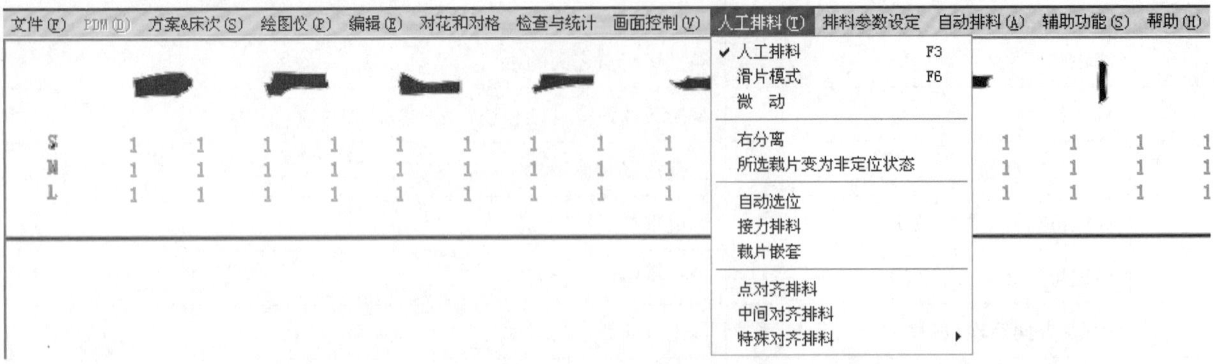

图 2-40

表 2-37

序号	菜单命令	快捷键	功能
1	人工排料	F3	人工以压片的方式排放裁片
2	滑片模式	F6	以滑片的方式排放裁片
3	微动		裁片微动
4	右分离		裁片群按指示位置向右移动
5	所选裁片变为非定位状态		所选裁片变为浮空状态
6	自动选位		指示所选裁片能够放置的区域
7	接力排料		将裁片组合在鼠标上进行排料
8	裁片嵌套		将需要改码的小码裁片嵌套在大码裁片中
9	点对齐排料		将需要改码的裁片以点对齐排料
10	中间对齐排料		排料时以裁片中心点对齐排料
11	特殊对齐排料		以裁片上、下、左、右方式对齐排料

（九）"排料参数设定"菜单

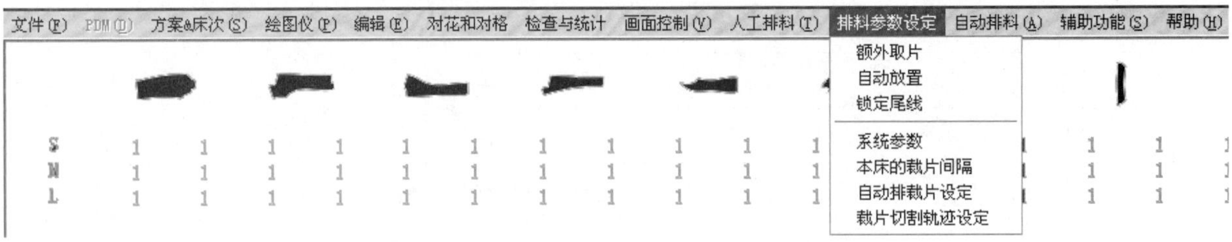

图 2-41

表 2-38

序号	菜单命令	功　能
1	额外取片	额外取片功能打勾后,点击待排区中为 0 的片数位置,可取出负的裁片
2	自动放置	选择此功能,点击待排区的裁片后自动排列到唛架上
3	锁定尾线	锁定床尾线

（续 表）

序号	菜单命令	功　能
4	系统参数	用于常用操作参数的设置。单位设置对话框：可对经纬纱方向、单套料长、刀口及间隔等进行不同的单位设置
5	本床的裁片间隔	选择此功能，设定当前床排料文件中每个裁片的间隔 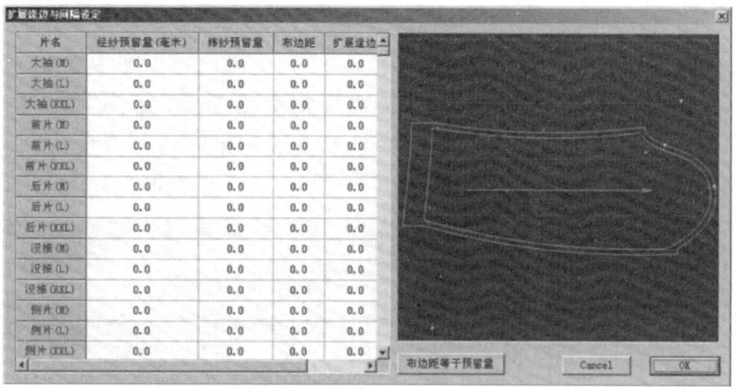 在此对话框中可以设置每个裁片的经纱预留量、纬纱预留量及布边的距离，如果经纬纱间隔与布边量一致，可以选择"布边距等于预留量"功能，还可以定义每个裁片的扩展缝边（扩展缝边只能经纬纱方向定相同的量，有扩展缝边的裁片，可以在输出设置中选择原始毛边不输出），定义完毕，按 OK 键 在人工排料时，鼠标上有裁片的情况下，按 J 键会弹出对话框，在此对话框中也可以定义裁片间隔和扩展缝边 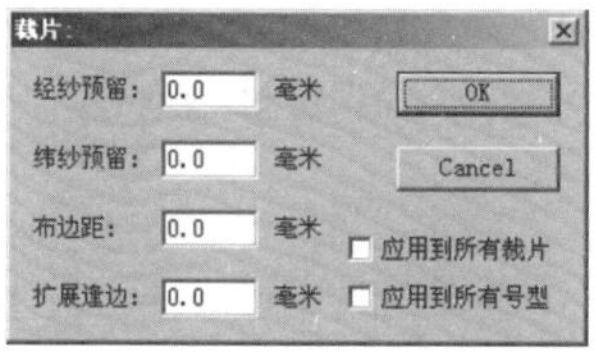
6	自动排裁片设定	自动排料前的参数设定
7	裁片切割轨迹设定	裁片切割轨迹设定

（十）"自动排料"菜单

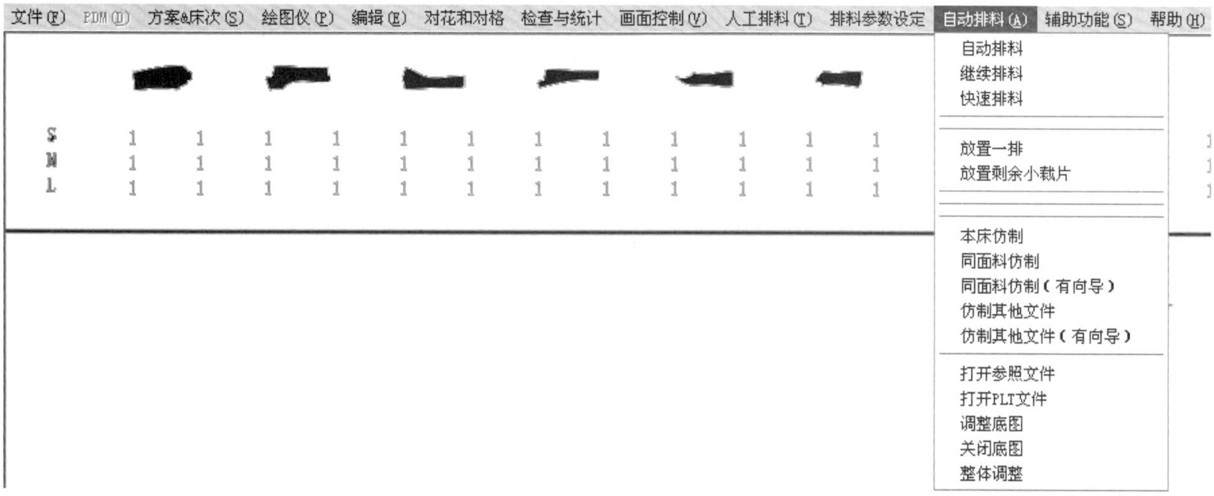

图 2-42

表 2-39

序号	菜单命令	功　能
1	自动排料	选择此功能，系统自动排料，时间慢，利用率较高
2	继续排料	排列好大裁片后，点此功能自由放置小裁片

（续　表）

序号	菜单命令	功　　能
3	快速排料	快速一次性排列所有裁片,时间快,利用率较低
4	放置一排	自动放置一排裁片,尽可能摆满幅宽
5	放置剩余小裁片	自动放置剩余小裁片
6	本床仿制	同一床中,一个码的裁片仿制另一个码的裁片放置
7	同面料仿制	在同一个排料文件中,仿制已排好的相同布料的方案,当一个排料文件中同样的布料有多个方案时可以用此功能,例如:方案 1 是 M 码 2 件(已排好);方案 2 是 S 码 1 件、L 码 1 件(未排);此时,方案 2 就可以仿制方案 1 的方式摆放,将排料画面打开至"方案 2",选同面料仿制功能,会弹出如下对话框 选择已排好的"方案 1",按预览键,就可以看到仿制的排料结果,按 OK 键确认。用此功能时,被仿制文件与仿制文件的套数要相同
8	同面料仿制(有向导)	自定义调整仿制已排好的相同布料的方案
9	仿制其他文件	仿制其他文件的排料方案。先打开一个需要仿制的排料文件,选仿制其他文件功能,弹出如下对话框 选择要仿制的床,按"打开"键,当前床的文件已被仿制。尽量选择裁片名称、片数类似的文件进行仿制
10	仿制其他文件(有向导)	自定义调整仿制已排好的不同文件方案
11	打开参照文件	将其他文件以底图的形式调入进行参考排料
12	打开 PLT 文件	将 PLT 文件以底图的形式调入进行参考排料
13	调整底图	将调入的文件底图进行调整
14	关闭底图	关闭调入的底图
15	整体调整	按方向键在已排好的唛架上进行上、下、左、右调整

（十一）"辅助功能"菜单

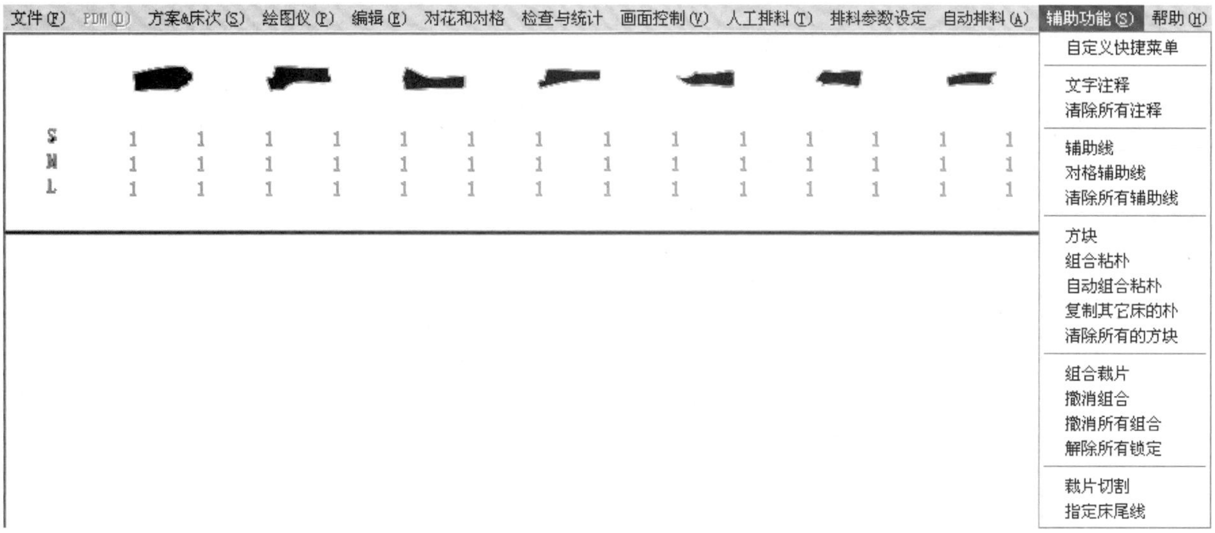

| 文件(F) | PDM(D) | 方案&床次(S) | 绘图仪(P) | 编辑(E) | 对花和对格 | 检查与统计 | 画面控制(V) | 人工排料(T) | 排料参数设定 | 自动排料(A) | 辅助功能(S) | 帮助(H) |

辅助功能(S) 菜单项：
- 自定义快捷菜单
- 文字注释
- 清除所有注释
- 辅助线
- 对格辅助线
- 清除所有辅助线
- 方块
- 组合粘朴
- 自动组合粘朴
- 复制其它床的朴
- 清除所有的方块
- 组合裁片
- 撤消组合
- 撤消所有组合
- 解除所有锁定
- 裁片切割
- 指定床尾线

图 2-43

表 2-40

序号	菜单命令	功　能
1	自定义快捷菜单	将菜单功能加入鼠标滚轮上
2	文字注释	在唛架上进行文字注释
3	清除所有注释	清除所有注释
4	辅助线	在唛架上设定辅助线
5	对格辅助线	在唛架上设定对格辅助线
6	清除所有辅助线	清除所有辅助线
7	方块	自定义大小做裁片参与排料
8	组合粘朴	将需粘朴的裁片组合,形成一块裁片后进行排料 先框选需组合在一起的裁片,组合前左键沿着外部轮廓画出外框线,按空格键闭合 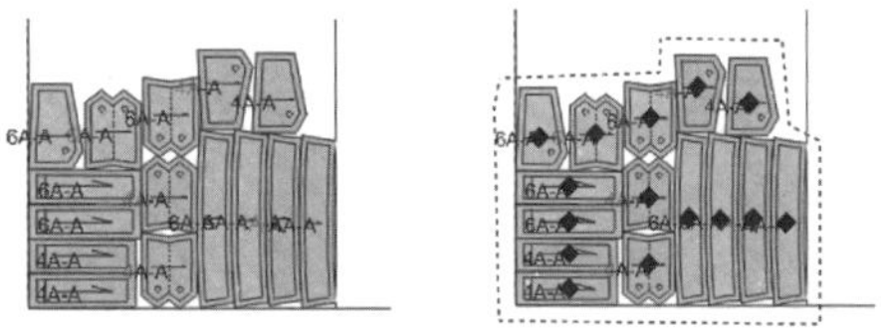 组合前　　　　组合后 如面布已组合好,朴料也需同样组合,则先进入朴料的唛架,选择:辅助功能—复制其他床的朴,选择和面料对应的组合,点 OK 键即可 Dialog 面A　1 (M = 1套) 面B　1 (M = 1套) OK　　Cancel
9	自动组合粘朴	将需要粘朴的裁片自动组合,形成一块裁片后进行排料

(续　表)

序号	菜单命令	功　能
10	复制其他床的朴	将定义好的其他床的组合粘朴调入当前床使用
11	清除所有的方块	删除自定义的方块裁片
12	组合裁片	按＋键将几块裁片组合成一块裁片进行排料
13	撤消组合	撤消组合好的裁片
14	撤消所有组合	撤消当前唛架中所有组合的裁片
15	解除所有锁定	解除所有锁定
16	裁片切割	将裁片进行切割设置
17	指定床尾线	自定义唛架床长度

(十二)"帮助"菜单

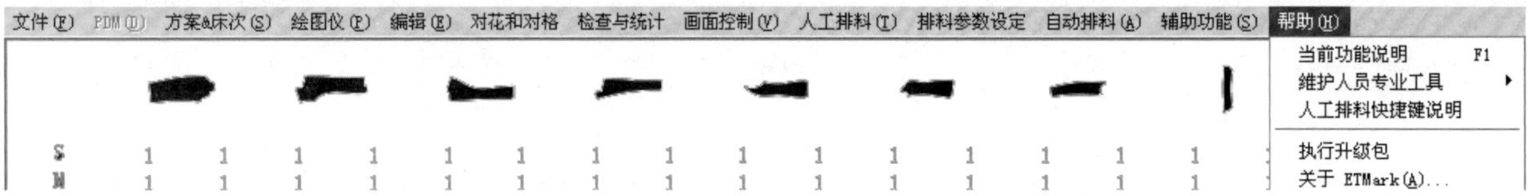

图 2-44

表 2-41

序号	菜单命令	功　能
1	当前功能说明	当前选中工具和菜单功能说明
2	维护人员专业工具	维护人员专业工具功能说明
3	人工排料快捷键说明	人工排料快捷键说明
4	执行升级包	执行升级包
5	关于 ETMark(A)	关于 ETMark(A)系统说明

第三章
半身裙 CAD 版型设计

第一节 原 型 裙

一、款式分析

半身裙装是包裹人体下半身的服装,半身裙的版型设计以直身原型裙为基础进行变化。

原型裙贴合部位较多,属于紧身裙子造型,直腰,自臀围线以下呈垂直状态。前后各收 4 个腰省,后中装隐形拉链(图 3-1)。

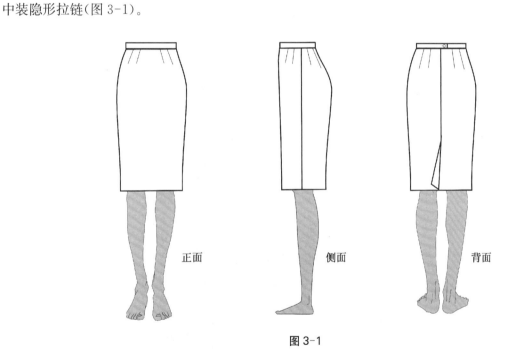

正面   侧面   背面

图 3-1

二、规格设计

按成年女子中间体 160/66A 加入适当松量构成(单位:cm)。

腰围:$W = W^*$(净腰围)$+2$(松量)$=66+2=68$;

臀围:$H = H^*$(净臀围)$+(2\sim4)$(松量)$=90+2=92$;

腰围至臀围(臀长):$0.1G$(身高)$+2=0.1\times160+2=18$;

裙长:$L=0.4G$(身高)$\pm a$(款式系数)$=0.4\times160-8=56$;

腰宽:$WB=3$。

三、原型裙的基本平面结构图

按裙长 L、腰围 W、臀围 H 和臀长作裙装原型结构(图 3-2)。

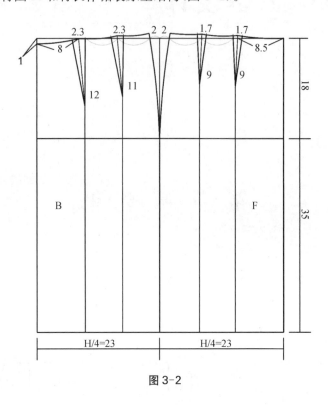

图 3-2

四、CAD 版型设计步骤

(1) 打开菜单栏"设置"—"尺寸表"输入 M 码(160/66A)尺寸。

(2) 用平行线工具绘制尺寸表(这一步可供企业打印用,粘贴于版单吊牌上)(图 3-3)。

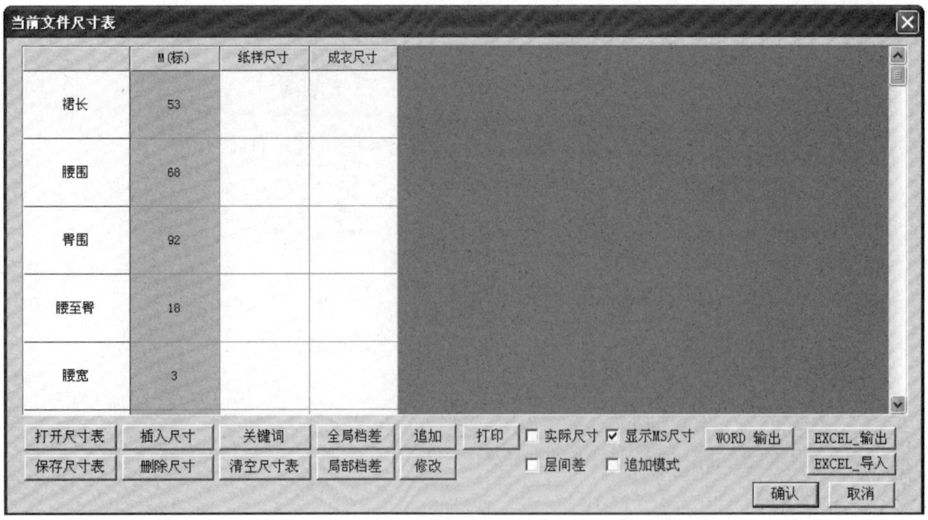

单位:cm

部位	M 码
裙长	53
腰围	68
臀围	92
臀高	18
腰宽	3

图 3-3

(3) 用"智能笔"绘制原型裙前后片矩形,长度 53 cm,宽度 H/2 = 92/2 = 46 cm。用"智能笔"平行线功能向下 18 cm 绘制臀围线(图 3-4)。

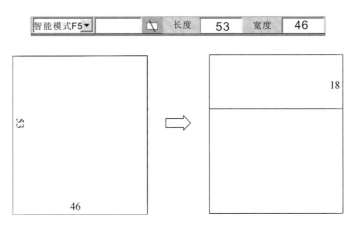

图 3-4

（4）用"智能笔"平行线功能绘制侧缝辅助线，用"智能笔"＋Enter 键捕捉偏移功能完成前腰侧缝点（劈 2 cm，起翘 1 cm）（图 3-5）。

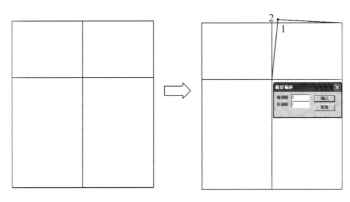

图 3-5

（5）用"智能笔"在输入框输入点模式数据。

绘制第一个省道，省距前中心 8.5 cm，省长 9 cm，省宽 1.7 cm。
用"智能笔"在输入框输入点模式数据。

绘制第二个省道，省位于侧缝省与第一个省中间，省长 9 cm，省宽 1.7 cm（图 3-6）。

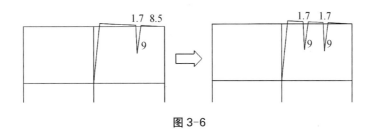

图 3-6

（6）用"智能笔"调整侧缝线弧度，用"要素镜像"工具将前片侧缝复制到后片位置，用"智能笔"＋Enter 键捕捉偏移功能完成后腰中心点下落 1 cm（图 3-7）。

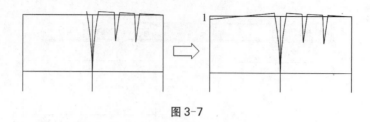

图 3-7

（7）用"智能笔"省道功能按同样方法绘制后片腰省（图 3-8）。

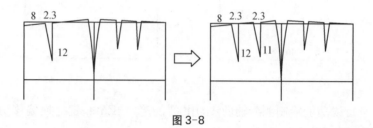

图 3-8

（8）用"接角圆顺"工具，在右上方工具（不合并和合并线）中选择合并线选项，先按顺序点选点 1、2、3、4、5、6，按右键，再分别选择缝合要素的起点端 A、B、C、D、E、F、G、H、I、J，点右键，完成腰线的圆顺调整（图 3-9）。

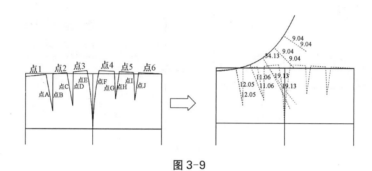

图 3-9

（9）用"智能笔"绘制原型，用来作切展变化用的辅助线（图 3-10）。

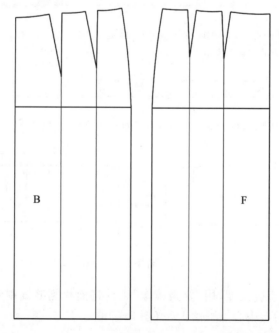

图 3-10

（10）在菜单栏"设置"—"附件登录"中将原型裙作为附件保存，命名为"原型裙"。

第二节　A　字　裙

一、款式分析

从腰口至臀围合体，至下摆逐渐放大呈 A 字形，侧缝有一定的向外偏斜度，后中装拉链（图 3-11）。

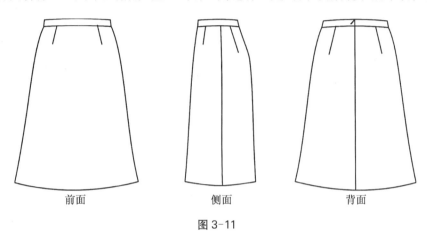

前面　　　　　侧面　　　　　背面

图 3-11

二、A 字裙的结构设计原理

A 字裙是在原型裙的基础上增加裙摆量而衍生出来的款式。

其设计原理是按通过原型省尖的剪开线剪开纸型，合并两个省中的一部分省，余省合并成一个省，下摆自然分开，还在侧缝的基础上放出一定的量。故 A 字裙的臀腰差在腰口上只收一个省，其余量在侧缝上劈去（图 3-12）。

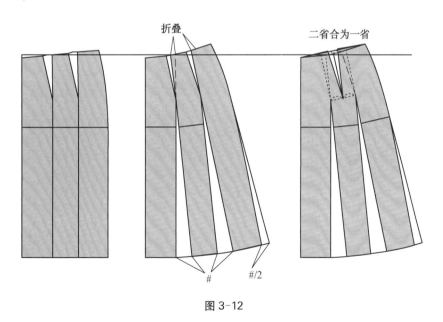

折叠　　　　　　　二省合为一省

#　　#/2

图 3-12

三、A 字裙 CAD 版型设计步骤

（1）菜单栏"设置"—"附件调出"将原型裙以要素形式调出，用指定分割工具将通过省尖的辅助线展开 4 cm，侧缝线展开 2 cm（图 3-13）。

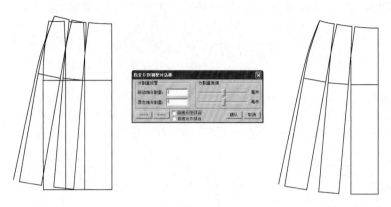

图 3-13

（2）用"智能笔"调整侧缝，用"智能笔"绘制省道，省长 9 cm，省宽为两省之和。用"接角圆顺"工具画顺腰口线，参考原型裙腰口线圆顺方法（图 3-14）。

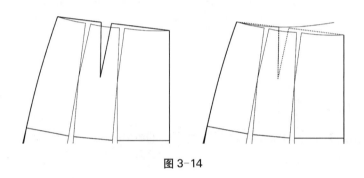

图 3-14

（3）前片合并部分省道，展开下摆后的效果（图 3-15）。

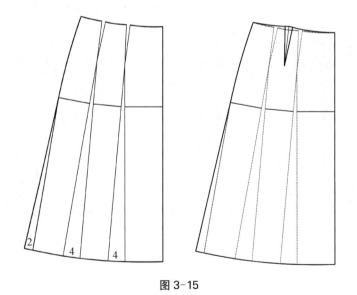

图 3-15

（4）同样方法，作出 A 字裙后片结构，用"智能笔"作出腰头结构长度 68＋3＝71 cm，宽度为腰宽两倍6 cm（图 3-16）。

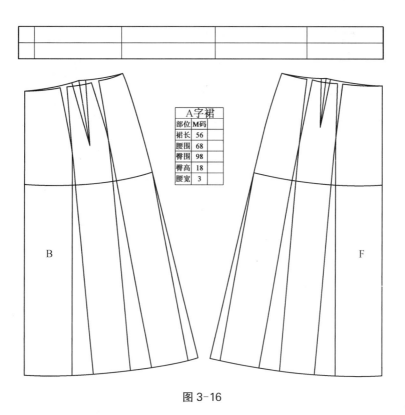

A字裙	
部位	M码
裙长	56
腰围	68
臀围	98
臀高	18
腰宽	3

图 3-16

（5）利用"拾取裁片"工具提取裁片、"缝边宽度"工具放缝、"刀口"工具作刀眼，"裁片属性"工具进行布纹线设置和记录裁片信息（图 3-17）。

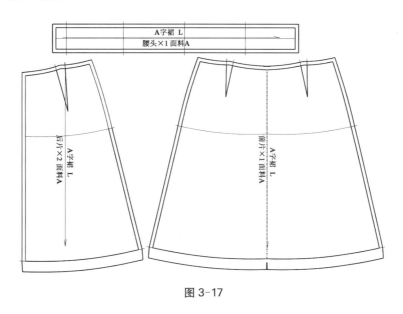

图 3-17

第三节　喇　叭　裙

一、款式分析

喇叭裙从腰口至下摆逐渐放大呈喇叭形，无腰省（图 3-18）。

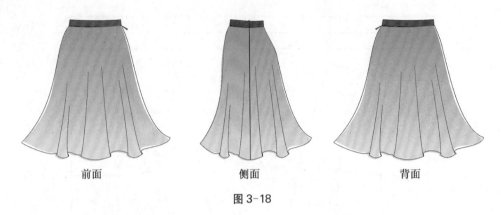

前面　　　　　　　　　　侧面　　　　　　　　　　背面

图 3-18

二、喇叭裙的结构设计原理

喇叭裙在原型裙的基础上增加了裙摆量。其设计原理是按通过原型省尖的剪开线剪开纸型,合并全部省量,下摆自然分开,还可在剪开线的基础上展出一定的量(图 3-19)。

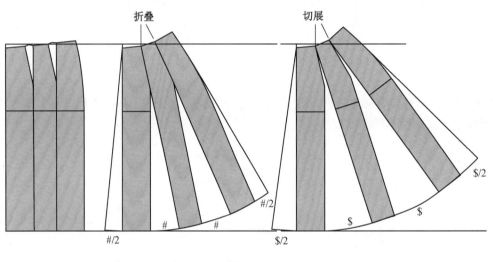

图 3-19

从图 3-19 的切展中可知喇叭裙的特征:

① 腰侧处起翘增大,腰口近似圆弧的一部分;

② 无省;

③ 下摆起翘近似圆弧的一部分。

三、喇叭裙 CAD 版型设计步骤

(1)选择菜单栏"设置"—"附件调出"将原型裙调出放在喇叭裙文件中,用"形状对接及复制"工具合并前片腰省,展开下摆,圆顺连接下摆,两边各延长两省缝展开下摆量的♯/2,用垂直水平补正工具将前中心线垂直水平补正(图 3-20)。

(2)同理,作出后片结构和腰头结构(图 3-21)。

(3)利用"拾取裁片"提取裁片、"缝边宽度"工具放缝、"刀口"工具作刀眼、"裁片属性"工具进行布纹线设置和记录裁片信息(图 3-22)。

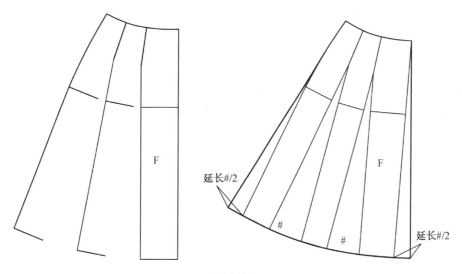

图 3-20

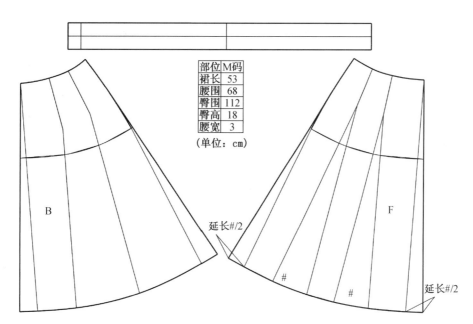

部位	M码
裙长	53
腰围	68
臀围	112
臀高	18
腰宽	3

（单位：cm）

图 3-21

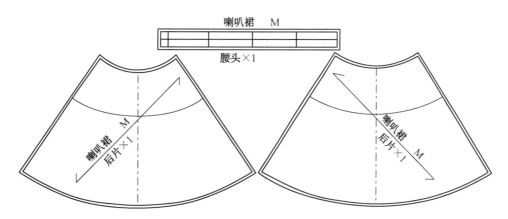

图 3-22

四、喇叭裙圆形法作图

从喇叭裙的原理分析,可直接用圆周率公式进行结构作图。

款式分析:180°圆弧形成的喇叭裙。

规格设计:已知 160/68A,裙长 L＝63 cm,腰头宽 WB＝3 cm。

五、半圆裙 CAD 版型设计步骤

(1) 用"智能笔"在输入框输入腰围 W＝68 cm,裙长＝63－3＝60 cm。

用"固定等分割"工具将裙下摆线展开成半圆形(图 3-23)。

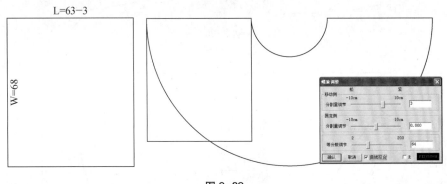

图 3-23

(2) 用"智能笔"绘制腰头结构和前后片分割线(图 3-24)。

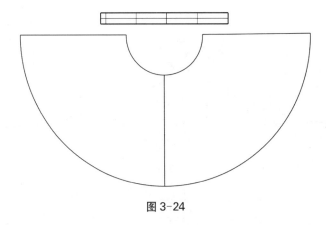

图 3-24

(3) 用"拾取裁片"提取裁片,放缝,作刀眼。

侧缝设置为正经纱方向或正纬向,尺寸稳定,便于缝制,在前后中心斜纱方向减去一定的量,作为斜纱伸长量,与面料属性有关,可试缝裙长下脚,用裙角定线器扫粉定位,确定最终下摆线。

第四节　低腰育克 A 字裙

一、款式分析

育克是英文 Yoke 的音译,一般指服装衣片上方横向分割线所分割出的裁片,在服装中育克分割线设计应用广泛,在结构上类似于省道,暗藏一定省量,注意省道转移在结构设计上的应用。

外形为 A 字裙轮廓,前后片上部有弧线形育克分割,分割处有工字褶裥,侧缝装隐形拉链(图 3-25)。

前面　　　　　　　　　　　侧面　　　　　　　　　　　背面

图 3-25　低腰育克 A 字裙

二、结构设计原理

调入原型裙,按 A 字裙原理将裙身下半部分沿辅助线展开,将育克线上部省道合并,并画顺。在前中放出工字褶用量。

三、CAD 版型设计步骤

(1) 打开菜单栏"设置"—"尺寸表"输入 M 码尺寸。

单位:cm

腰围(低腰)	臀围	裙长	育克高(中)	腰带宽	拉链长
72	98	58	9	2	18

(2) 选择菜单栏"设置"—"附件调出"将原型裙调出在育克裙文件中,按 A 字裙方法绘制 A 字裙结构,用"智能笔"平行线功能绘制裙底线(图 3-26)。

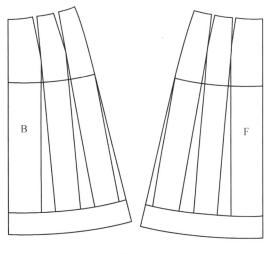

图 3-26

(3) 选择"贴边"工具作前后片育克分割线(图 3-27)。

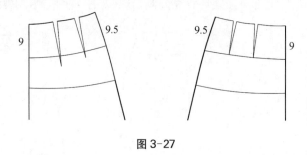

图 3-27

（4）用"纸型剪开及复制"工具将育克部分分离，后片小省尖从侧缝劈除（图 3-28）。

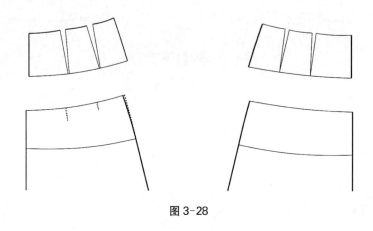

图 3-28

（5）在前后片育克分割线用"贴边"工具绘制低腰线（图 3-29）。

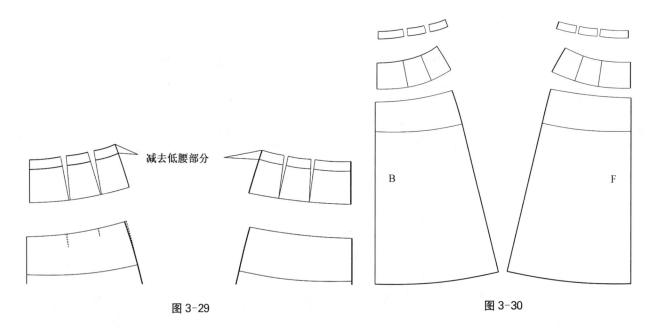

图 3-29　　　　　　　　　　　　　　　图 3-30

（6）用"纸型剪开及复制"工具将低腰部分移开，用"形状对接及复制"工具将育克省缝合并（图 3-30）。

（7）用"智能笔"平行线功能绘制腰带，用"智能笔"绘制带襻，用"形状对接及复制"工具将腰带前后合并（图 3-31）。

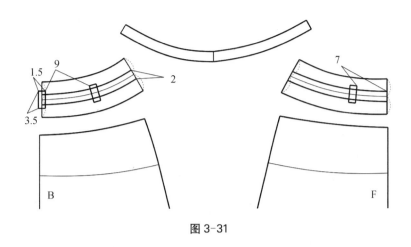

图 3-31

（8）用"平移"工具将前中心线向右移 10 cm，放出工字褶量的一半。前腰带以前中心为对称轴用"镜像要素"工具对称放出 13 cm 的腰带延长部分，纸样放缝略（图 3-32）。

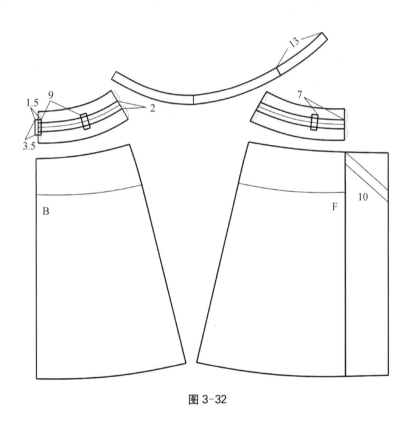

图 3-32

第五节　育 克 喇 叭 裙

一、款式分析

育克喇叭裙外形为喇叭裙轮廓，前后片上部有弧线形育克分割线，育克分割线以上合体，育克分割线以下呈喇叭形展开结构（图 3-33）。

前面   侧面   后面

图 3-33   育克喇叭裙

二、结构设计原理

调入原型裙,按喇叭裙原理将裙身下半部分沿辅助线展开,将育克线上部省道合并,按设计画顺育克线,育克线以下按裙摆设计要求进一步展开。

三、CAD 版型设计步骤

(1) 选择菜单栏"设置"—"附件调出"将原型裙调出在喇叭裙文件中,用"形状对接及复制"工具合并前片腰省,展开下摆,圆顺连接下摆,两边各延长两省缝展开下摆量的一半,用垂直水平补正工具将前中心线垂直水平补正(图 3-34)。

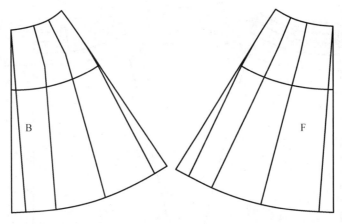

图 3-34

(2) 删除无关线条,用"智能笔"绘制育克结构,确保侧缝处前后片连片后圆顺(图 3-35)。

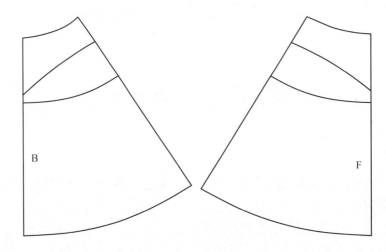

图 3-35

（3）用"纸型剪开"将育克部分分离（图 3-36）。

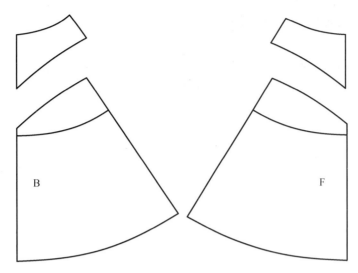

图 3-36

（4）用"固定等分割"工具将裙身下摆按设计需要展开（图 3-37）。

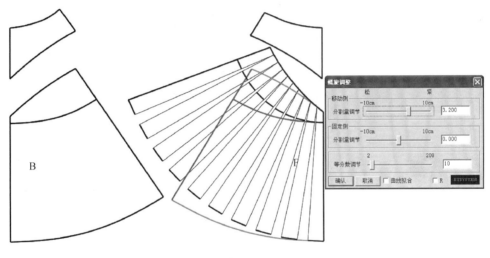

图 3-37

（5）用"固定等分割"工具选择曲线拟合完成展开任务（图 3-38）。

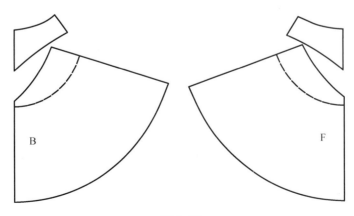

图 3-38

（7）拾取裁片，前片中心线用"要素属性定义"为对称线，裁片完成图如图 3-39 所示。

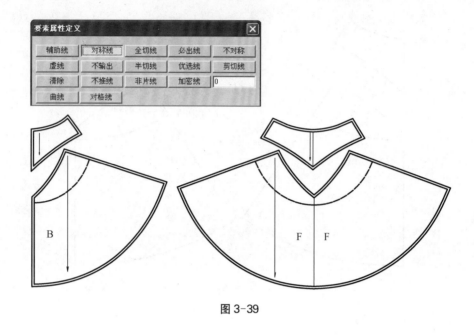

图 3-39

第六节　褶　裥　裙

一、款式分析

褶裥裙前后各 4 个工字褶，裙外形呈喇叭形；裙里贴按育克分割线设计原理，在结构上暗藏省量（图 3-40）。

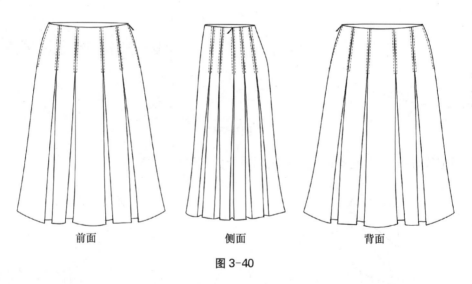

前面　　　　　　　　　侧面　　　　　　　　　背面

图 3-40

二、结构设计原理

调入原型裙，合并腰省，分离出低腰部分，调出腰贴部分，裙身按工字褶分布展开褶裥量。

三、CAD 版型设计步骤

（1）选择菜单栏"设置"—"尺寸表"设置尺寸，基础版为 M(160/84A)（图 3-41）。

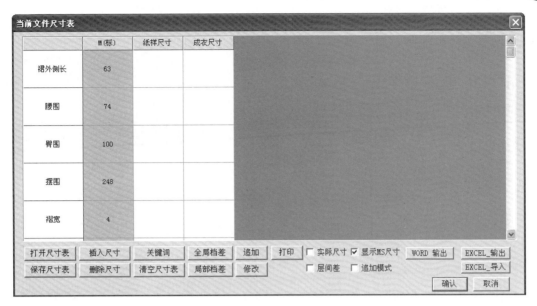

图 3-41

（2）选择菜单栏"设置"—"附件调出"将原型裙调出在褶裥裙文件中,用"形状对接及复制"工具合并前片腰省,展开下摆,选择"要素合并"工具圆顺连接下摆(图 3-42)。

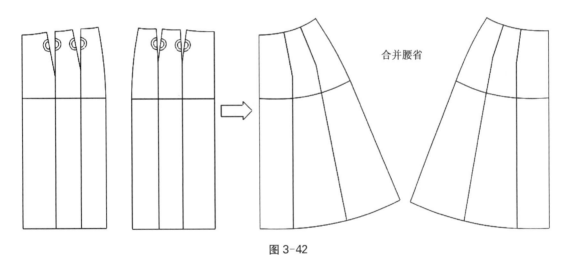

图 3-42

（3）选择用"贴边"工具绘制低腰部分 3.5 cm,按设计长度用"贴边"工具绘制下摆,选择"纸型剪开"移除低腰部分,修正侧缝线成直线,用"贴边"工具绘制内贴(图 3-43)。

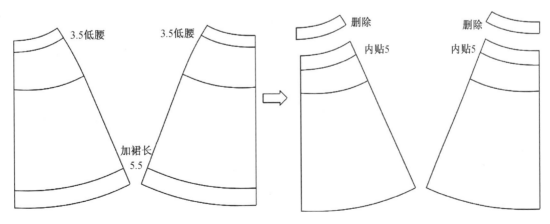

图 3-43

(4) 选择"纸型剪开"移出内贴,选择用"镜向要素"将前片左右对称复制,用"工艺线"—"等分"功能将裙身 5 等分作为褶裥辅助线(图 3-44)。

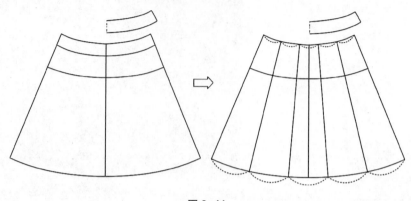

图 3-44

　　(5) 选择"衣褶"工具,鼠标左键选择褶的类型(对褶),在输入框输入上褶量 2 cm、下褶量 2 cm,鼠标左键选择参与做褶的裁片框选,右键结束选择,左键依次从固定侧,选择 5 条褶线做工字褶,完成删除侧缝线一半的褶裥(有一半的褶裥在后片上),同理完成后片衣片的褶裥结构(图 3-45)。

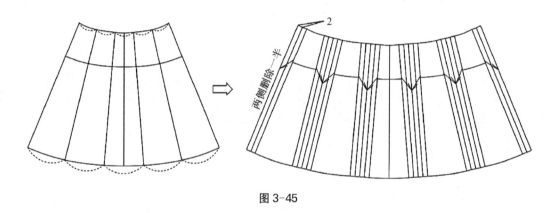

图 3-45

　　(6) 将衣片净样线以外的线作为非片线,用"缝边刷新"统一加缝份 1 cm,再根据工艺要求,将不同部位的缝份用"缝边宽度"工艺更改(下摆 4 cm),用"刀口"工具将相关部分打上刀眼。面布裁剪样版如图 3-46 所示。

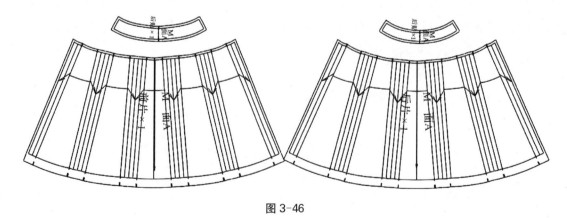

图 3-46

第七节　百　褶　裙

一、款式分析

方形面料裁剪,特别适合方格面料制作,前后各 16 个刀褶,裙外形呈喇叭形,在结构上臀腰之间暗藏省量(图 3-47)。

背面

图 3-47

二、结构设计原理

腰至臀围呈合体状态,裙外形呈 A 字形,在 A 字形轮廓基础上进行刀褶展开,展开后为方形面料结构,当条格面料裁剪时,条格横平竖直,条格完整。

三、CAD 版型设计步骤

(1) 菜单栏"设置"—"尺寸表"设置尺寸,基础版为 M(160/68A)(图 3-48)。

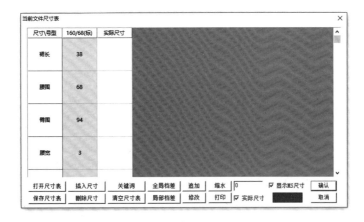

图 3-48

（2）用"智能笔"工具绘制半腰围 34 cm，半臀围 47 cm，臀长 18 cm 的梯形，向下延长至裙长 35 cm，作梯形得到半下摆尺寸 60 cm（图 3-49）。

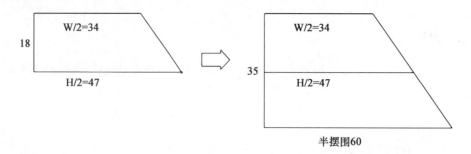

图 3-49

（3）用"智能笔"工具绘制三角形，下摆与腰口的差量为 26 cm，选择"等分"工具绘制 8 个刀褶，两侧为半个褶量，下摆展开量为 26 cm（图 3-50）。

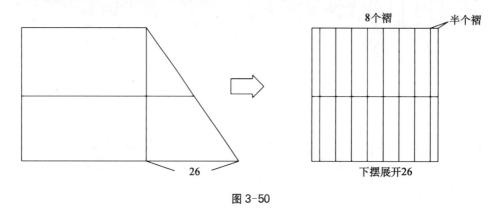

图 3-50

（4）选择"指定等分割"将裙下摆展开后，得到衬裙结构（图 3-51）。

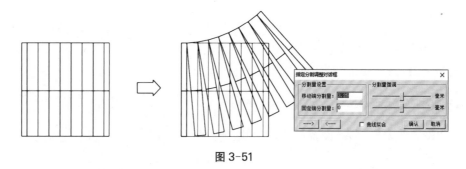

图 3-51

（5）选择"指定等分割"将裙下摆展开后，用"智能笔"工具绘制展开线的中线作为刀褶的展开线（图 3-52）。

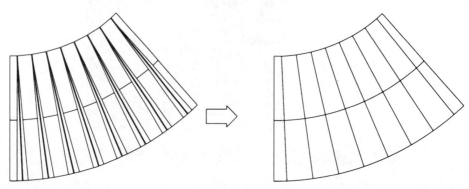

图 3-52

（6）选择"衣褶"工具，鼠标左键选择褶的类型（刀褶），在输入框输入上褶量 5 cm、下褶量 3.4 cm，鼠标左键选择参与做褶的裁片框选，右键结束选择，左键依次从固定侧，选择 8 条褶线作刀褶，此时裁片应呈方形结构，如果不呈方形，则需要调整上下褶量（图 3-53）。

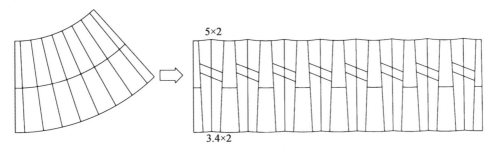

5×2

3.4×2

图 3-53

（7）将衣片净样线以外的线作为非片线，用"缝边刷新"统一加缝份 1 cm，再根据工艺要求，将不同部位的缝份用"缝边宽度"工艺进行更改（下摆 4 cm），用"刀口"工具将相关部分打上刀眼，裁剪样版如图 3-54 所示。

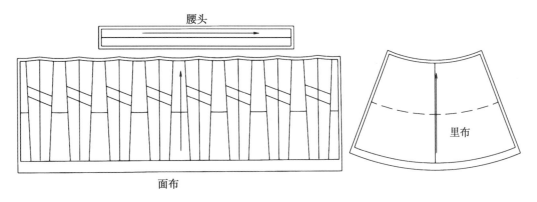

腰头

面布

里布

图 3-54

第四章
女裤 CAD 版型设计

第一节 女 裤 原 型

一、女裤原型分析

裤装的结构设计要充分考虑人体下肢的构造和各关节的运动规律,以及裤装设计的美学要求。裤子的设计在下肢体表结构的功能分布如图 4-1 所示,有以下功能分布:

(1) 贴合区:由裤子的腰省、分割线、劈缝等形成人体与裤子的贴合区。

(2) 裆底结构设计区:是考虑裤子的运动功能而进行裆底设计的区域。

(3) 落裆设计区:裆部自由造型空间。

(4) 裤腿造型设计区:裤子设计造型区间。

与裤装结构设计相关的人体数据如图 4-2 所示(单位:cm)。

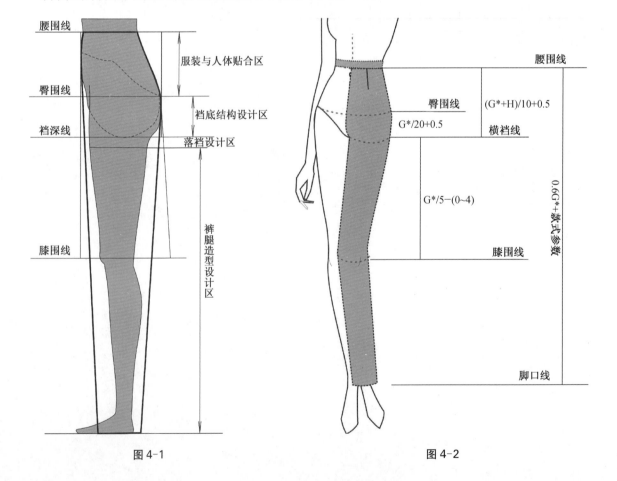

图 4-1   图 4-2

裆底至膝围线可依据裤型设计适当抬高,横裆至膝围长＝G*/5－(0～4)。

裤长可依据款式变化进行调节,裤长 TL＝0.6G*＋款式参数(G* 为身高,H 为臀围)。

女裤原型以我国成年女子 160/68A 为基础进行规格设计,是加放人体运动需要的最少臀围松量的直筒裤结构,款式如图 4-3 所示。

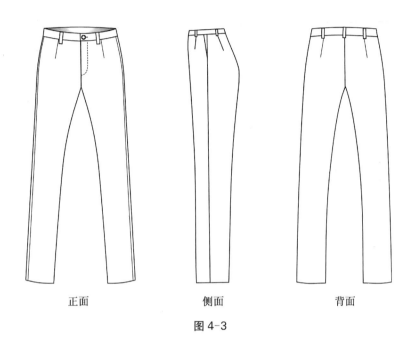

正面　　　　　侧面　　　　　背面

图 4-3

二、规格设计(单位:cm)

腰围 W＝W*＋(0～2)＝66+2＝68;

臀围 H＝H*＋4(松量)＝90+4＝94;

上裆长＝(G*＋H*)/10+(0～0.5)(松量)＝(160+90)/10+0＝25(不含腰宽);

裤长 TL＝0.6G*＋3.5＝0.6×160＋3.5＝99.5;

臀至横裆长＝G*/20＝160/20＝8;

横裆至膝围长＝G*/5－2＝160/5－2＝30;

窿门总宽＝0.15H＝0.15×94＝14.1;

中裆宽＝0.2H＋(0～2)＝0.2×94＋1.2＝20;

脚口宽 SB＝0.2H＋(0～2)＝0.2×94＋(0～2)＝19。

细部规格设计如下:

前腰围 FW＝W/4+0.5+2(省量)＝19.5;

后腰围 BW＝W/4－0.5+3(省量)＝19.5;

前臀围 FH＝H/4－1＝22.5;

后臀围 BH＝H/4+1＝24.5;

前窿门宽＝0.04H＝0.04×94＝3.76;

后窿门宽＝0.11H＝0.11×94＝10.34;

前脚口宽＝SB－2＝17;

后脚口宽＝SB+2＝21。

三、女裤结构图

如图 4-4 所示。

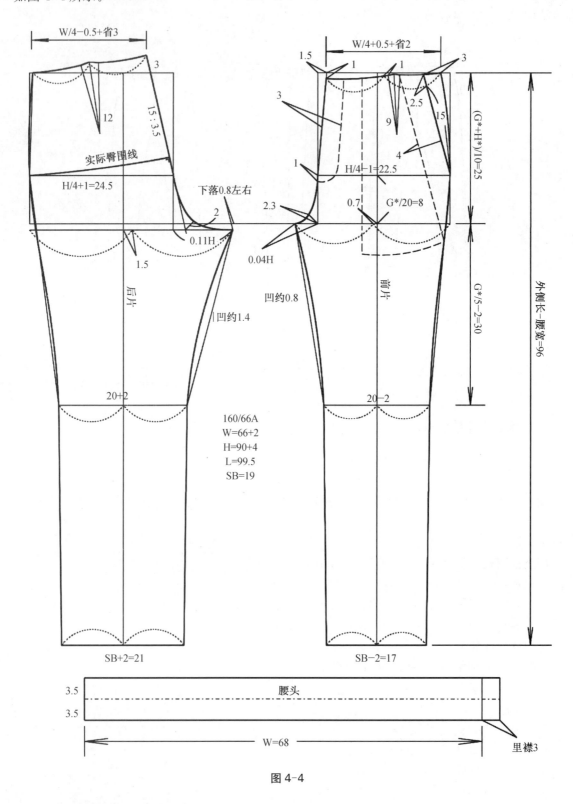

图 4-4

四、女裤原型 CAD 绘制步骤

(1) 打开 CAD 打版界面,在"设置"—"尺寸表设置"中输入原型裤尺寸(图 4-5)。

图 4-5

（2）用"智能笔"输入前臀围 $H/4-1=22.5$ cm、裆深 25 cm，绘制矩形。

图 4-6

用"智能笔"平行线功能作裆底的平行线 8 cm 为臀围线，"智能笔"框选前窿门端调整量 3.3 cm 为前窿门（图 4-7）。

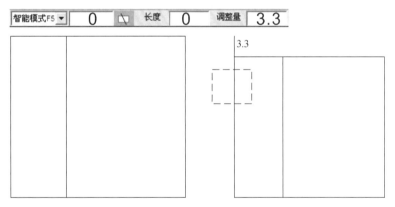

图 4-7

（3）用"智能笔"＋Enter 键偏移功能，在前横裆中心外偏 0.7 cm 绘制前中心线。用"智能笔"框选前中心线长度 96 cm 为裤长（图 4-7）。

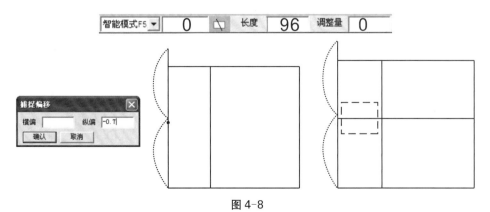

图 4-8

（4）用"智能笔"平行线功能作裆底的平行线，中裆线为 30 cm，半中裆长 9 cm，用"智能笔"绘制半前脚口宽 8.5 cm（图 4-9）。

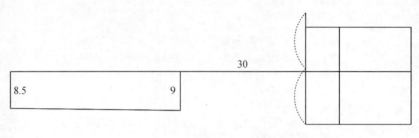

图 4-9

（5）用"镜像要素"工具将中裆以下裤腿复制（图 4-10）。

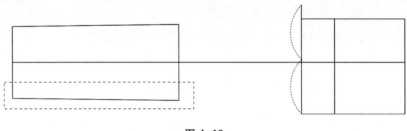

图 4-10

（6）用"智能笔"绘制前下裆缝，调节圆顺，用"智能笔"按 Enter 键偏移功能绘前中心线（图 4-11）。

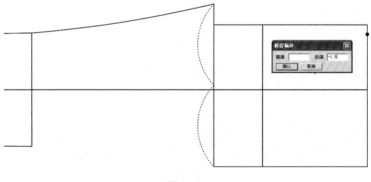

图 4-11

（7）单圆规绘制前腰口，前中下落 1 cm，前腰 19.5 cm。用"智能笔"绘制外侧缝，调节圆顺（图 4-12）。

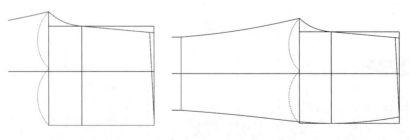

图 4-12

（8）用"智能笔"绘制门襟线（图4-13）。

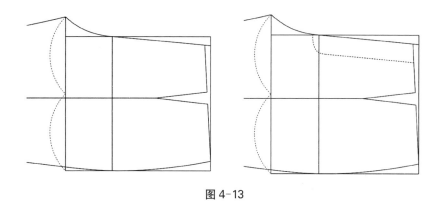

图 4-13

（9）绘制后片，将前裤片横向线和臀宽线用"平移"工具复制到相应位置（图4-14）。

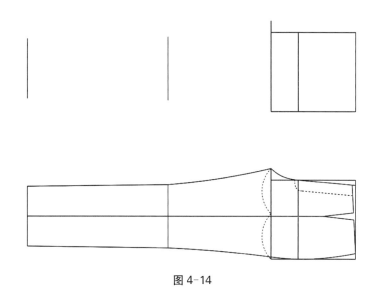

图 4-14

（10）后横裆下落 1 cm，用"智能笔"延长线功能延长 0.11H（臀围）＝11.4 cm 为后窿门宽（图4-15）。

图 4-15

（11）按 15∶4 比例绘制后裆缝倾斜度，延长出上平线3 cm为后腰中心点，后裆缝自臀围线向上 3 cm 点用单圆规工具以半径 24.5 cm 作实际臂围线（图4-16）。

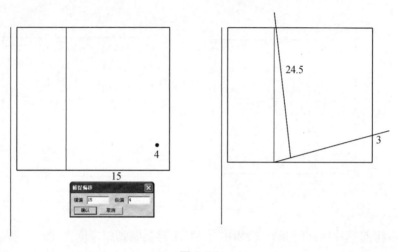

图 4-16

　　(12) 作出后臀宽线,画顺后窿门弧线,后裆缝上平线起翘 3 cm 处用单圆规工具以 19.5 cm 为半径向上平线作后腰围宽(图 4-17)。

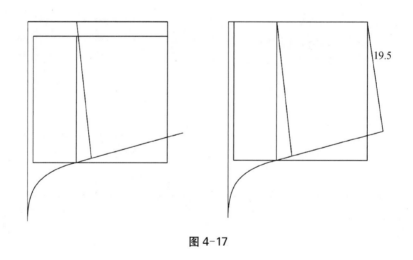

图 4-17

　　(13) 后裆缝中点外偏 1.5 cm 画出后中心线(图 4-18)。

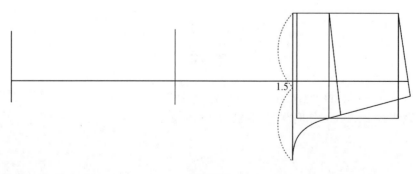

图 4-18

（14）用"智能笔"作半中裆长 11 cm，用"智能笔"绘制半前脚口宽 10.5 cm（图 4-19）。

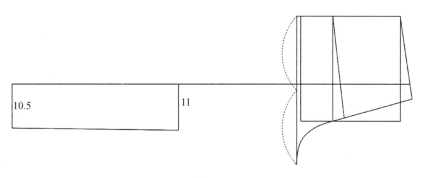

图 4-19

（15）用"镜向要素"工具将中裆以下裤腿复制至另一边，用"智能笔"绘制并调顺后片下裆缝（图 4-20）。

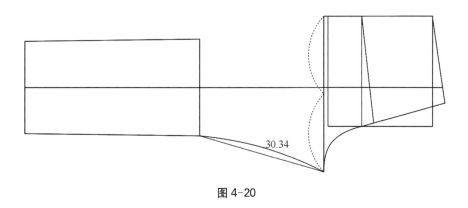

图 4-20

（16）用"智能笔"绘制并调顺后片外侧缝（图 4-21）。

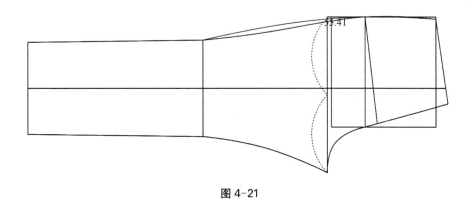

图 4-21

（17）用"智能笔"绘制后省，省长 12 cm，宽 3 cm，腰口作接角圆顺（图 4-22）。

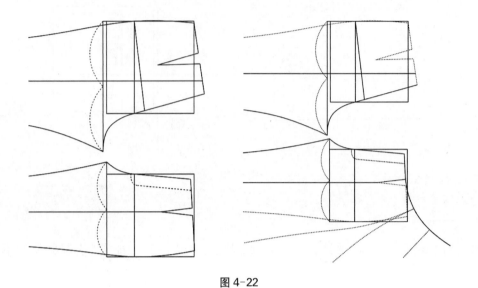

图 4-22

（18）前后片结构完成图（图 4-23）。

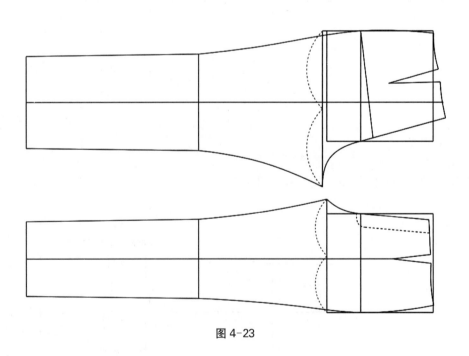

图 4-23

（19）绘制完成，删除不必要的辅助线，保存文件，选择菜单栏"设置"—"附件登录"为女裤原型附件备用（图 4-24）。

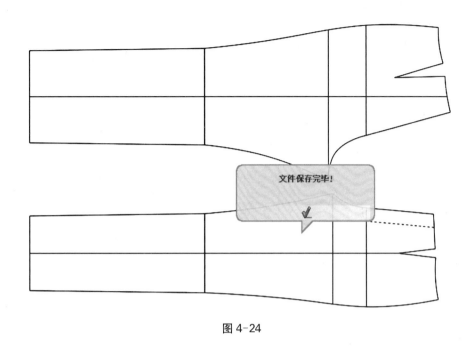

图 4-24

第二节　褶裥裤

一、款式分析

褶裥裤前腰口有褶裥,前臀围处宽松,脚口较小,呈上大下小的锥形(图 4-25)。

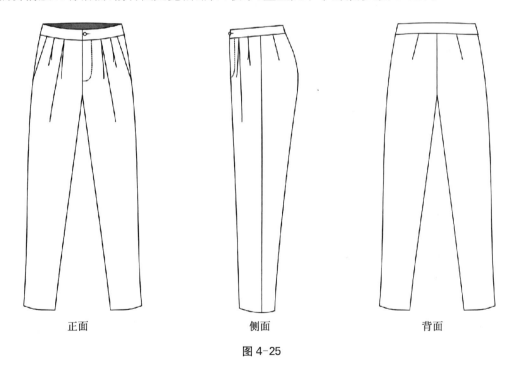

正面　　　　　　　　　侧面　　　　　　　　　背面

图 4-25

二、制版原理

褶裥裤有较大的臀围松量,但臀围松量以分布在前臀围为主,故本例褶裥裤将原型裤前片沿裤中心线和相关辅助线从上端切展。

三、CAD 制版步骤

（1）选择菜单栏"设置"—"附件调出"将女裤原型调出，并用"智能笔"绘制切展位置辅助线（图 4-26）。

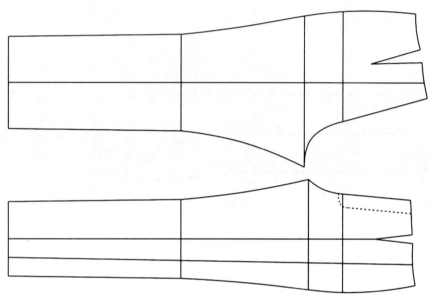

图 4-26

（2）用"指定分割"工具将前片上腰口分别展开 3 cm（图 4-27）。

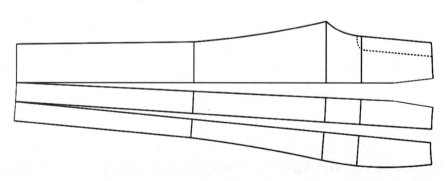

图 4-27

（3）用"要素合并"工具，结点数选 2，将脚口线、中裆线、横裆线、臀围线分段合并，并删除不必要的辅助线（图 4-28）。

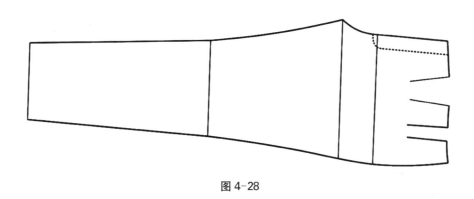

图 4-28

（4）用"水平垂直补正"工具将前裤片臀围线垂直补正，画顺前后片裤腿线（图 4-29）。

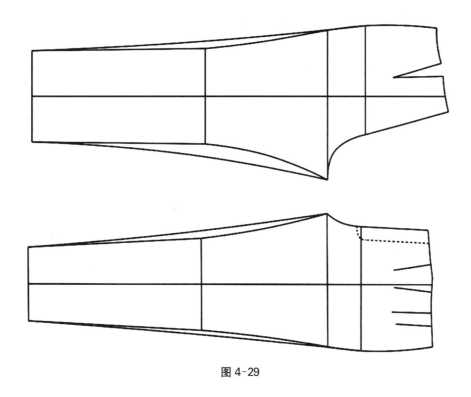

图 4-29

（5）用"纸型剪开"工具移出前门襟里，用"水平垂直补正"放正，用"平移"工具复制对称里襟，用"智能笔"绘制腰头（图 4-30）。

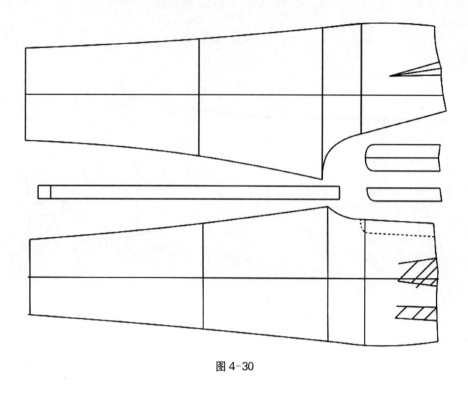

图 4-30

（6）选择"要素测量"工具测量前后片外侧缝、下裆缝长度,调节使之相等。用"接角圆顺"工具调节腰口、裤窿门圆顺(图 4-31)。

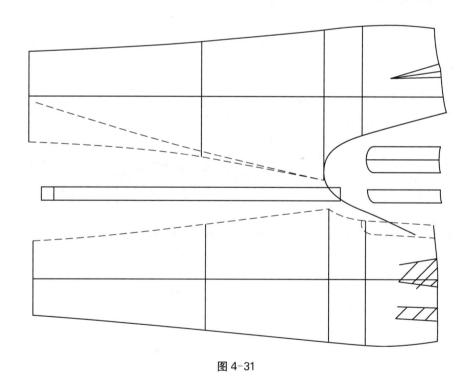

图 4-31

（7）将衣片净样线以外的线作为非片线,用"缝边刷新"统一加缝份 1 cm,再根据女裤工艺要求,将不同部位的缝份用"缝边宽度"工艺更改(脚口 4 cm),用"刀口"工具将相关部分打上刀眼,面布裁剪样版如图 4-32 所示。

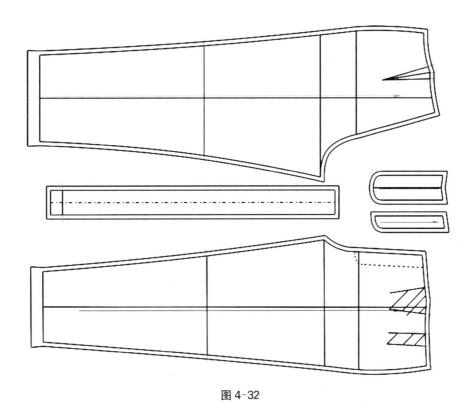

图 4-32

第三节 低腰牛仔裤

一、款式分析

低腰牛仔裤选用较厚实的面料或弹性面料,贴体风格设计,通常用双针明线缝制工艺,在臀围设置较小的松量,减小直裆尺寸,降低腰头,同时腰围尺寸增大,为低腰合体款式。前片月亮弧形口袋,后片育克分割(机头)(图 4-33)。

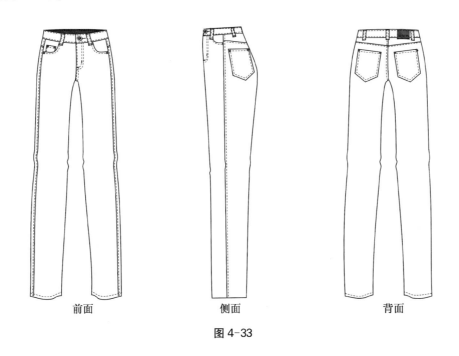

前面   侧面   背面

图 4-33

二、低腰贴体裤变化原理

（1）在基本裤结构上，减小臀围松量（一般用厚实面料或弹力面料），前后窿门互借，前浪稍直而短（图4-34）。

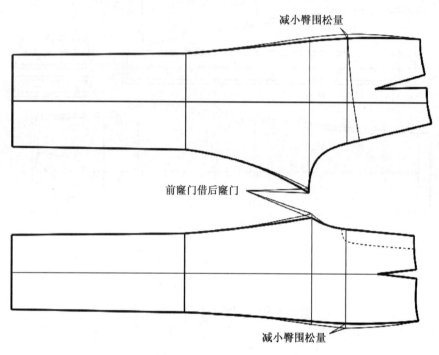

图 4-34

（2）重新分配省量，适当增加前后中心劈量，根据低腰程度降低腰线，臀腰差进一步减小，根据需要调整省大小和长度（图4-35）。

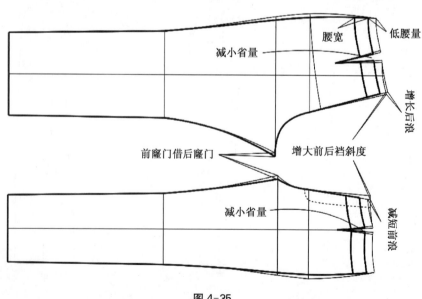

图 4-35

三、CAD 制版步骤

（1）选择菜单栏"设置"—"附件调出"将女裤原型调出，按设计臀围尺码减小臀围，前后窥门互借一定的量，可参考图 4-34。并用"贴边"工具绘制低腰位，降 1 cm 和腰头宽 3.5 cm（图 4-36）。

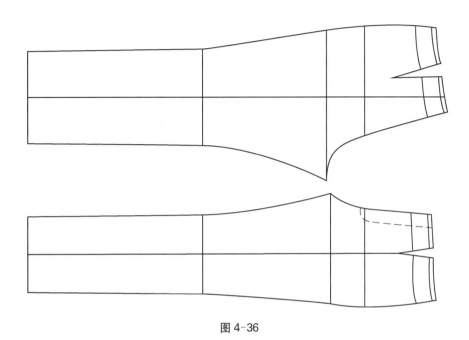

图 4-36

（2）用"纸型剪开"工具将低腰部分、腰头、育克（机头）移开，删除低腰部分，用"形状对接"工具将育克、腰头合并连接，调节圆顺，后片接后育克上口约 0.3 cm 省道作为归拢量（图 4-37）。

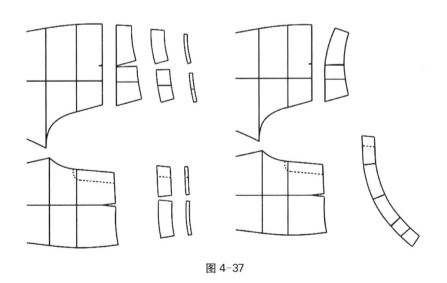

图 4-37

（3）用"智能笔"绘制后口袋、前口袋、袋布、门里襟等。后育克在臀部端吃一定的量，前袋口与袋垫布间留一定松量（暗省），注意对位记号（图 4-38）。

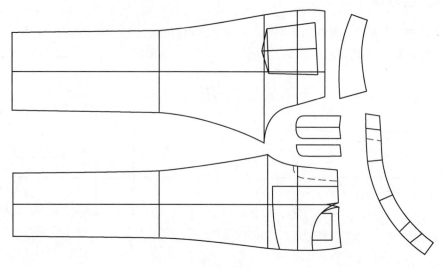

图 4-38

（4）将衣片净样线以外的线作为非片线，用"缝边刷新"统一加缝份 1 cm，再根据女裤工艺要求，将不同部位的缝份用"缝边宽度"工艺更改，用"刀口"工具将相关部分打上刀眼，设置裁片属性定义。

① 加入缝份，脚口处、后袋口边 3 cm，前袋垫布贴边 4 cm，其余未注明处 1 cm。

② 对位记号：裤子中档、前袋垫布等作刀眼。

③ 画上布纹线，腰头布纹线以后中线为对称。

④ 检验：确认前后片侧缝线，前后片下档缝是否相等，腰围线长度是否与腰头长相等，用"接角圆顺"工具拼合下档缝，检查前后窿门是否圆顺（图 4-39）。

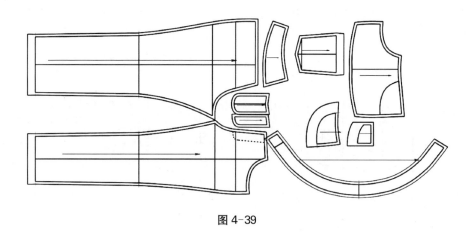

图 4-39

第四节　灯　笼　裤

一、款式分析

灯笼裤裤腿自臀围向下渐渐放大呈喇叭形，脚口用克夫收束，形成灯笼造型（图 4-40）。

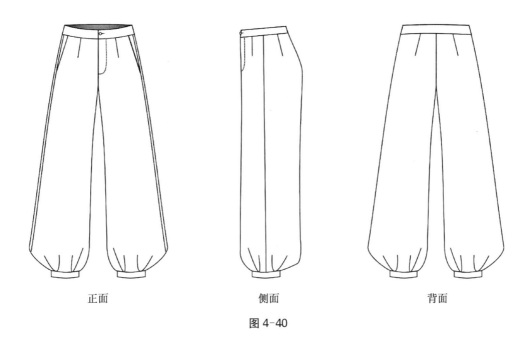

正面　　　　　　　　侧面　　　　　　　　背面

图 4-40

二、版型设计原理

在裤子原型样版基础上自臀围起放出裤腿,呈喇叭形,脚口束克夫,直裆下落 2 cm(图 4-41)。

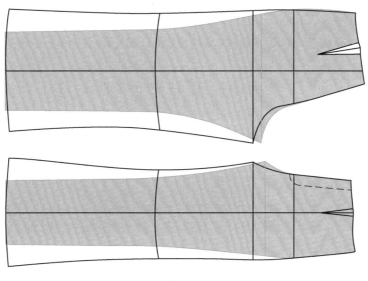

图 4-41

三、CAD 制版步骤

(1) 选择菜单栏"设置"—"附件调出"将女裤原型调出,并用"裁片拉伸"将直裆下降 2 cm(图 4-42)。

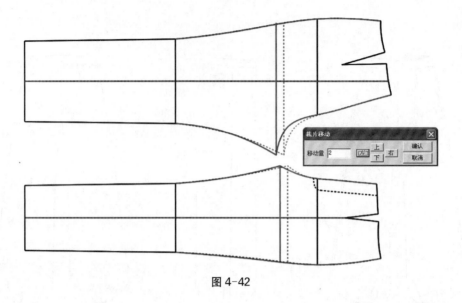

图 4-42

（2）用"指定分割"工具以裆深线为固定侧，脚口为展开侧，以中心线为展开线展开脚口需要的量（图 4-43）。

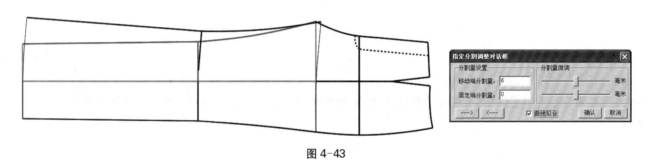

图 4-43

（3）同理，将前裤片外侧缝、后裤片展开相同的量（图 4-44）。

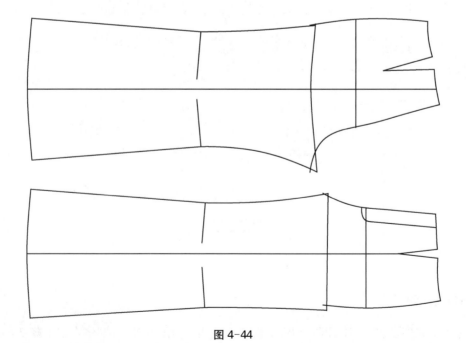

图 4-44

（4）用"智能笔"绘制脚口克夫长度 25 cm、高度 8 cm，调顺相关线条，调整裤侧缝、下裆缝长度相等（图 4-45）。

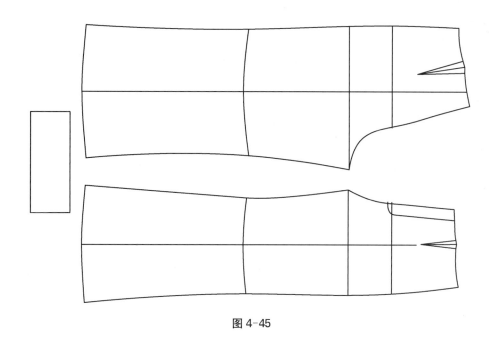

图 4-45

（5）将衣片净样线以外的线作为非片线，用"缝边刷新"统一加缝份 1 cm，再根据女裤工艺要求，将不同部位的缝份用"缝边宽度"工艺更改，用"刀口"工具将相关部分打上刀眼，设置裁片属性定义。裁片完成图如图 4-46 所示。

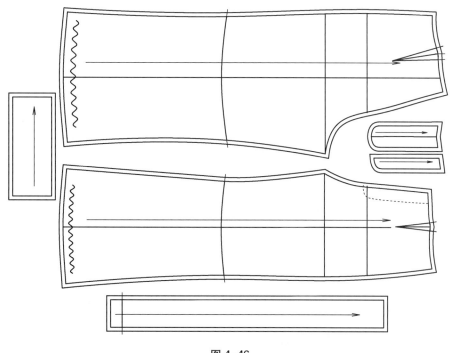

图 4-46

第五节　吊　裆　裤

一、款式分析

吊裆裤的直裆加长较多,裆长达 40 cm,横裆增大,臀围达 120 cm 以上,脚口较小,侧缝装拉链(图 4-47)。

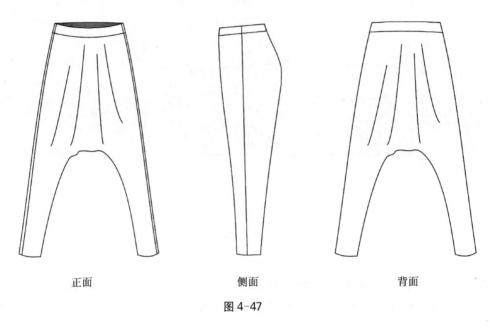

正面　　　　　　　侧面　　　　　　　背面

图 4-47

二、版型设计原理

在裤子原型样版基础上,将前后裤片沿前人体中心线旋转展开(图 4-48)。

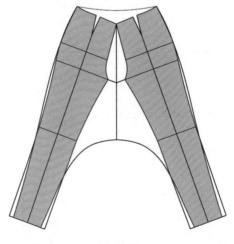

图 4-48

三、CAD 制版步骤

(1) 选择菜单栏"设置"—"附件调出"将女裤原型调出,用"智能笔"分别绘制前后腰中点至前后窿门延长点连线(依据臀围放大的量而定,前窿门量大于后窿门一定的量),再用"垂直水平补正工具"按绘制线垂直补正(图 4-49)。

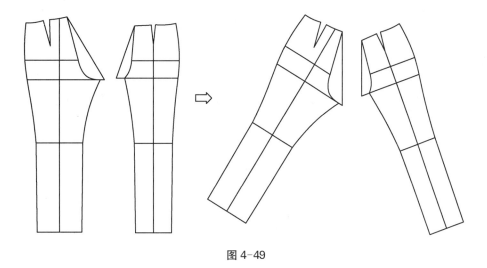

图 4-49

（2）用"智能笔"绘制落裆量和裤腿造型，绘制前后腰口线，可通过侧缝劈量调节腰口大小，删除无关辅助线（图 4-50）。

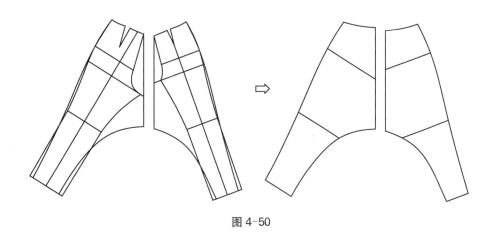

图 4-50

（3）拾取裁片，前片中心线用"要素属性定义"为对称线，裁片完成图如图 4-51 所示。

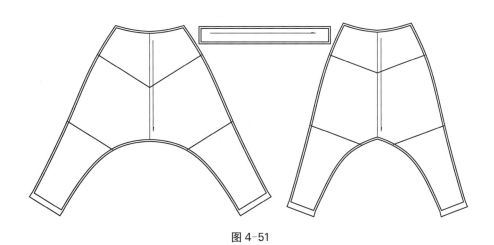

图 4-51

第六节　短　　裤

一、款式分析

短裤为贴体风格设计,中腰,前片斜插袋,后片腰口收省,双嵌线后挖口袋,前门襟装拉链(图 4-52)。

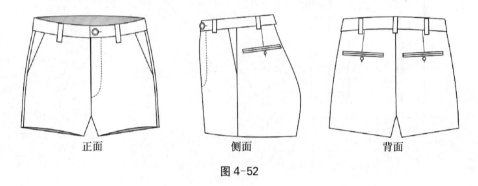

正面　　　　　侧面　　　　　背面

图 4-52

二、短裤结构设计原理

将女裤原型(基本型)按短裤设计长度剪开。调整前后片下裆缝,向外放出量 ＊ ,并将后片内侧脚口向下起翘,使内脚口接近直角。调整侧缝端外脚口,向外放出量♯,使外脚口接近直角,使脚口圆顺。此时后窿门点比前窿门点下落 2～2.5 cm,具体视款式而定(图 4-53)。

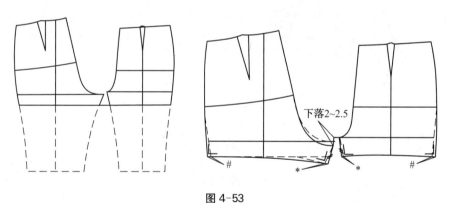

下落2~2.5

图 4-53

三、CAD 制版步骤

(1) 选择菜单栏"设置"—"附件调出"将女裤原型调出,用"智能笔"＋Shift 键按设计长度作臀围的平行线,用"纸型剪开"工具移除长度线以下部分(图 4-54)。

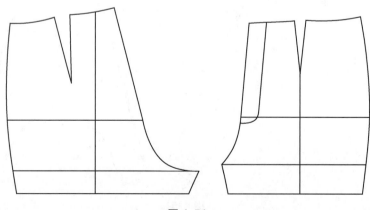

图 4-54

（2）用"智能笔"调整侧缝向外放出 1 cm，下裆缝向外放出 0.5 cm（图 4-55）。

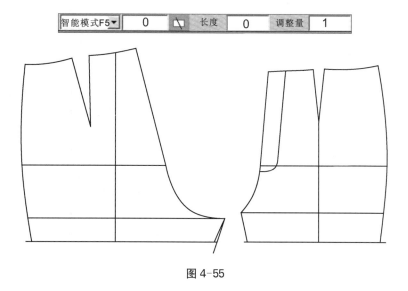

图 4-55

（3）用"智能笔"重新绘制外侧缝、下裆缝、脚口并调顺，测量前片下裆缝长作为后片下裆缝长度的数据（图 4-56）。

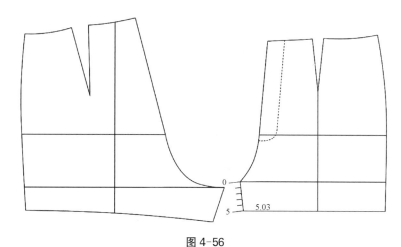

图 4-56

（4）按前下裆缝长度重新绘制后窿门，根据款式设计需要，将前省分散至侧缝和前中心处，后省分散部分至侧缝和前中心处，重新绘制省道，宽 2 cm，长度 8 cm（图 4-57）。

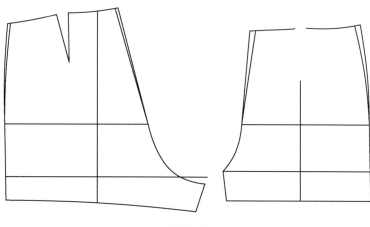

图 4-57

（5）选择"单圆规"绘制前口袋,输入框输入数值袋宽 3 cm,袋长（半径）16 cm,用"智能笔"绘制后口袋、前门襟(图 4-58)。

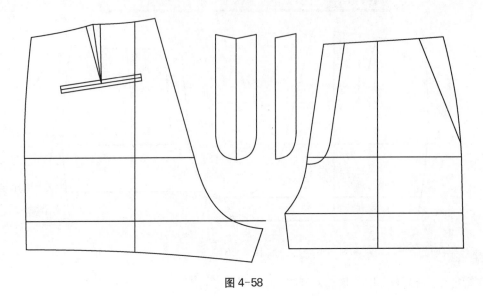

图 4-58

（6）拾取裁片,作相关纸样技术标记,面布纸样如图 4-58 所示,里布略。

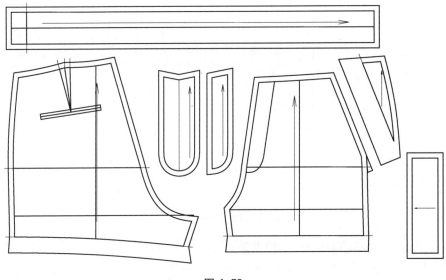

图 4-59

第五章
女上装 CAD 版型设计

第一节 女上装原型

原型是服装平面裁剪中的最基础纸样,它是简单的、不带任何款式变化的立体型服装纸样,能反映人体最基本的体表结构特征,利用服装原型在平面裁剪中可以变化出丰富多样的服装款式。胸臀四省原型是平面女装制版中应用较广泛的一种。

胸臀四省女上装原型是在人体体表结构基础上加放一定的松量,综合考虑动态因素,根据服装变化的需要而设计的最基础的纸样(图 5-1)。

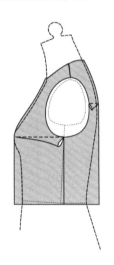 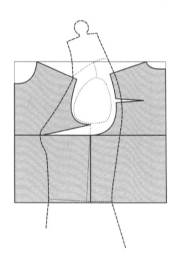

图 5-1

一、四省胸臀原型特点

四省较贴体胸臀原型,包括人体的胸围、腰围和臀围,符合大多数服装款式的特点,实用性强,服装制版方便快捷,比较符合企业的实际操作。

二、制图规格设计

按 160/84A 号型基础进行设计(单位:cm)。

胸围:$B=B^*+$松量$=84+8=92$;

胸腰差:$B-W=20$(按此收腰量绘制,在实际应用中可按比例分配收腰量);

肩宽:$S=0.25B+15=0.25\times96+15=39$;

背长:$0.25G-2.5=0.25\times160-2.5=37.5$;

领围:N=B*/4+15=36,前横开领:N/5-0.5,前直开领:N/5+0.5,后横开领:N/5,后直开领为后横开领约 1/3,即(N/5)/3=2.4;

前肩斜为 15∶6,后肩斜为 15∶5。

三、四省胸臀原型结构图

四省胸臀原型结构图如图 5-2 所示。系列规格参考尺寸见表 5-1。

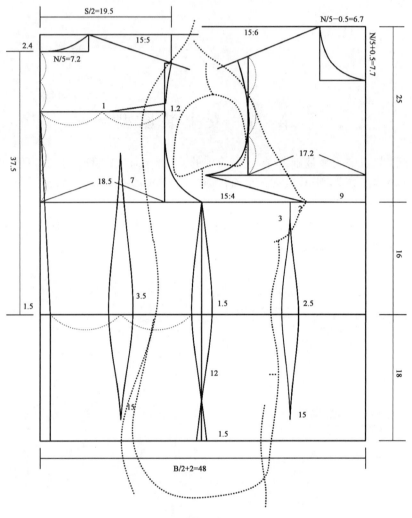

图 5-2

表 5-1

单位:cm

号型	成品胸围	制图胸围	肩宽	领围	背长	腰长
155/80A	88	92	38	35	36.5	17.5
160/84A	92	96	39	36	37.5	18
165/88A	96	100	40	37	38.5	18.5

四、CAD 绘制步骤

(1) 用"智能笔"输入框输入原型衣长 59 cm,半胸围 48 cm(图 5-3)。

| 智能模式F5▼ | 0 | 长度 | 59 | 宽度 | 48 |

图 5-3

（2）用"智能笔"平行线功能,输入框输入胸围至腰围 16 cm,腰围至臀围 18 cm(图 5-4)。

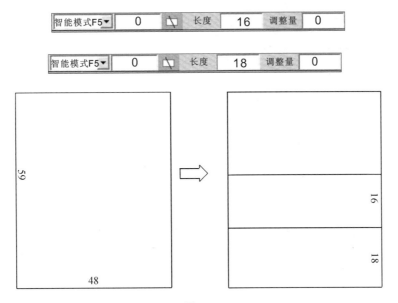

图 5-4

（3）用"智能笔"+Ctrl 键丁字尺功能绘制前后片侧缝线。

（4）用"智能笔",输入框输入点距离(背长)37.5 cm,后领窝横开领宽 7.2 cm(图 5-5)。

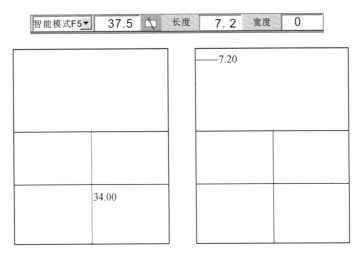

图 5-5

（5）用"智能笔"+Ctrl 键丁字尺功能绘制后直开领 2.4 cm,用"智能笔"+Enter 键捕捉偏移功能绘制后肩斜 15∶5,用"智能笔"+Enter 键捕捉偏移功能绘制半肩宽 19.5 cm(图 5-6)。

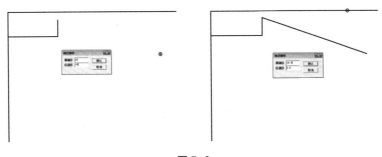

图 5-6

132　服装 CAD 版型设计原理与应用

（6）用"智能笔"＋Ctrl 键丁字尺功能绘制冲肩 1 cm 和背宽线（图 5-7）。

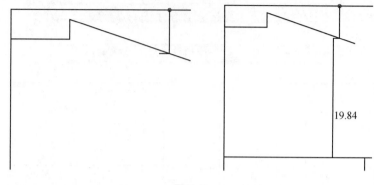

图 5-7

（7）用"智能笔"绘制后袖窿线，并调节圆顺。用"智能笔"＋Ctrl 键丁字尺功能绘制侧缝线（图 5-8）。

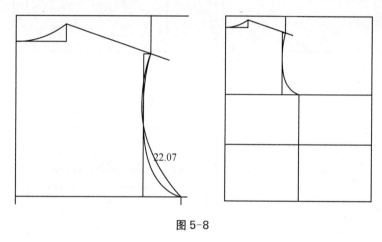

图 5-8

（8）用"等分线"工具将背中胸围线以上 5 等分，用"智能笔"＋Ctrl 键丁字尺功能绘制背骨线。用"智能笔"绘制劈背线（图 5-9）。

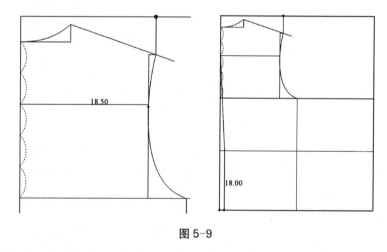

图 5-9

（9）用"智能笔"，输入框输入点距离（侧收腰）1.5 cm 和（臀放出）0.75 cm，绘制并调节后侧缝线（图 5-10）。

| 智能模式F5▼ | 1.5 | | 长度 | 0 | 宽度 | 0 |
| 智能模式F5▼ | 0.75 | | 长度 | 0 | 宽度 | 0 |

图 5-10

（10）用"智能笔"＋Enter 键捕捉偏移功能绘制肩骨位于背宽中心外偏 1 cm（图 5-11）。

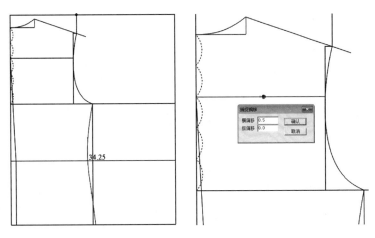

图 5-11

（11）用"智能笔"，输入框输入点距离（肩骨省大小）1.2 cm（图 5-12）。

图 5-12

（12）用等分线工具将后腰围线以上 2 等分，用枣弧省工具绘制后腰省。用"智能笔"绘制劈背线（图 5-13）。

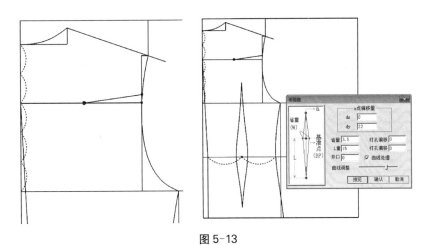

图 5-13

（13）用"智能笔"，输入框输入点距离（前直开领）7.7 cm，（前横开领）6.7 cm，画前领窝弧线并调节圆顺（图 5-14）。

图 5-14

（14）用"智能笔"＋Enter 键捕捉偏移功能绘制后肩斜 15∶6（图 5-15）。

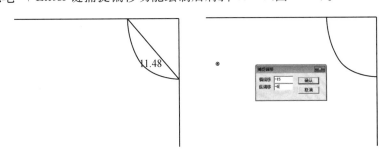

图 5-15

（15）用"智能笔"长度调整功能,输入框输入前小肩长＝后小肩长,为 13 cm(图 5-16)。

图 5-16

　　用"智能笔",输入框输入点距离(半胸宽)9 cm,用"智能笔"＋Enter 键捕捉偏移功能绘制胸省角度 15∶4(图 5-17)。

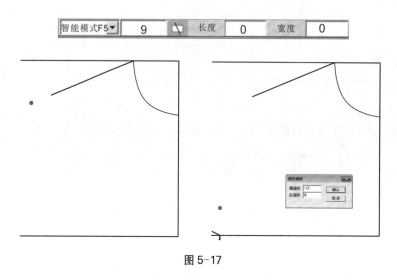

图 5-17

　　（16）用"智能笔"绘制胸省,用"智能笔"长度调整功能,输入框输入省边长 15 cm,并用"智能笔"＋Ctrl 键丁字尺功能绘制水平线(图 5-18)。

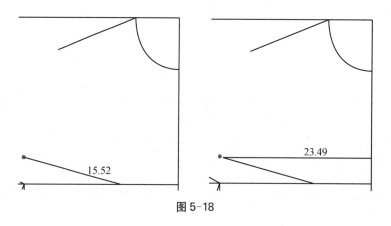

图 5-18

　　（17）用"智能笔"＋Ctrl 键丁字尺功能绘制胸宽线,输入框输入点距离(前胸宽)17.2 cm(图 5-19)。

图 5-19

　　用"智能笔"绘制前袖窿线(图 5-20)。

　　（18）用"智能笔"＋Enter 键捕捉偏移功能绘制前腰省尖位置,向下引垂线至腰围线,用枣弧省工具绘制前腰省(图 5-21)。

　　（19）绘制完成。用"平移"工具复制一份,删除相关辅助线。登录附件名为"女上装原型"备用(图 5-22)。

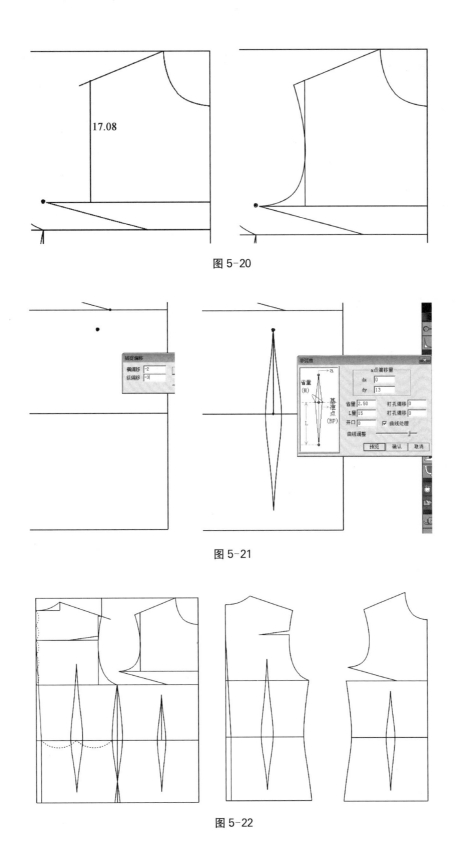

图 5-20

图 5-21

图 5-22

第二节　衣身 CAD 廓形设计

服装的廓形设计充分体现服装结构设计的原理,按造型轮廓分类将服装的廓形分为箱形(H 形)、吸腰扩摆形(X 形)、茧形(O 形)、斗篷形(A 形)等(图 5-23)。

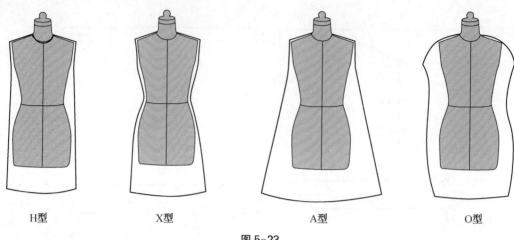

| H型 | X型 | A型 | O型 |

图 5-23

一、箱形（H 形）衣身结构设计

1. 廓形分析

有如箱子的四方形造型，宽腰直线型的设计，不收腰或少量收腰，下摆也不特别宽大，有便于轻松穿着的宽松轮廓。

2. 原型应用

将原型的腰省取消，由肩省和胸省取得衣身的平衡，一般有较大的胸围放松量。

3. CAD 制版步骤

（1）选择菜单栏"设置"—"附件调出"以要素模式调出女装原型，删除腰省（图 5-24）。

图 5-24

（2）选择"智能笔"工具连接胸臀侧缝点（图 5-25）。

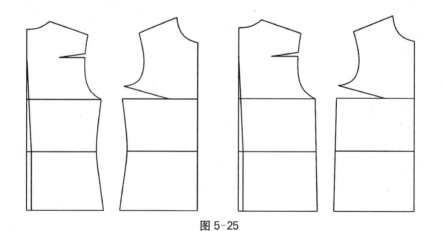

图 5-25

（3）成衣中，肩胸省均不在原型位置，用"智能笔"进行省道转移。将胸省按设计（胸省可存在于侧缝腋下、袖窿、肩部、领口、门襟等）转移至腋下。"智能笔"绘制新省线，位于腋下 5 cm，离 BP 点 3.5 cm，先框选参与转省的线，依次点闭合前、闭合后省线及新省线，转省完成。"智能笔"框选加省折线（图 5-26）。

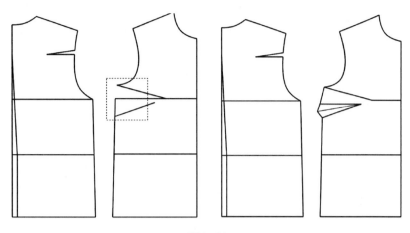

图 5-26

　　(4) 同理,用"智能笔"绘制肩省新省线,离骨肩点 3 cm,先框选参与转省的线,依次点闭合前、后省线及新省线,转省完成。用"智能笔"框选加省折线,画顺后袖窿线,完成 H 形衣身结构(图 5-27)。

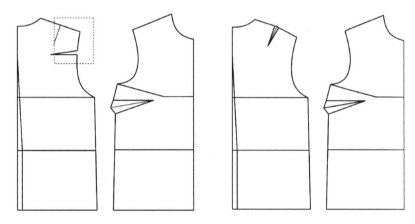

图 5-27

二、吸腰扩摆形(X 形)衣身结构设计

1. 廓形分析

上半身合体,下半身呈喇叭形造型,有漂亮的腰部曲线,多结合公主线的分割设计。

2. 原型应用

将原型的肩省、胸省和腰省结合进行衣身的平衡和变化,一般有较合体的胸围放松量。

3. CAD 制版步骤

(1) 选择菜单栏"设置"—"附件调出"以要素模式调出女装原型。

(2) 依据设计用"智能笔"绘制通往肩部的分割设计线(图 5-28)。

(3) 选择"智能笔"将肩省、胸省转移至分割线,先框选参与转省的线,依次点闭合前、闭合后省线及新省线,完成转省。

(4) 用"纸型剪开"工具将分割缝移开(图 5-29)。

(5) "智能笔"调节画顺分割缝,用"工艺线"工具画上缩缝波浪线(图 5-30)。

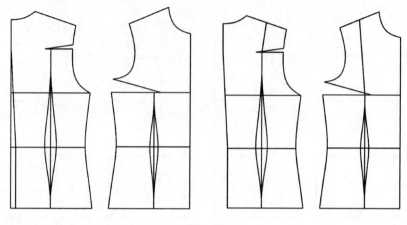

图 5-28

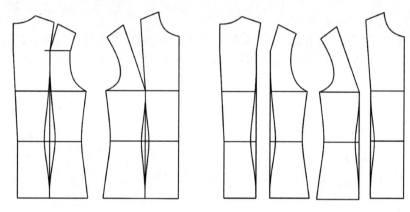

图 5-29

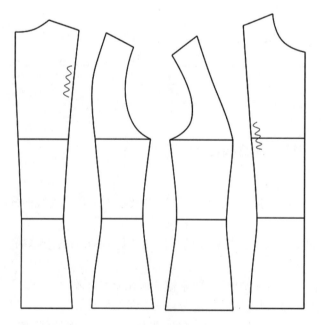

图 5-30

三、斗篷形(A 形)衣身结构设计

1. 廓形分析

从肩部到下摆形成流线型,呈喇叭形。

2. 原型应用

将原型的肩省、胸省转移至下摆形成 A 形廓形,并达到衣身的平衡。

3. CAD 制版步骤

(1) 选择菜单栏"设置"—"附件调出"以要素模式调出女装原型,删除腰省等相关辅助线。

(2) 用"智能笔"绘制通过胸省和肩省等的辅助线(图 5-31)。

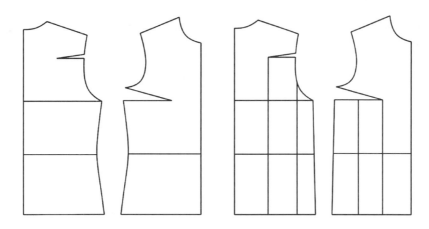

图 5-31

(3) 用"指定分割"工具将每条辅助线展开 4 cm,删除相关线条,用"要素结合"工具连顺胸围、腰围、臀围线,并在臀围线侧缝处用"智能笔"调整量放出 2 cm(图 5-32)。

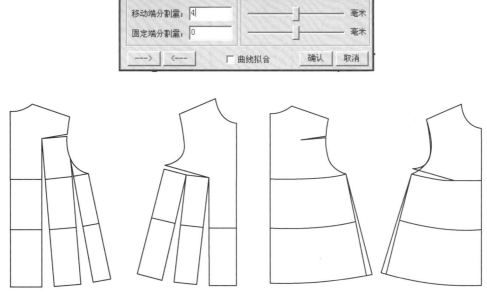

图 5-32

(4) 余下的肩胸省作为袖窿松量,用"智能笔"绘制并调顺前后袖窿线,最终完成 A 形衣身结构设计(图 5-33)。

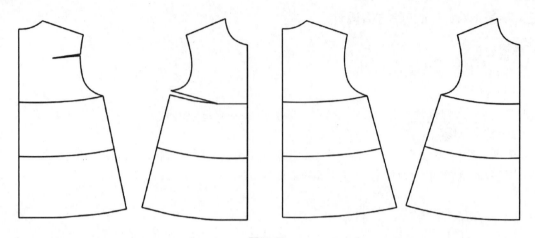

图 5-33

四、茧形（O 形）衣身结构设计

1. 廓形分析
肩部圆状突起，中间鼓起，下摆收窄，整体造型呈茧形，常结合落肩袖设计。

2. 原型应用
将原型的肩省、胸省转移至腰省，下摆收拢，中部切开鼓起（图 5-34）。

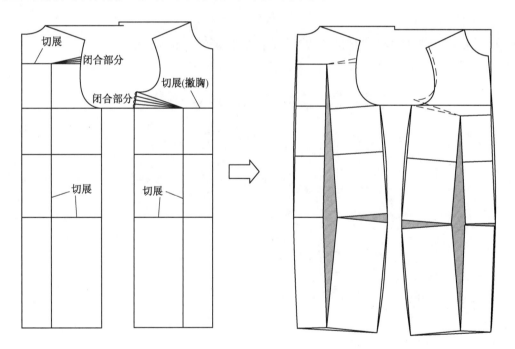

图 5-34

3. CAD 制版步骤
（1）选择菜单栏"设置"—"附件调出"以要素模式调出女装原型，删除腰省等相关辅助线，衣身向下平行加长至设计长度。用"智能笔"绘制通过胸省和肩省等的辅助线（图 5-35）。

（2）用"旋转"工具将肩省转移至中部切开量和后中偏出量，将胸省转移至中部切开量和前中撇胸量（图 5-36）。

（3）用"指定分割"工具将下段切开适当的量，连顺相关外轮廓线得到 O 形结构造型（图 5-37）。

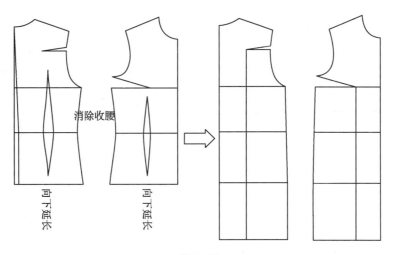

图 5-35

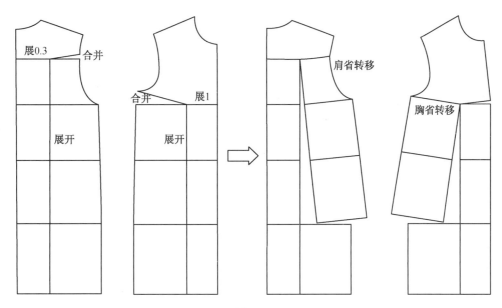

图 5-36

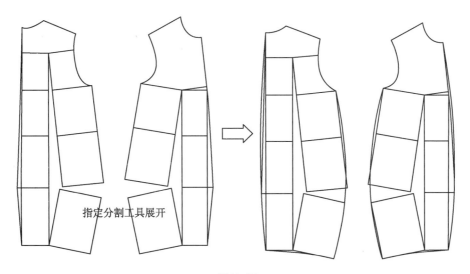

图 5-37

第三节　袖子 CAD 版型设计与变化

袖子的变化丰富多样,从袖身结构来分,可分为一片袖和两片袖;从装袖形式上,可分为圆装袖、插肩袖、落肩袖、连袖等。ET 服装 CAD 打版系统提供了智能化自动生成一片和两片袖圆装袖和插肩袖工具,自动生成这些基本袖的操作方法在后面的章节中有案例详解,本节主要讲述运用服装 CAD 工具进行基本袖版型设计变化的方法。

一、基本袖结构

（1）用“一片袖”工具鼠标左键选择普通、两枚袖、袖综合中的普通袖生成状态。

（2）鼠标左键选择前袖窿,右键过渡到下一步。

（3）鼠标左键选择后袖窿,右键过渡到下一步。

（4）在合适的位置指示袖山基线点。

（5）弹出对话框后,按需要调整袖山的形状及数据。

（6）在 ▢总溶位 ▢ 溶位调整 ▢ 填入溶位量,左键点击“溶位调整”,完成基本袖袖山绘制（图 5-38）。

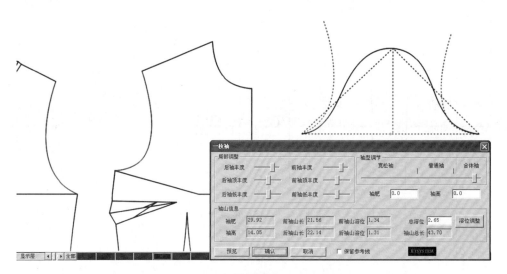

图 5-38

（7）选择“智能笔”绘制袖身,袖口大小为 3/4 袖肥,袖缝线前凹后凸（图 5-39）。

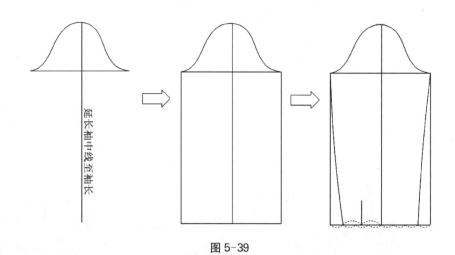

图 5-39

二、泡泡袖

1. 款式分析

袖山有褶的泡泡袖,袖肥不增加,运动功能较小。在袖山高 2/3 处展切,使袖山底部成型。

2. 结构变化过程

在普通袖的基础上,在袖山高 1/3 处将袖山切展,达到增加袖山高,增加褶裥量,不改变袖山底弧线的目的(图 5-40)。

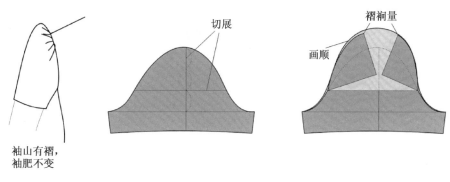

图 5-40

3. CAD 制版步骤

(1) 调取普通袖,在袖山高 1/3 处作袖山辅助线,点打断相关线条(图 5-41)。

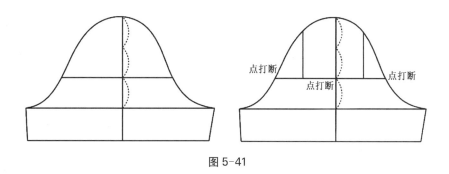

图 5-41

(2) 用"单边展开"工具设置分割量为 2.5 cm 进行褶裥展开,用"智能笔"绘制泡泡袖袖山,注意袖山底部形态保持基本不变,袖山顶部画顺(图 5-42)。

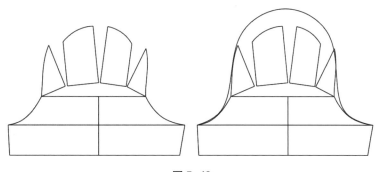

图 5-42

(3) 泡泡袖肩宽缩进 1.5 cm,用"袖对刀"工具作刀眼,注意袖山褶裥分布在袖山顶点 8 cm 左右处,袖山底部不设置溶位(图 5-43)。

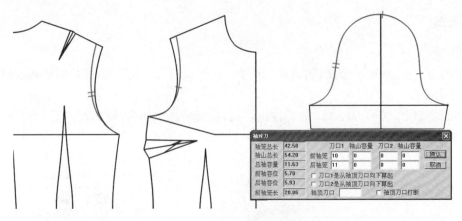

图 5-43

三、灯笼袖

1. 款式分析

袖山有褶,袖肥加大,运动功能佳的泡泡袖。

2. 结构原理

将袖山高 3 等分,从袖肥中处切展 4~8 cm,从袖山高 1/3 处开始追加袖山饱满量 3~5 cm,在后袖口追加 3~5 cm 饱满量并画顺,抽褶接上袖克夫,形成灯笼效果(图 5-44)。

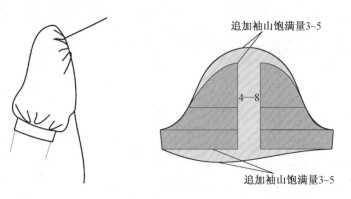

追加袖山饱满量3~5

4~8

追加袖山饱满量3~5

图 5-44

3. CAD 版型设计步骤

(1)调取短袖基本结构,用"智能笔"平行线功能绘制袖克夫和 1/3 袖肥平行线,并用"纸形剪开"工具分离,点打断相关线条(图 5-45)。

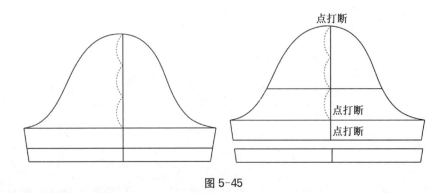

点打断

点打断

点打断

图 5-45

(2)用"平移"工具将前袖山横偏移 6 cm(图 5-46)。

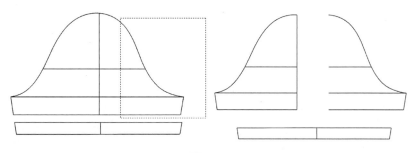

图 5-46

（3）用"智能笔"从袖山高 1/3 处开始追加袖山饱满量 3～5 cm，在后袖口追加 3～5 cm 饱满量并画顺，抽褶接上袖克夫，形成灯笼效果（图 5-47）。

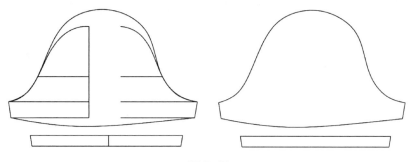

图 5-47

（4）将灯笼袖肩宽缩进 1.5 cm，用"袖对刀"工具作刀眼，注意袖山褶裥分布在袖山顶点 8 cm 左右处，袖山底部不设置溶位（图 5-48）。

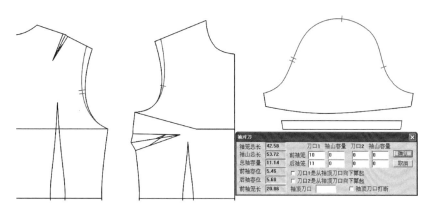

图 5-48

四、羊腿袖

1. 款式分析

增大袖肥，袖山增加褶裥，袖口较小的袖型。

2. 结构作图过程

（1）先绘制带袖肘省的直身袖作为基本袖结构。

（2）合并袖肘省，沿袖中线和袖肘省连接线切展。

（3）沿袖中线和袖肘省连接线进一步切展。

（4）追加袖山饱满量，画顺袖山弧线和袖身线（图 5-49）。

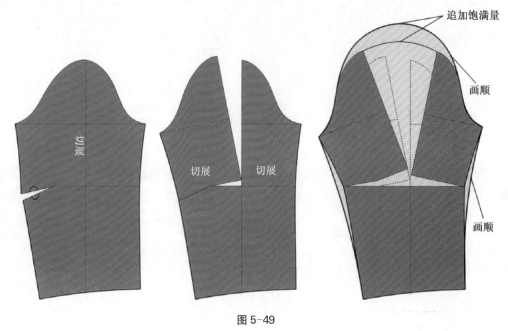

图 5-49

3. CAD版型设计步骤

（1）调取长袖基本结构，用"智能笔"工具绘制袖口省线位置，点打断相关线条。

（2）用"智能笔"工具加袖口省，用"多边分割展开"工具沿袖肘处将袖山展开约 10 cm（依袖山褶裥大小设置）。

（3）用"旋转"工具将袖口省量转移至袖山中。

（4）追补袖山饱满量，并画顺各部位线条（图 5-50）。

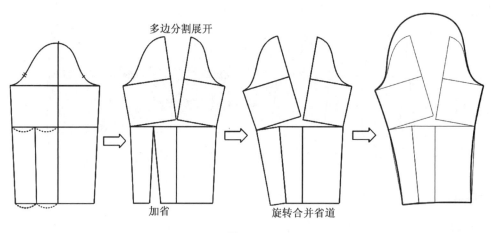

图 5-50

五、喇叭袖

1. 款式分析

袖口较大，袖身造型呈喇叭形。

2. 结构作图过程

将较贴体基本袖袖肥等分切展，并在侧缝处追加一定的量，画顺袖山弧线（图 5-51）。

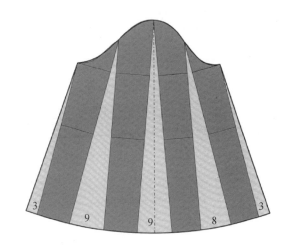

图 5-51

3. 服装 CAD 制版步骤

（1）用"一片袖"工具生成贴体风格袖山，用"智能笔"工具绘制直身袖身。

（2）选择"固定等分割"工具，在输入框输入分割量 4 cm 和等分数值 8 等分。

（3）鼠标左键框选参与分割的要素（整个袖子），右键结束选择。

（4）鼠标左键指示固定侧要素（袖山弧线）的起点、端点，右键结束。

（5）鼠标左键指示展开侧要素（袖口）的起点、端点，右键结束。

（6）弹出对话框后，选择曲线分段拟合，分割好的形状自动连接成曲线形成喇叭形。

（7）用"垂直水平补正"工具按袖中线补正（图 5-52）。

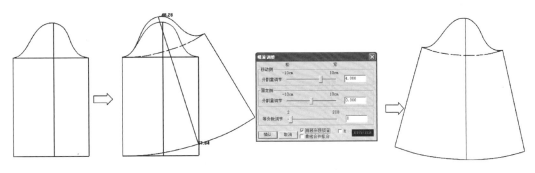

图 5-52

第四节　领型 CAD 设计原理

领子的设计在人体工学上与颈部的长度、围度、粗细变化规律，脖颈的倾斜角度，肩倾斜度，脖颈的运动功能相关。

领子变化丰富多样，一般分为无领、立领、翻领、翻驳领等。以下主要讲述立领、翻领在服装 CAD 工具中进行版型设计变化的方法。无领设计详见第七章连衣裙 CAD 版型设计；针对翻驳领，ET 服装 CAD 打版系统提供了智能化自动生成西装领（翻驳领）工具，详见第八章外套 CAD 版型设计；其他基本领的操作方法在后面的章节中有案例详解。

一、立领 CAD 设计原理

1. 款式分析

依据立领的领侧角和前倾角可将立领分为以下三类：

（1）基本立领（内倾型立领）：前立领与人体脖子结构相吻合，上细下粗，脖子前倾。领侧角和前倾角大于 90°（图 5-53）。

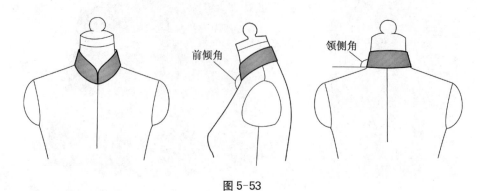

图 5-53

（2）外倾型立领：领侧角和前倾角小于 90°，领身与人体脖颈分离。

（3）垂直型立领：领侧角和前倾角等于 90°，领身与人体脖颈稍分离。

2. 结构设计原理

以垂直型立领（纸样为直条矩形结构）为基础，通过剪切变化，形成其他立领结构。

3. 服装 CAD 制版步骤

（1）用"智能笔"工具绘制垂直型立领结构，长度为前后领窝长，高度为领高（图 5-54）。

图 5-54

（2）基本立领（内倾型立领）的 CAD 版型设计。选择"指定分割"工具，在指定辅助线处输入折叠量（具体数据通过试样后方可最终确定），选择曲线分段拟合，分割好的形状自动连接成普通吻合人体颈部的立领结构（图 5-55）。

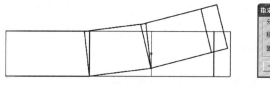

图 5-55

（3）外倾型立领的 CAD 版型设计。选择"指定分割"工具，在指定辅助线处输入展开量（具体数据通过试样后方可最终确定），选择曲线分段拟合，分割好的形状自动连接成外倾型立领（图 5-56）。

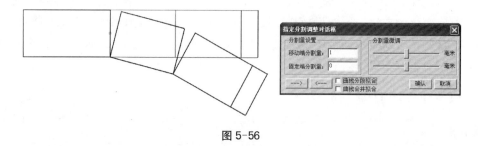

图 5-56

二、翻领 CAD 设计原理

1. 款式分析

依据人体颈部结构,衣领翻领外沿线长度必定大于衣领内沿线长度(图 5-57)。

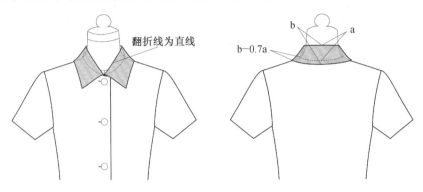

图 5-57

2. 结构设计原理

假设一个以衣领高和领窝长(领窝长在基础领窝上作了开大设计,等于衣领内沿线长度)的矩形,依据设计要求将衣领翻领外沿线切展开来。

3. 服装 CAD 制版步骤

(1) 用"智能笔"工具绘制翻领基础矩形,长度为前后领窝长,高度为领高(图 5-58)。

图 5-58

(2) 选择"指定分割"工具,在指定辅助线处输入领沿线展开量(具体数据通过试样后方可最终确定),选择曲线分段拟合,分割好的形状自动连接成翻领结构(图 5-59)。

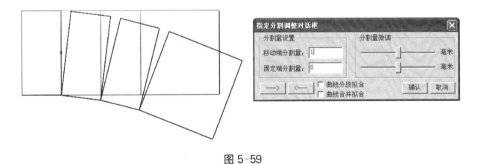

图 5-59

三、波浪领设计

1. 款式特征

底领量很少,平铺在肩部区域,呈波浪形(图 5-60)。

2. 结构设计原理

(1) 按波浪领轮廓线绘制结构图,注意前领口造型区领窝按设计开低,画顺。其他参照基本坦领结构作图方法。

(2) 根据波浪的大小和分布作切展辅助线,按相同角度切展后画顺领内口线和外沿线,此时,检查领

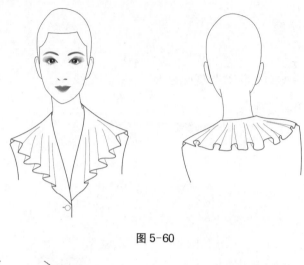

图 5-60

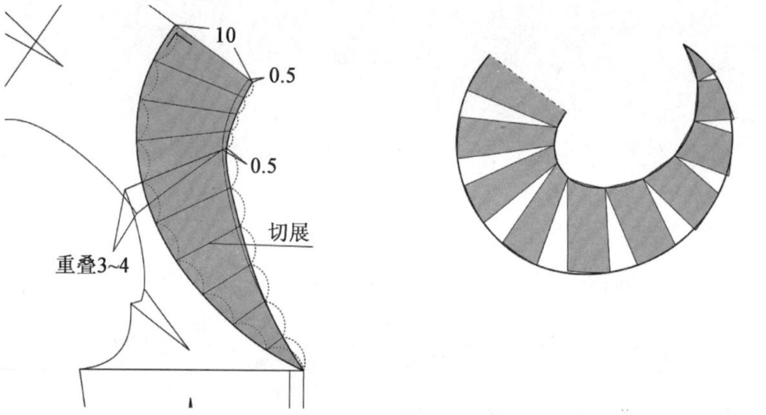

图 5-61

内口线应比领窝线短（1 cm 左右），缮领时拔开（图 5-61）。

3. 服装 CAD 制版步骤

（1）用"智能笔"工具绘制波浪领轮廓线。

（2）用"纸型剪开"工具将波浪领轮廓线移出。

（3）选择"固定等分割"工具，在输入框输入分割量 3 cm 和等分数值 10 等分。

（4）按"固定等分割"工具操作，弹出对话框后，选择曲线分段拟合，分割好的形状自动连接成波浪领（图 5-62）。

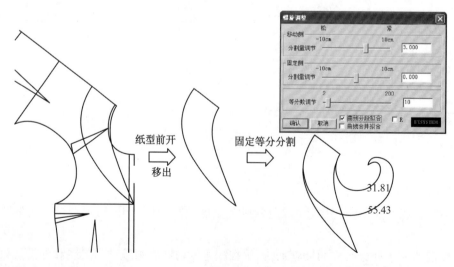

图 5-62

第六章
女衬衫 CAD 版型设计

第一节　基本女衬衫

一、款式分析

较合体女衬衫,前后收腰省,前片收侧胸省,燕尾形下摆;单门襟5粒扣,翻立领,带袖克夫长袖(图6-1)。

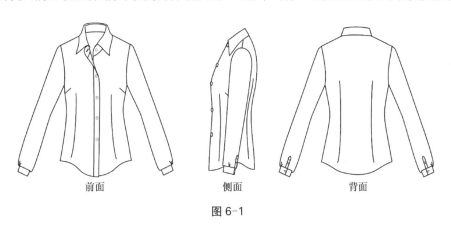

前面　　　　　　　侧面　　　　　　　背面

图6-1

二、版型设计原理

以四省胸臀原型为基础进行结构设计。

(1) 肩省量主要作为袖窿宽松量,转入约0.3 cm至后小肩作为缩缝量。

(2) 胸省1 cm转入袖窿作为松量,余下胸省转入腋下。以原型操作后的结构线为基础,绘制女衬衫前、后片基础线,前中心放出1.5 cm叠门量(图6-2)。

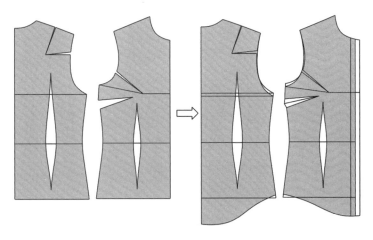

图6-2

三、CAD 制版步骤

（一）大身制版

（1）选择菜单栏"设置"—"尺寸表"，设置尺寸。基础版为 S(155/80A)、M(160/84A)、L(165/88A)（图 6-3）。

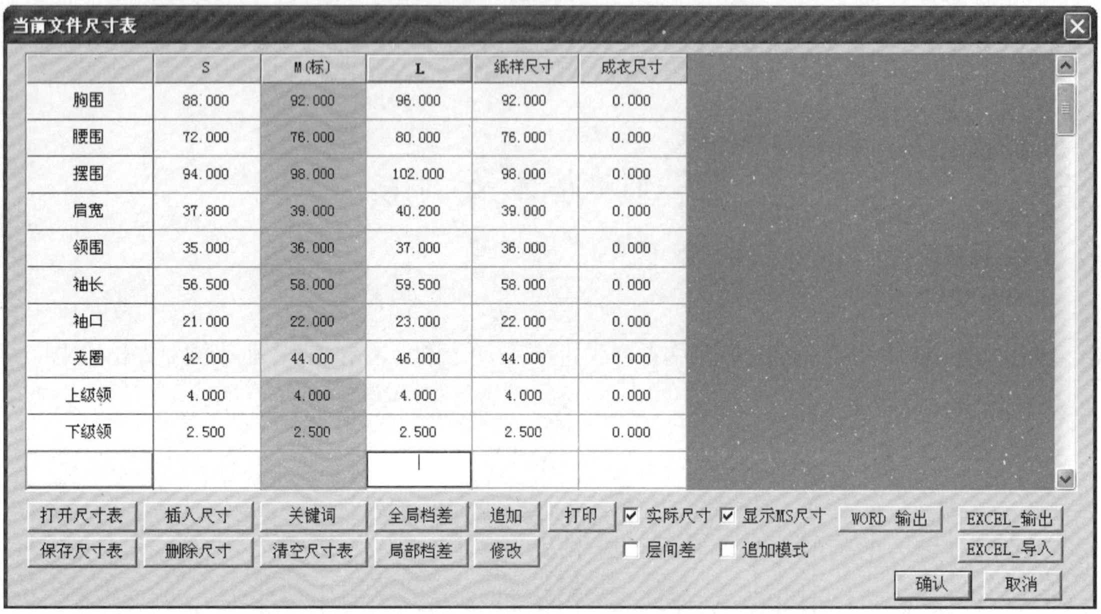

当前文件尺寸表	S	M(标)	L	纸样尺寸	成衣尺寸
胸围	88.000	92.000	96.000	92.000	0.000
腰围	72.000	76.000	80.000	76.000	0.000
摆围	94.000	98.000	102.000	98.000	0.000
肩宽	37.800	39.000	40.200	39.000	0.000
领围	35.000	36.000	37.000	36.000	0.000
袖长	56.500	58.000	59.500	58.000	0.000
袖口	21.000	22.000	23.000	22.000	0.000
夹圈	42.000	44.000	46.000	44.000	0.000
上级领	4.000	4.000	4.000	4.000	0.000
下级领	2.500	2.500	2.500	2.500	0.000

打开尺寸表　插入尺寸　关键词　全局档差　追加　打印　☑实际尺寸 ☑显示MS尺寸　WORD 输出　EXCEL_输出
保存尺寸表　删除尺寸　清空尺寸表　局部档差　修改　□层间差 □追加模式　　　EXCEL_导入
确认　取消

图 6-3

（2）选择菜单栏"设置"—"附件调出"，以要素模式调出女装原型，用"智能笔"单向省功能在肩省处绘0.3 cm单向省转向后肩缝缩缝，胸省处作 1 cm 单向省放入袖窿作为宽松量，作后肩和前袖窿辅助线，用"智能笔"转省功能转省（图 6-4）。

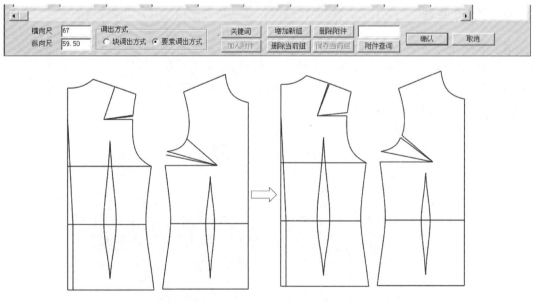

图 6-4

（3）选择"智能笔"平行线功能放出 1.5 cm 叠门量，绘制下摆燕尾形并右键调节圆顺。选择"智能笔"绘制腋下 5 cm 处新省长，省尖回调 3.5 cm，选择"智能笔"转省功能转省（图 6-5）。

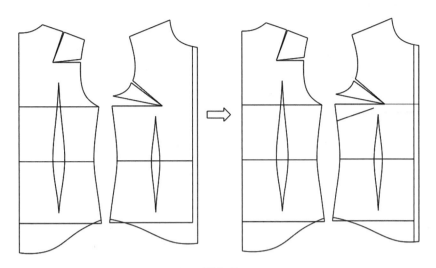

图 6-5

（4）用"智能笔"＋Shift 键平行线功能绘制前门筒宽 3 cm，用"智能笔"转省功能转移胸省，袖窿下落 1 cm，画顺袖窿，用"工艺线"—"波浪线"画出后肩缩缝标识（图 6-6）。

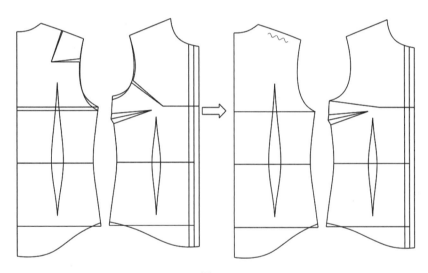

图 6-6

（二）一片袖自动结构设计

用"一枚袖"工具，通过已作好的前后袖窿自动生成一枚袖，鼠标左键选择前袖窿，鼠标右键过渡到下一步，鼠标左键选择后袖窿，鼠标右键过渡到下一步，右键结束，在合适的位置指示袖山基线，弹出对话框后，按需要调整袖山形状及数据，在袖肥处填入 32 cm，在总溶位填入 1 cm（图 6-7）。

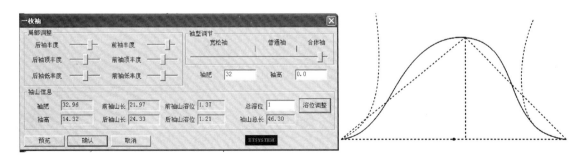

图 6-7

袖身的画法同下面的手动结构设计方法。

（三）一片袖手动结构设计

（1）选择"平移"＋Ctrl 键将前后袖窿复制至空白处，闭合胸省，在侧缝线上延伸按前后平均袖窿深 3/4 左右定袖山高；设衬衫袖山吃势 1 cm，用"单圆规"工具按前袖窿弧长 FAH－0.5，后袖窿弧长 BAH 绘制前后袖山斜线（图 6-8）。

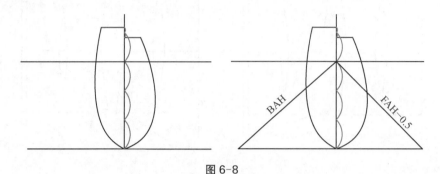

图 6-8

（2）用"要素镜向"工具对称拷贝前后袖窿弧线，用"智能笔"在后袖肥线中点外偏 1 cm 向复制的后袖窿弧线作公切线，在前袖肥线中点外偏 0.5 cm 向复制的前袖窿弧线作公切线（图 6-9）。

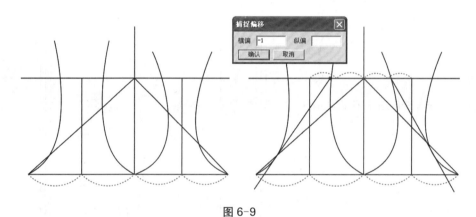

图 6-9

（3）用"智能笔"复制的前后袖窿弧线、袖山公切线和袖山顶点绘制袖山弧线。

（4）用"袖综合调整"工具调节袖山或袖窿（图 6-10）。

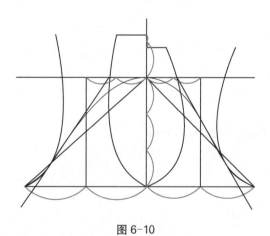

图 6-10

（5）绘制袖身结构。用"智能笔"长度调整功能将袖长调整为 58－5＝53 cm，用"智能笔"＋Shift 键 平行线功能绘制袖口，袖口大小为 22 cm，后袖口收进 5.5 cm，前袖口收进 4.5 cm（图 6-11）。

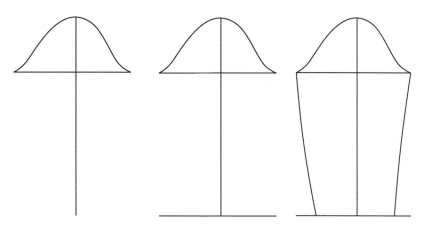

图 6-11

（6）用"智能笔"绘制袖克夫长 22 cm，高 5 cm，用"圆角处理"工具设半径为 1 cm 作袖克夫圆角（图 6-12）。

图 6-12

（四）衬衫领结构图

（1）衬衫领由立领和翻领两部分构成，其作图方法如图 6-13 所示。

a 为后领座高，一般为 2.5~3 cm；b 为翻领高度，为防止装领线外露一般 b＝a＋(1~1.5)cm；c 为起翘量；d 为下落量，c 小于 d；e 为领嘴起翘量，一般为 1.5~2.5 cm；f 为前领座高，领座前低后高，故 f＝a－(0.3~0.5)cm。

对于起翘量 c、下落量 d 的关系，随着 d 的增大，翻领外口处的松量就越大，当领座高 a 和翻领 b 之间的差值越大时，d 就变得越大。另外，如果领座与衣身领口缝合时前中心下落较大，则前领座起翘量也随之增大。

本例中衬衫领结构图如图 6-14 所示。

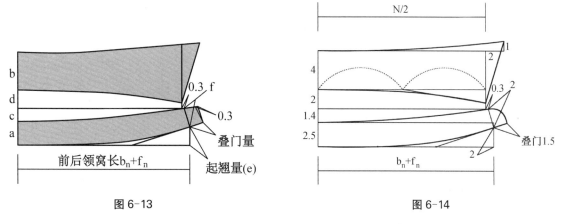

图 6-13　　　　　　图 6-14

（2）用"拼合检查"工具测量前后领窝之和 18.8 cm，用"智能笔"绘制下级领长 18.8 cm，高 2.5 cm，用"智能笔"绘制下级领下口线起翘 2 cm，右键调顺（图 6-15）。

图 6-15

（3）选择菜单栏"打版"—"服装工艺"—"角度线"，输入长度 2 cm，角度 90°绘制前领高。用"智能笔"绘制下级领上口线（图 6-16）。

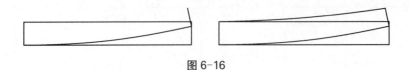

图 6-16

（4）用"智能笔"长度调整功能调整出领嘴长为 1.5 cm，用"智能笔"画顺领嘴造型，用"智能笔"＋Ctrl 键画上领垂直水平线（图 6-17）。

图 6-17

（5）用"智能笔"绘制上级领框架线和上级领造型，调节圆顺（图 6-18）。

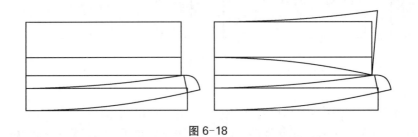

图 6-18

四、拾取裁片，放缝与标记

将衣片净样线以外的线作为非片线，用"缝边刷新"统一加缝份 1 cm，再根据衬衫平缝工艺要求，将不同部位的缝份用"缝边宽度"工艺更改（左门襟 3.5 cm），用"刀口"工具将相关部分打上刀眼（注意事项：袖对刀在后袖窿曲线及后袖山曲线上生成的第一个刀口一律为双刀）。面布裁剪样版如图 6-19 所示。

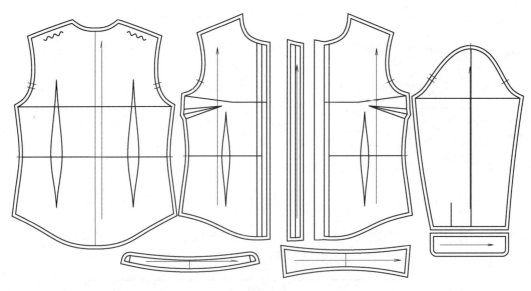

图 6-19

衬衫扣位。领座与大身上扣位处于同一竖直线上,第一扣距可比大身扣距少 1~2 cm,末位扣位离底边距离一般大于一个扣距,小于两个扣距。门襟上锁扣眼,里襟上钉扣子,里襟比门襟叠门量少 0.5 cm 左右(图 6-20)。

用扣眼工具作门襟上的 6 个扣眼。

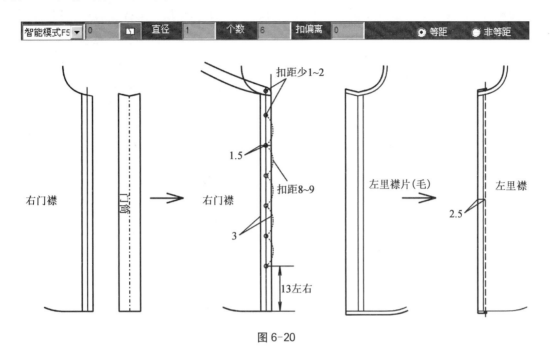

图 6-20

第二节　多省道泡泡袖女衬衫

一、款式分析

较合体女衬衫,前片收三个腰省,后片育克分割收腰省,燕尾形下摆;单门襟三粒组合扣、翻立领、泡泡短袖(图 6-21)。

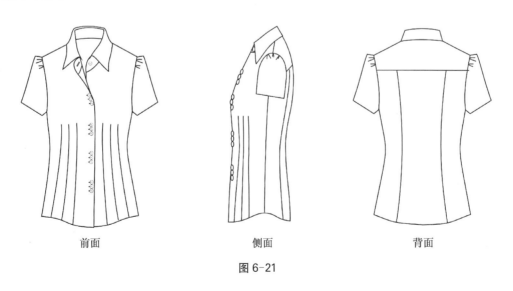

前面　　　　　　　　　　侧面　　　　　　　　　　背面

图 6-21

二、版型设计原理

调出附件衬衫原型。

（1）肩省量主要转入育克分割线，余下约 0.3 cm 至后小肩作为缩缝量。

（2）胸省转入腰部三腰省位置形成三个胸腰省，按设计线分布。以原型操作后的结构线为基础，绘制女衬衫前、后片基础线，前中心放出 1.5 cm 叠门量（图 6-22）。

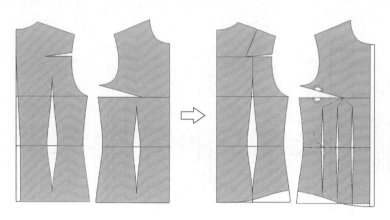

图 6-22

三、CAD 制版步骤

（一）大身制版

（1）选择菜单栏"设置"—"尺寸表"设置尺寸。基础版为 S（155/80A）、M（160/84A）、L（165/88A）（图 6-23）。

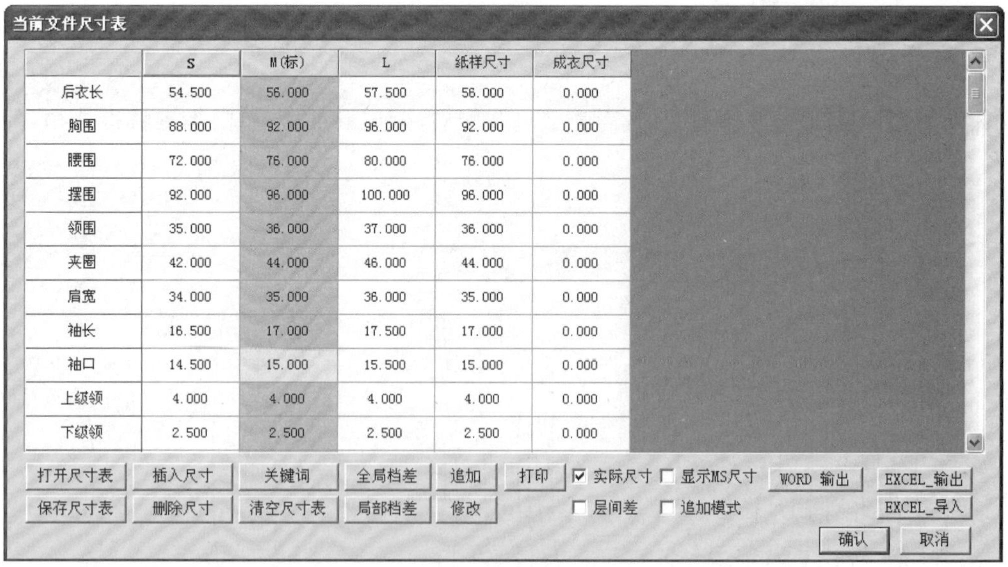

当前文件尺寸表	S	M(标)	L	纸样尺寸	成衣尺寸
后衣长	54.500	56.000	57.500	56.000	0.000
胸围	88.000	92.000	96.000	92.000	0.000
腰围	72.000	76.000	80.000	76.000	0.000
摆围	92.000	96.000	100.000	96.000	0.000
领围	35.000	36.000	37.000	36.000	0.000
夹圈	42.000	44.000	46.000	44.000	0.000
肩宽	34.000	35.000	36.000	35.000	0.000
袖长	16.500	17.000	17.500	17.000	0.000
袖口	14.500	15.000	15.500	15.000	0.000
上级领	4.000	4.000	4.000	4.000	0.000
下级领	2.500	2.500	2.500	2.500	0.000

打开尺寸表　插入尺寸　关键词　全局档差　追加　打印　☑实际尺寸 □显示MS尺寸　WORD 输出　EXCEL_输出
保存尺寸表　删除尺寸　清空尺寸表　局部档差　修改　□层间差 □追加模式　EXCEL_导入
确认　取消

图 6-23

（2）选择菜单栏"设置"—"附件调出"以要素模式调出女装原型，用"智能笔"单向省功能在肩省处绘 0.3 cm 单向省转向后肩缝缩缝，腰省按设计线分布位置隔 5 cm 形成三个腰省。以原型操作后的结构线为基础，绘制女衬衫前、后片基础线，用"智能笔"平行线功能放出叠门量 1.5 cm，绘制下摆燕尾形，并右键调节圆顺（图 6-24）。

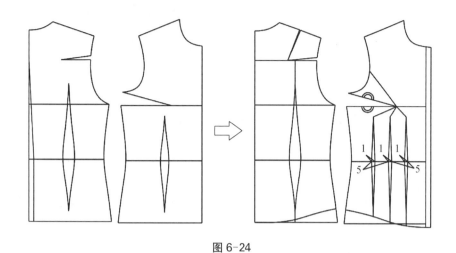

图 6-24

（3）用"智能笔"单向省功能将胸省绘制为三个，后片肩省转换为缩缝和育克暗省（图 6-25）。

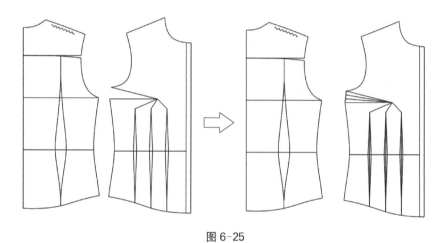

图 6-25

（4）用"旋转"工具将胸省三等分并分别转移至三腰省位置（图 6-26）。

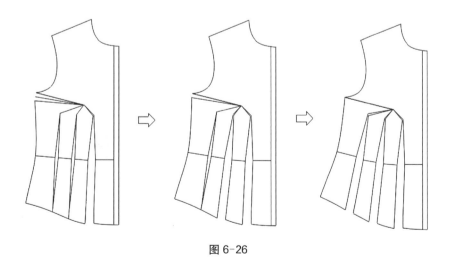

图 6-26

（5）胸省转移的另一种方法：通过胸省尖点作新省线，用"转省" 工具进行三等分转省。再将每个省回调 3 cm，并在腰节处用"智能笔"绘制大小 1 cm 省缝（图 6-27）。

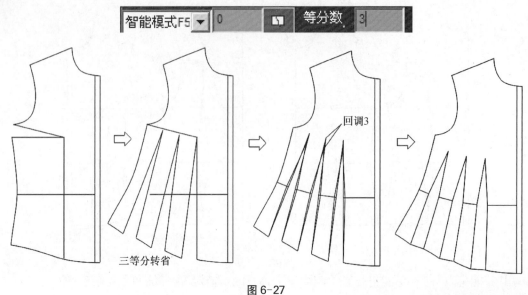

图 6-27

(6) 用"智能笔"按袖窿(夹圈)设计尺寸将袖窿开深 1 cm,按泡泡袖结构设计要求将肩宽改窄 3 cm(半肩宽改窄 1.5 cm),并调节圆顺(图 6-28)。

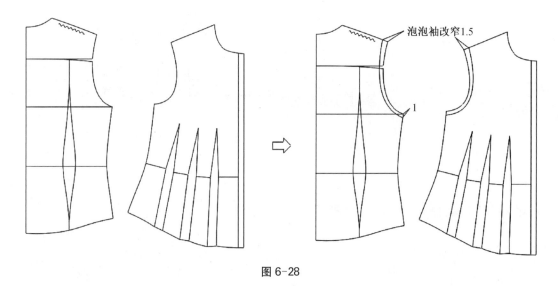

图 6-28

(7) 做不等距扣子扣眼。

① 在屏幕上方选择非等距选项,扣眼大小 1.2 cm,及第一、二粒扣子之间的距离 2 cm(图 6-29)。

图 6-29

② 鼠标左键依次输入扣眼基本特征点,起点 1、终点 2。

③ 鼠标右键生成扣眼基线。

④ 鼠标左键指示扣偏离方向点 3,生成第一、二粒扣眼。

⑤ 依次输入下一个距离,鼠标左键预览扣眼位置,鼠标右键生成所有扣眼(图 6-30)。

(8) 用"一枚袖"工具,通过已作好的前后袖窿自动生成一枚袖,鼠标左键选择前袖窿,鼠标右键过渡到下一步,鼠标左键选择后袖窿,鼠标右键过渡到下一步,右键结束,在合适的位置指示袖山基线,弹出对话框后,按需要调整袖山形状及数据,在袖肥处填入 32 cm,因为是泡泡袖,在总溶位可随机用较大的数值(图 6-31)。

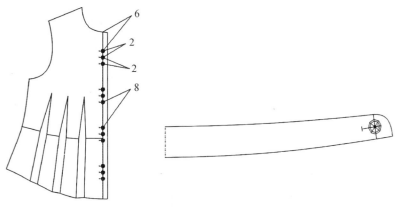

图 6-30

图 6-31

（9）在袖山高 1/3 处作袖山辅助线，点打断相关线条。用"多边分割展开"工具设置分割量为 2 cm 展开褶裥（图 6-32）。

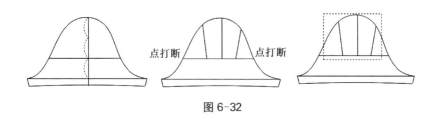

图 6-32

（10）用"智能笔"绘制泡泡袖袖山，注意袖山底部形态保持基本不变，袖山顶部画顺（图 6-33）。

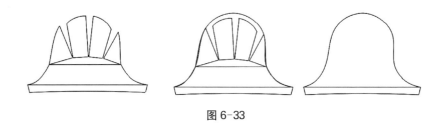

图 6-33

（11）底稿完成图（衬衫领作图详见本章第一节）（图 6-34）。

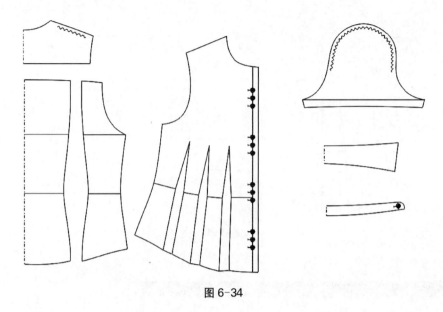

图 6-34

（12）将衣片净样线以外的线作为非片线，用"缝边刷新"统一加缝份 1 cm，再根据衬衫工艺要求，将不同部位的缝份用"缝边宽度"工艺更改（门襟 4 cm，袖口 3 cm），用"刀口"工具将相关部分打上刀眼。面布裁剪样版如图 6-35 所示。

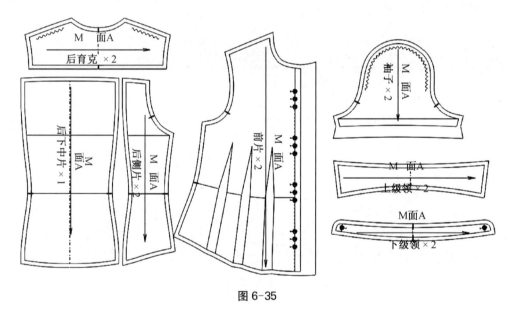

图 6-35

第七章
连衣裙 CAD 版型设计

第一节　背心式连衣裙

一、款式分析

无领无袖连衣裙,较贴体风格,裙摆为小喇叭形,圆领口,较收腰设计,后中装隐形拉链(图 7-1)。

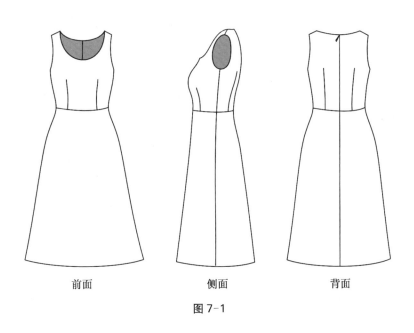

前面　　　　　　　　　　侧面　　　　　　　　　　背面

图 7-1

二、结构设计原理

　　(1) 肩省量转化为袖窿、后领口归拢量,在工艺制作时,此部位宜烫牵条带紧;胸腰省合并至腰下省位置,余下用工艺归拢量 0.6 cm(烫衬牵住)。

　　(2) 由于人体前胸形态特征原因,低胸无领类服装易造成低领处领口起空或荡开疵病,一般采用将前领口暗省转移至其他部位省缝处,或者在工艺制作时依工艺方法和面料特征进行归拢牵紧处理(图 7-2)。

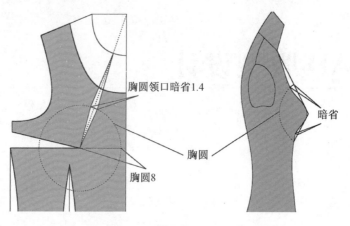

图 7-2

三、CAD 版型设计步骤

（1）选择菜单栏"设置"—"尺寸表"设置尺寸。基础版为 S(155/80A)、M(160/84A)、L(165/88A)（图 7-3）。

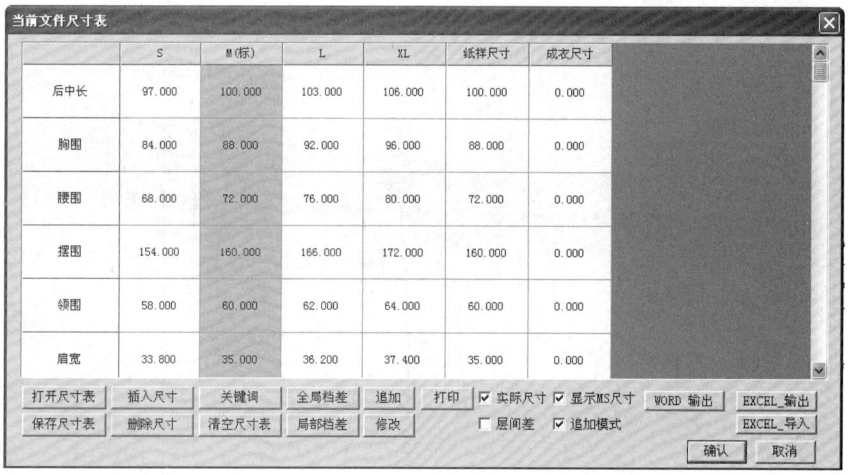

	S	M(标)	L	XL	纸样尺寸	成衣尺寸	
后中长	97.000	100.000	103.000	106.000	100.000	0.000	
胸围	84.000	88.000	92.000	96.000	88.000	0.000	
腰围	68.000	72.000	76.000	80.000	72.000	0.000	
摆围	154.000	160.000	166.000	172.000	160.000	0.000	
领围	58.000	60.000	62.000	64.000	60.000	0.000	
肩宽	33.800	35.000	36.200	37.400	35.000	0.000	

打开尺寸表　插入尺寸　关键词　全局档差　追加　打印　☑实际尺寸　☑显示MS尺寸　WORD 输出　EXCEL_输出
保存尺寸表　删除尺寸　清空尺寸表　局部档差　修改　□层间差　☑追加模式　EXCEL_导入
确认　取消

图 7-3

（2）选择菜单栏"设置"—"附件调出"以要素模式调出女装原型，用"智能笔"单向省功能分别绘 0.3 cm 单向省转向后肩缝缩缝和后领窝转移，前后横开领开大 5 cm，开大的前领窝作 0.7 cm 单向省作为前胸暗省。用"智能笔"转省功能转省（图 7-4）。

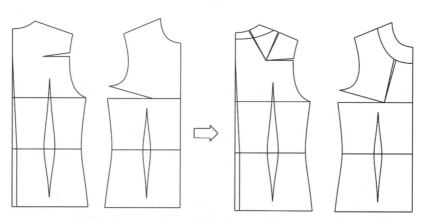

图 7-4

（3）后片用"智能笔"工具将侧缝减少 1 cm，肩宽缩进 2 cm，袖窿抬高 1.5 cm，前片胸省暂时转移至领口，再调整前袖窿肩宽缩进 2 cm，袖窿抬高 1.5 cm，侧缝减少 1 cm（图 7-5）。

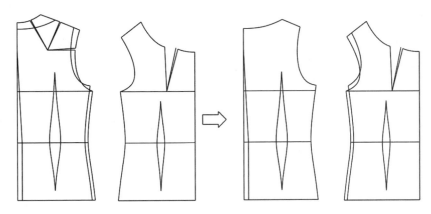

图 7-5

（4）用"智能笔"将裙长延长至设计长度，用"纸型剪开"工具将连衣裙在腰节处剪切分离（图 7-6）。

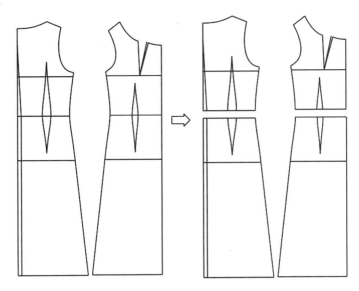

图 7-6

（5）用"形状对接"工具将裙腰省合并，展开下摆，依据设计需要也可以进一步展开更多的下摆量（图 7-7）。

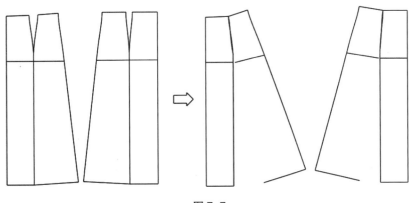

图 7-7

（6）用"智能笔"画顺裙下摆和腰口，用"接角圆顺"工具将腰节分割线、袖窿、领窝调节圆顺。用"提取裁片"作技术标注，完成纸样（图 7-8）。

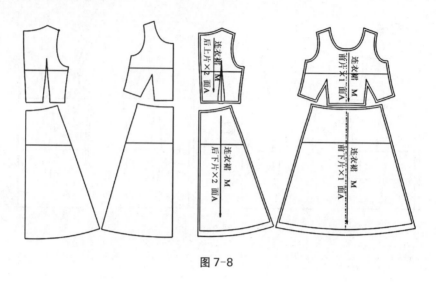

图 7-8

第二节　插肩袖抽褶连衣裙

一、款式分析

高腰分割，插肩式短袖，低圆领口，袖口加入碎褶，前后衣片胸围较为合体，腰部无省道，侧缝装隐形拉链（图 7-9）。

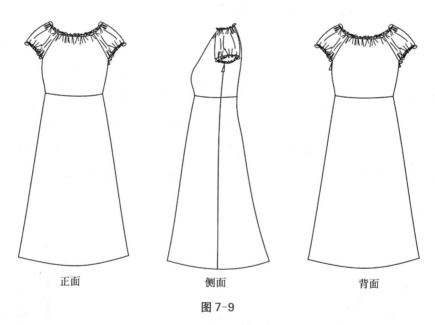

正面　　　　　　　侧面　　　　　　　背面

图 7-9

二、结构设计原理

（1）肩省量转移至后领口，在工艺制作时，此部位拉橡筋抽褶；胸省转移至前领口，在工艺制作时，此部位拉橡筋抽褶。

（2）分割线以上腰省转移至前后领口拉橡筋抽褶，分割线以下腰省转移至下摆。

三、CAD 版型设计步骤

（1）选择菜单栏"设置"—"尺寸表"设置尺寸。基础版为 M(160/84A)（图 7-10）。

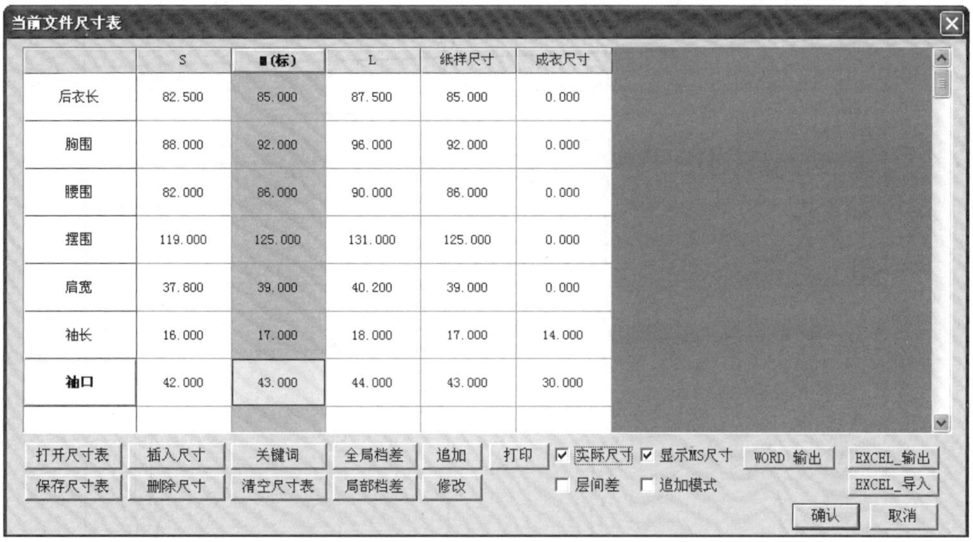

	S	■(标)	L	纸样尺寸	成衣尺寸
后衣长	82.500	85.000	87.500	85.000	0.000
胸围	88.000	92.000	96.000	92.000	0.000
腰围	82.000	86.000	90.000	86.000	0.000
摆围	119.000	125.000	131.000	125.000	0.000
肩宽	37.800	39.000	40.200	39.000	0.000
袖长	16.000	17.000	18.000	17.000	14.000
袖口	42.000	43.000	44.000	43.000	30.000

打开尺寸表　插入尺寸　关键词　全局档差　追加　打印　☑实际尺寸　☑显示MS尺寸　WORD 输出　EXCEL_输出
保存尺寸表　删除尺寸　清空尺寸表　局部档差　修改　☐层间差　☐追加模式　EXCEL_导入
确认　取消

图 7-10

（2）选择菜单栏"设置"—"附件调出"以要素模式调出女装原型，用"智能笔"作前领口至前胸省和腰省至前领口连接线，作后领口至肩省和后腰省至后领口连接线，胸围线以下 9 cm 为高腰分割线（图 7-11）。

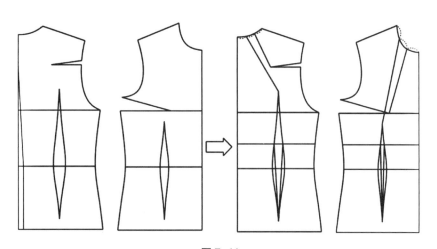

图 7-11

（3）选择"纸型剪开"工具将连衣裙在腰节处剪切分离。用"智能笔"工具将胸省、肩省分别转移至前后领窝处（图 7-12）。

（4）选择"智能笔"工具将前后腰省分别转移至前后领窝处。选择"形状对接"工具将分割线以下腰省转移至下摆，也可按设计要求展开更多的下摆量（图 7-13）。

（5）选择"要素合并"和"智能笔"工具将下摆、分割线、三围线等调节圆顺，用"智能笔"工具绘制前后领口线，尺寸如图 7-14 所示。

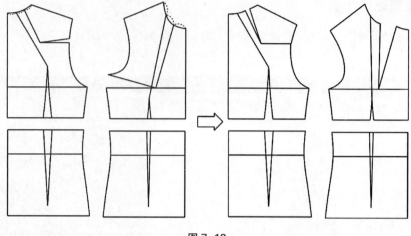

图 7-12

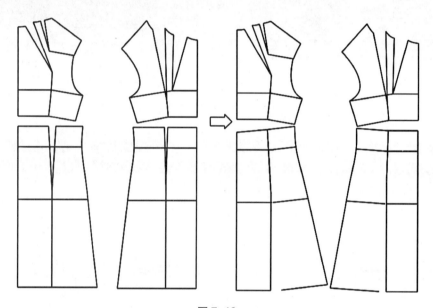

图 7-13

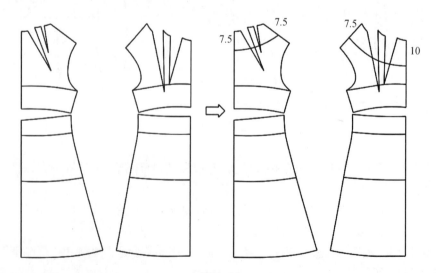

图 7-14

（6）选择"智能笔"工具绘制插肩袖,袖山高取前后袖窿深约 50%（本例取 9 cm）,在袖肥线（袖山高线）上延长 3 cm,作为袖长线。确保插肩袖作图时,相关线条长度相等,连接圆顺（图 7-15）。

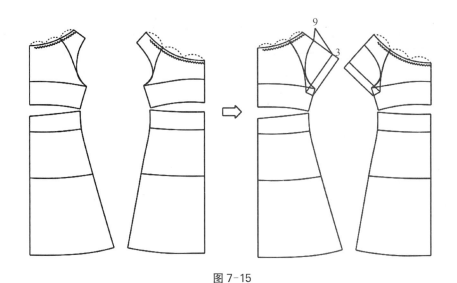

图 7-15

（7）用"智能笔"工具将插肩袖袖中线平行加出 5 cm,作为袖子抽褶量。用"智能笔"工具调节前后袖中线相等,领口圆顺。将前后插肩袖用"平移"工具平移出去,用"形状对接"工具将前后插肩袖合并并调节圆顺（图 7-16）。

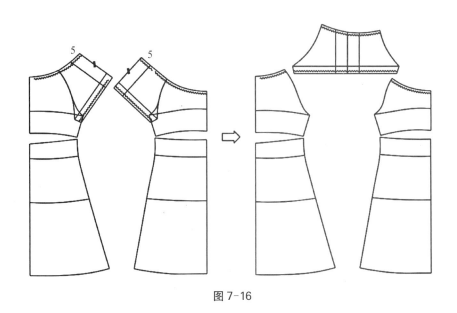

图 7-16

（8）生成裁片。用"平移工具"平移复制出裁片,可将结构底图设置为非片区,用"刷新缝边"工具生成裁片,进行技术标注（图 7-17）。

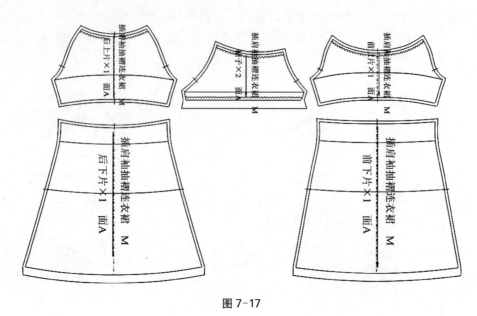

图 7-17

第三节　吊带连衣裙

一、款式特征

上半身合体风格,下半身喇叭扩摆造型,吊带连衣裙,左侧加装 1 条 40 cm 长隐形拉链(图 7-18)。

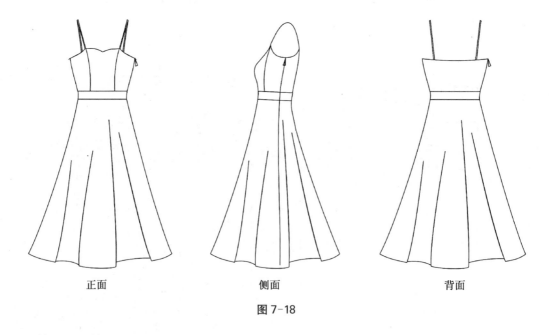

正面　　　　　　　　侧面　　　　　　　　背面

图 7-18

二、版型设计原理

调出附件衬衫原型,在此基础上依照内衣的结构设计原理,前胸设置暗省,腰省也作一定的处理;在衬衫原型的框架下作图,将前胸暗省和变化后的腰节省转入前片分割线中,后片腰省进行合并转化处理(图 7-19)。

衬衫原型为有袖原型袖窿,吊带无袖装比有袖浅 1～2 cm,否则会露腋窝。

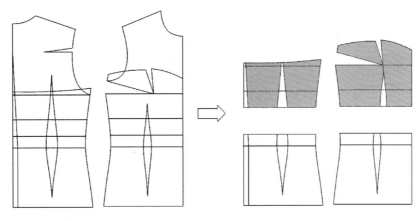

图 7-19

三、CAD 制版步骤

(1) 选择菜单栏"设置"—"尺寸表"设置尺寸。基础版为 M(160/84A)(图 7-20)。

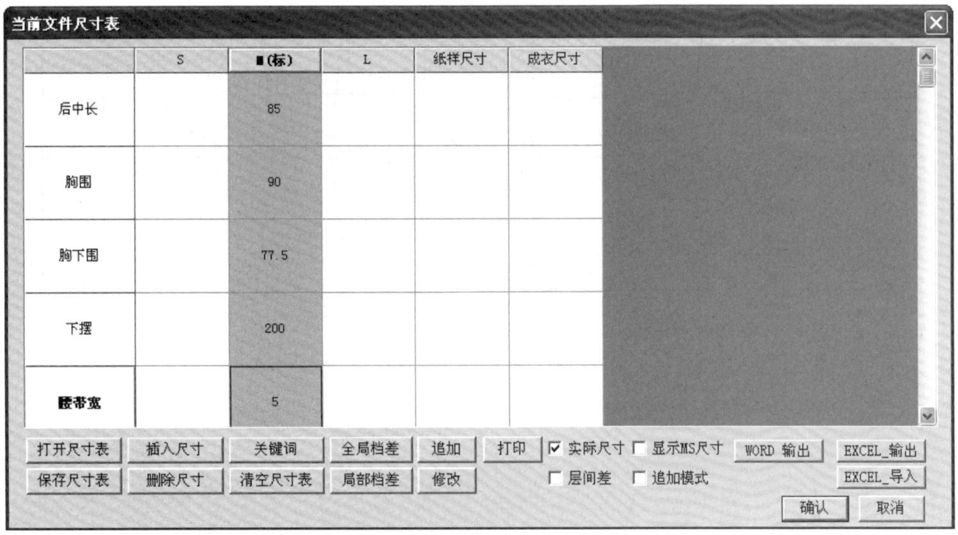

	S	■(标)	L	纸样尺寸	成衣尺寸	
后中长		85				
胸围		90				
胸下围		77.5				
下摆		200				
腰带宽		5				

打开尺寸表　插入尺寸　关键词　全局档差　追加　打印　☑实际尺寸　☐显示MS尺寸　WORD 输出　EXCEL_输出
保存尺寸表　删除尺寸　清空尺寸表　局部档差　修改　　☐层间差　☐追加模式　　EXCEL_导入
　　　　　　　　　　　　　　　　　　　　　　　　　　　　确认　取消

图 7-20

(2) 选择菜单栏"设置"—"附件调出"以要素模式调出女装原型,依据胸围尺寸用"智能笔"工具将侧缝收进 0.5 cm,袖窿抬高 1.5~2 cm,胸下围线在胸围线以下 7.5 cm 处作分割线,腰带宽 5 cm,肩点向内 4 cm 与 BP 点连接为吊带位置,后片吊带位置与后原型省点相连(图 7-21)。

(3) 用"智能笔"工具去除多余线条,前胸在吊带位增设 1.5 cm 暗省,腰节省平移至 BP 点位置(图 7-22)。

(4) 用"纸型剪开"工具将结构片分割开,胸下围尺寸(77.5 cm)用在侧缝和前腰省处做调节(图 7-23)。

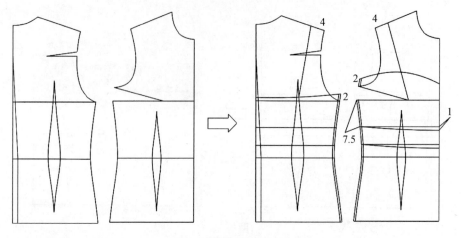

图 7-21

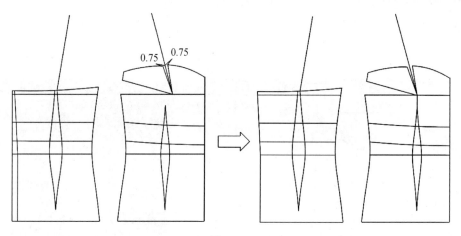

图 7-22

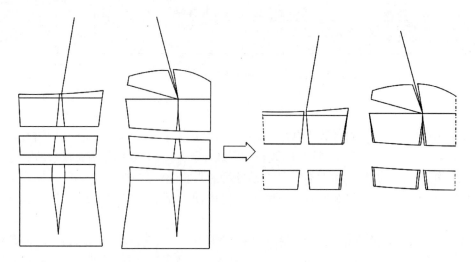

图 7-23

（5）选择"形状对接"工具将各结构片连接并调节圆顺（图 7-24）。

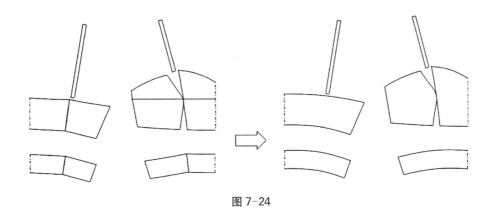

图 7-24

（6）用"接角圆顺"工具将各拼接线假缝后调整圆顺（图 7-25）。

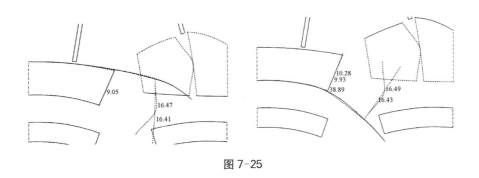

图 7-25

（7）依据腰带下口的长度和裙长用"智能笔"工具绘制裙摆基础矩形，依据腰围和摆围的差数设置展开量，用"固定等分割"工具展开裙摆（图 7-26、图 7-27）。

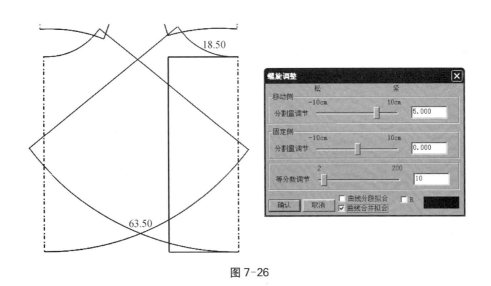

图 7-26

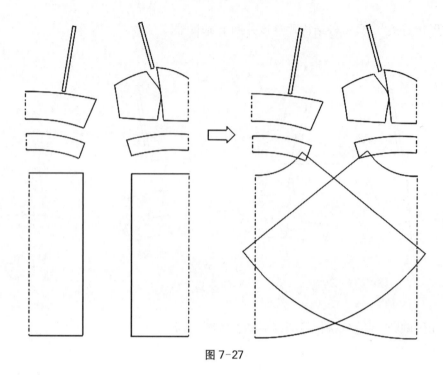

图 7-27

（8）将衣片净样线以外的线作为非片线，用"缝边刷新"工具统一加 1 cm 缝份，再根据工艺要求，将不同部位的缝份用"缝边宽度"工具更改，用"刀口"工具将相关部分打上刀眼。面布裁剪样版如图 7-28 所示，里布纸样略。

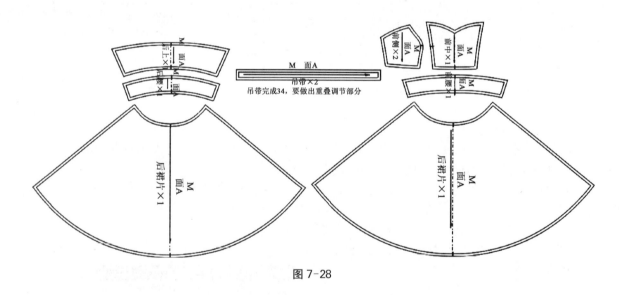

图 7-28

第四节　旗　　袍

一、款式分析

经过改良之后的现代旗袍，仍然保持基本的样式：立领、收腰、盘扣、腿部两侧开衩。这里旗袍款式为常见的立领，斜开襟短袖旗袍，前后片中心线不分割，前片侧缝及腰部收省，两侧开衩较高，袖子为一片短袖，袖山较高，袖子较瘦，袖口向前（图 7-29）。

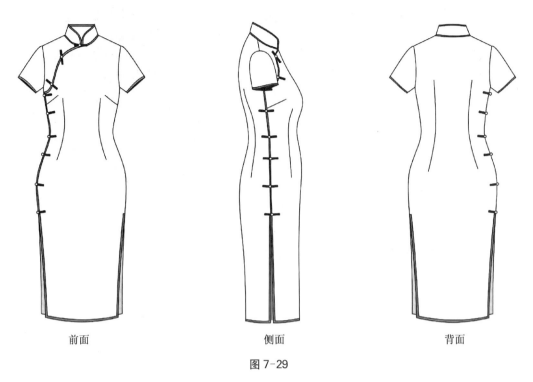

前面	侧面	背面

图 7-29

二、版型设计原理

前浮余量由于贴体程度高加上有文胸补正,有较大省量,一部分转入腋下省,一部分为前袖窿归拢量,在工艺制作时敷牵带,在斜襟处滚边时也作归拢处理。

后浮余量转化为两部分,一部分为后肩缩缝量,一部分为后袖窿归拢量,在工艺制作时敷牵带(图 7-30)。

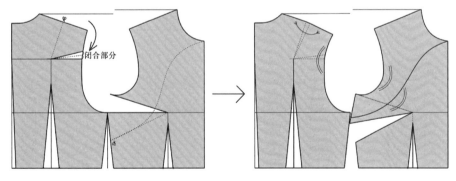

图 7-30

三、CAD 制版步骤

(1)选择菜单栏"设置"—"尺寸表"设置尺寸。基础版为 M(160/84A)(图 7-31)。

(2)选择菜单栏"设置"—"附件调出"以要素模式调出女装原型,依据胸围尺寸,用"智能笔"工具将侧缝收进 1 cm,半肩宽缩进 0.5 cm,袖窿按夹圈尺寸 43 cm 进行调整,衣长平行延长至设计线(图 7-32)。

(3)选择"智能笔"转省功能将后浮余量转化为两部分,一部分为后肩缩缝,一部分为后袖窿归拢量,前胸省转移至腋下省(图 7-33)。

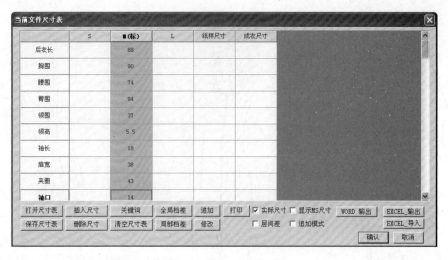

图 7-31

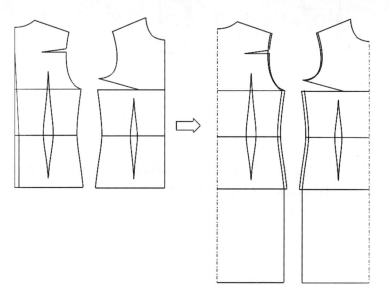

图 7-32

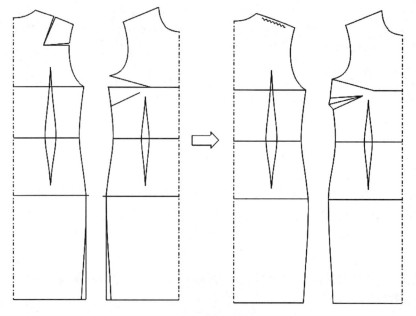

图 7-33

（4）用"智能笔"工具绘制门襟线，用"镜像复制"工具将前片左右复制，用"圆角处理"工具将下摆线作圆角处理（图 7-34）。

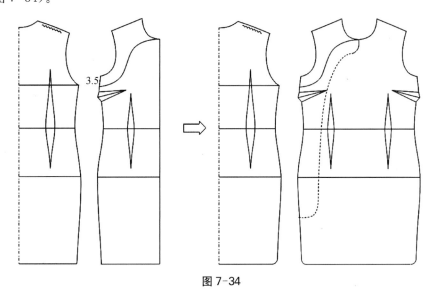

图 7-34

（5）旗袍立领制版。

第一步：作领切线。在前领窝弧线上取一点作弧线的切线，切点越靠近 A1 点，前领越远离脖子，靠近 A 点为合体型（必须有一定松量），切点距前中 5 cm 左右，可通过前横开领中点向前领窝弧线的交点取得（图 7-35）。

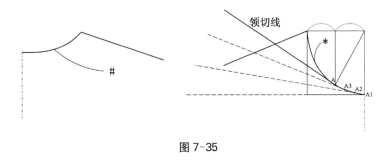

图 7-35

第二步：作肩颈同位点 B。在领切线上找与前领窝长度相等的点（图 7-36）。

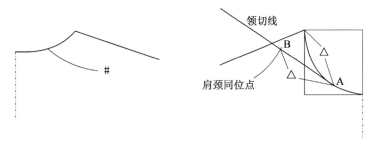

图 7-36

第三步：作领弯线，以肩颈同位点 B 为基础，作 15∶（1～3）的斜线，以此确定后领的弯度，靠近 C_1，远离后颈，越靠近 C，弯度越大，后领越贴近后颈部，旗袍立领取 15∶3，在 BC 线上取线段，与后领窝长度♯相等（图 7-37）。

第四步：取领下口线与前后领窝长度相等点为后中心点，作垂线，按后领高度和前领造型画顺为立领结构（图 7-38）。

绘制完成的立领结构如图 7-39 所示。

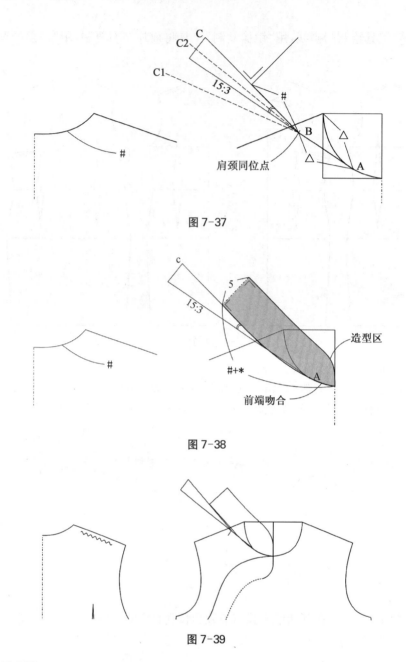

图 7-37

图 7-38

图 7-39

（6）袖子制版步骤。

第一步：用"一枚袖"工具，通过已作好的前后袖窿自动生成一枚袖，鼠标左键选择前袖窿，鼠标右键过渡到下一步，鼠标右键选择后袖窿，鼠标右键过渡到下一步，右键结束，在合适的位置指示袖山基线。弹出对话框后，按需要调整袖山形状及数据。在袖肥处填入 31 cm，总溶位根据面料因素取 2 cm（图 7-40）。

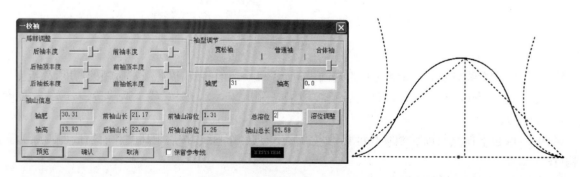

图 7-40

第二步：用"智能笔"工具绘制短袖袖身，用"接角圆顺"工具调节使袖山底部、袖口圆顺（图 7-41）。

图 7-41

（7）用"平移"工具将大小襟分离，并用"旋转"工具合并小襟胸省（图 7-42）。

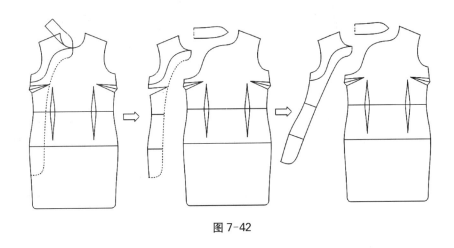

图 7-42

（8）用"智能笔"工具绘制滚边条，单件制作可按排料情况裁剪，完成 2 cm 宽，45°斜料剪裁，全件结构图如图 7-43 所示。

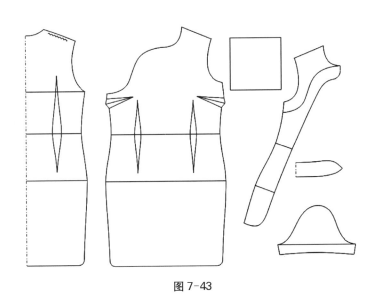

图 7-43

（9）将衣片净样线以外的线作为非片线，用"缝边刷新"统一加缝份 1 cm，再根据工艺要求，将不同部位的缝份用"缝边宽度"工具更改，滚边工艺侧缝传统盘扣工艺，滚边处不放缝份，盘扣工艺部分放出贴边。用"刀口"工具将相关部分打上刀眼。面布裁剪样版如图 7-44 所示。

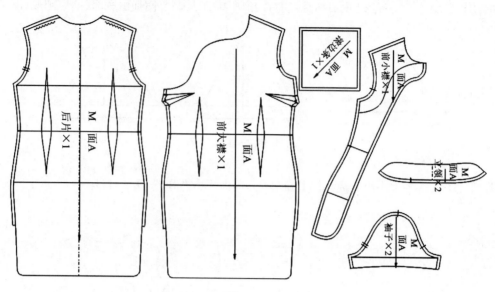

图 7-44

（10）将有关里布的衣片净样线复制，用"缝边刷新"统一加缝份 1.1 cm，再根据工艺要求，将不同部位的缝份用"缝边宽度"工具更改，衣长下摆部分完成比面布短 2.5 cm 左右，用"刀口"工具将相关部分打上刀眼。里布裁剪样版如图 7-45 所示。

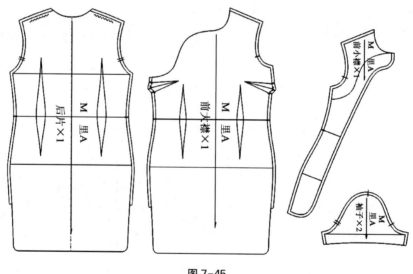

图 7-45

第八章
女外套 CAD 版型设计

第一节　公主缝女西服

一、款式分析

弧形刀背缝女外套,四开身弧形刀背缝结构,较合体收腰风格,门襟为单排两粒扣,平驳头西服领,两片弯身合体袖,左右腹部有双嵌线挖袋(图 8-1)。

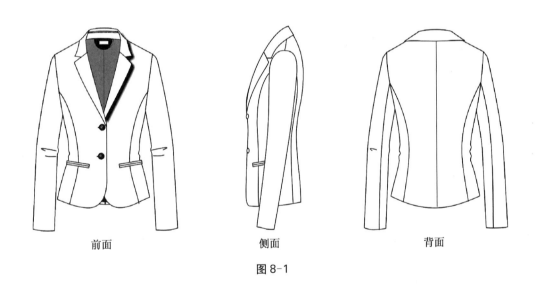

前面　　　　　　　　　　侧面　　　　　　　　　　背面

图 8-1

二、版型设计原理

将肩省量分为 4 部分。一部分转移至肩部为缩缝量 0.7 cm,一部分为袖窿归拢量,一部分转移至分割线上为 0.3 cm 归拢量,一部分为背缝归拢量。

因外套穿着特点,背长拉开 0.5~1 cm。

胸省量为 15∶3,其余作为袖窿松量和归拢量(图 8-2)。

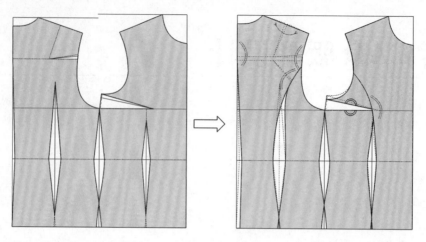

图 8-2

三、CAD 制版步骤

（一）大身结构制图

如图 8-3 所示（单位：cm）。

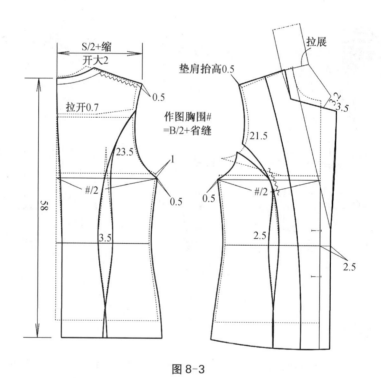

图 8-3

（1）选择菜单栏"设置"—"尺寸表"设置尺寸，基础版为 M(160/84A)（图 8-4）。

（2）选择菜单栏"设置"—"附件调出"以要素模式调出女装原型，用"智能笔"单向省功能绘 0.5 cm 单向省，转向后肩缝缩缝，用"平移"工具背长拉开 0.7 cm，胸省处作 1 cm 单向省放入袖窿作宽松量，作后肩和前袖窿辅助线，用"智能笔"转省功能转省（图 8-5）。

（3）选择"智能笔"+Shift 键平行线功能将侧缝放出 0.5 cm，半肩宽放出 0.5 cm，袖窿深降 1.5 cm，前袖窿深转省后降 1.5 cm，用"智能笔"绘制衣长至设计部位（图 8-6）。

当前文件尺寸表

尺寸\号型	2S	S	M(标)	L	XL	2XL	纸样尺寸	成衣尺寸
衣长	55.000	56.500	58.000	59.500	61.000	62.500	58.000	0.000
胸围	86.000	90.000	94.000	98.000	102.000	106.000	94.000	0.000
腰围	70.000	74.000	78.000	82.000	86.000	90.000	78.000	0.000
摆围	90.000	94.000	98.000	102.000	106.000	110.000	98.000	0.000
肩宽	37.600	38.800	40.000	41.200	42.400	43.600	40.000	0.000
袖长	55.000	56.500	58.000	59.500	61.000	62.500	58.000	0.000
袖口	10.900	11.700	12.500	13.300	14.100	14.900	12.500	0.000
夹圈	41.000	43.000	45.000	47.000	49.000	51.000	45.000	0.000
袖肥	31.800	32.400	33.000	33.600	34.200	34.800	33.000	0.000
下级领	2.600	2.600	2.600	2.600	2.600	2.600	2.600	0.000
上级领	4.000	4.000	4.000	4.000	4.000	4.000	4.000	0.000
口袋宽	13.000	13.000	13.000	13.000	13.000	13.000	13.000	0.000

打开尺寸表　插入尺寸　关键词　全局档差　追加　缩水 `0` □ 显示MS尺寸 WORD EXCEL 确认

保存尺寸表　删除尺寸　清空尺寸表　局部档差　修改　打印 ☑ 实际尺寸 □ 追加模式 TXT 取消

图 8-4

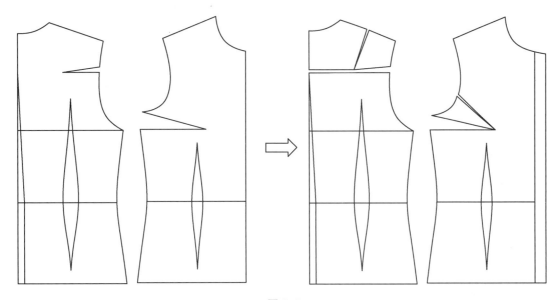

图 8-5

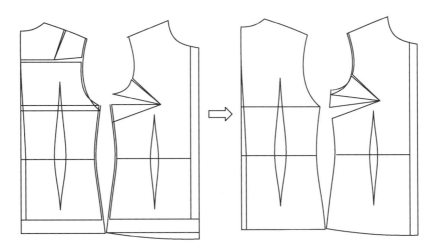

图 8-6

（4）用"智能笔"将前后横开领开大 2 cm，肩点抬高垫肩量 0.5 cm，用"智能笔"先绘制公主缝设计线并调顺，再依原型省的造型画顺结构线（图 8-7）。

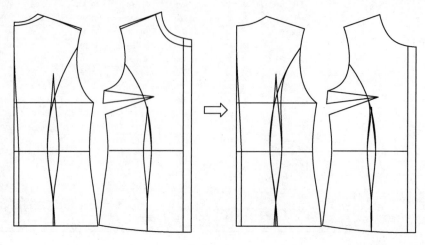

图 8-7

（5）选择"智能笔"转省功能转移胸省至分割线，选择"工艺线"—"波浪线"绘制后肩线缩缝和前胸溶位（图 8-8）。

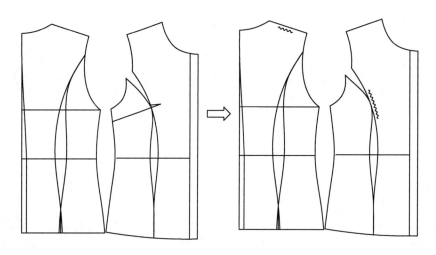

图 8-8

（二）衣领为单排扣平驳头翻折领结构

1. 手动结构设计方法

（1）选择"智能笔"将前小肩线延长 0.7×下级领高＝0.7×2.6＝1.8 cm 找到翻折基点，连接翻折线，用"双圆规"工具作驳头，并用"智能笔"删除不相关线条，用"对称修改"工具将驳头调到位（图 8-9）。

（2）选择"智能笔"工具作前领窝，用"双圆规"作前领造型，驳角 3.5 cm，领角 3.2 cm，领宽 4 cm。用"对称修改"工具将前领对称复制，用"单圆规"作总领高(2.6＋4)cm，连接下领口线（图 8-10）。

（3）选择"平移"工具复制前领，用"智能笔"在后领窝绘制领外沿线，用"要素长度测量"工具测得后领窝长(9.6 cm)，后领外沿线长(11.8 cm)（图 8-11）。

（4）前领用"水平垂直补正"放正，用"智能笔"绘制以后领窝长(9.6 cm)和领高(6.6 cm)为边长的矩形，用"指定分割"工具展开后领窝长(9.6 cm)与后领外沿线长(11.8 cm)的差 2.2 cm。曲线合并拟合得出衣领造型（图 8-12）。

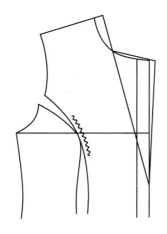
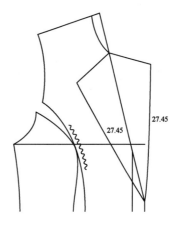

图 8-9

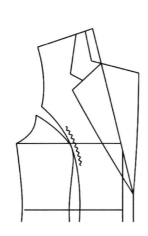
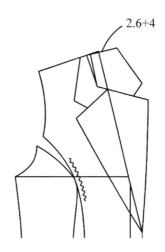

图 8-10

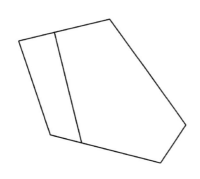
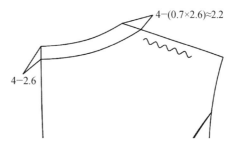

图 8-11

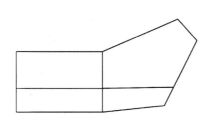
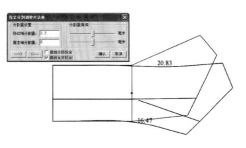

图 8-12

（5）领子的处理。为解决后领口翻折线上出现的锯齿形褶皱（俗称长牙齿），要对翻领结构进行处理，将上下领沿翻折线偏下 0.5 cm 处进行分割处理（图 8-13），用"固定等分分割"在分割线处将上下领收缩约 1 cm，得到分割后上下领的结构（图 8-14）。

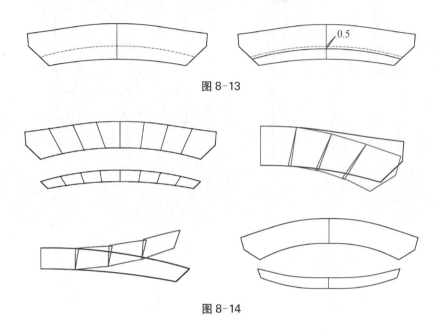

图 8-13

图 8-14

2. 自动生成西装领 CAD 制版方法

（1）裁片的摆放调整。前中向左，用"形状对接"工具将前后领口线接合，并进行"要素合并"成一整条线，且驳头处连接完好，翻折线与驳头线必须相交。框选时，必须框靠领嘴的一端。

（2）鼠标左键选择驳头线，弹出调整框，输入所需参数，按确定键，直接生成西装领，后领中线自动生成对称线（图 8-15）。

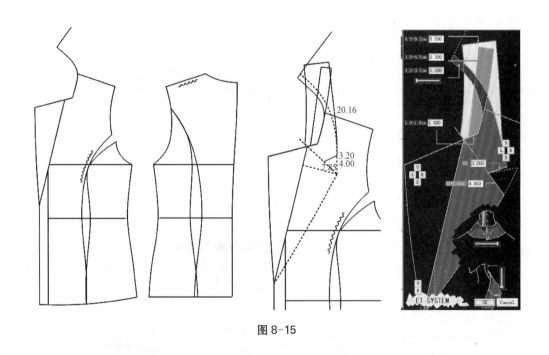

图 8-15

（3）生成后自动命名好裁片名，并可替换原同名裁片（图 8-16）。

 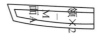

图 8-16

（三）两片袖 CAD 自动制版

可以先选择"一枚袖"工具先自动生成一片袖，用"用点打断"工具将袖山顶点打断，再用"二片袖"工具生成两片袖，以下用另一种方法生成两片袖。

（1）选择"一枚袖" 工具，左上方选项中选中 选择两枚袖选项，袖肥 33 cm，溶位 3 cm，生成一片袖袖山（图 8-17）。

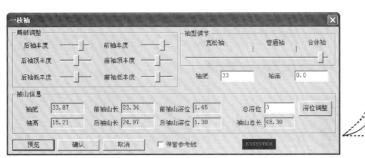 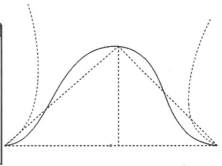

图 8-17

（2）按溶位调整弹出如下对话框，按设计要求填入相关数据生成两片袖（图 8-18）。

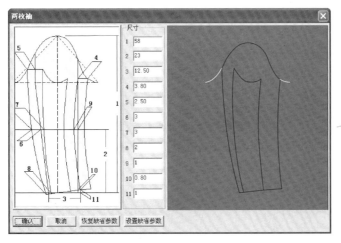 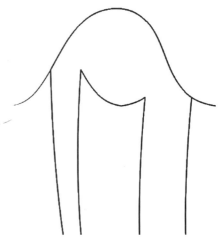

图 8-18

（3）按确定键，弹出"袖综合调整"对话框，调整相关值后再按确定键（图 8-19）。

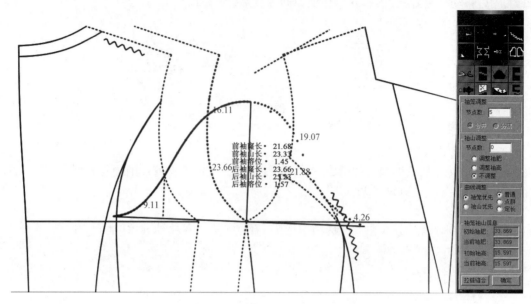

图 8-19

（4）按"确定"键，自动生成两片袖裁片和 3D 效果示意图（图 8-20）。

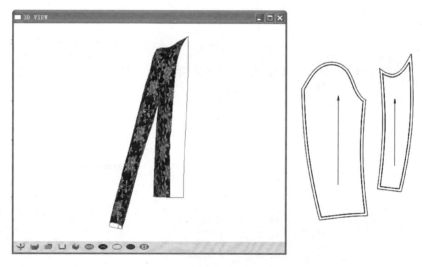

图 8-20

（四）生成面布裁片

（1）挂面的生成。用"纸型剪开"工具复制剪开功能生成前片与挂面（图 8-21）。

（2）大袋纸样的生成。先用"缝边刷新"将前片统一加缝份 1 cm，然后用"拉链缝合"工具绘制大袋。

① 鼠标左键按顺序点选固定侧的要素点 1，右键过渡到下一步。

② 鼠标左键框选所有移动侧的要素，右键过渡到下一步。

③ 鼠标左键按顺序点选移动的要素点 2，点击右键后，可以在对合线处滑动。

④ 按鼠标右键或 Q 键定位退出。

⑤ 此时可以在对合好的裁片上做新的工艺线，如口袋位。

⑥ 按 Alt＋H 键将对合裁片复位（图 8-22）。

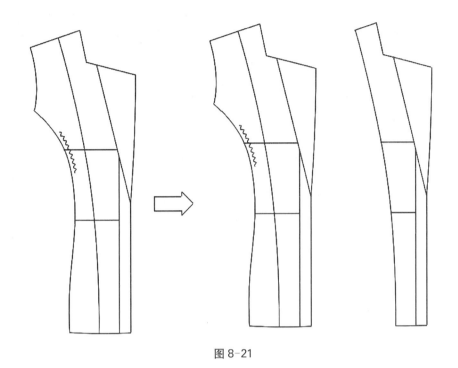

图 8-21

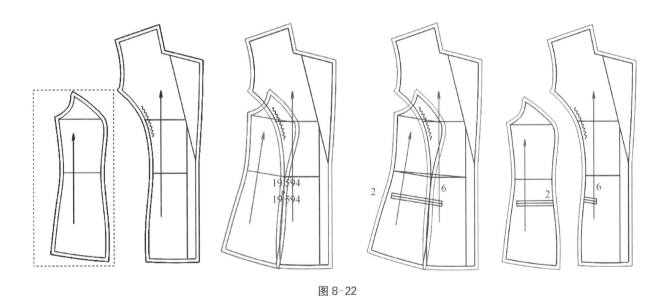

图 8-22

（3）将衣片净样线以外的线作为非片线，用"缝边刷新"统一加缝份 1 cm，再根据西服工艺要求，将不同部位的缝份用"缝边宽度"工具更改（下摆、袖口 4 cm，挂面驳头 1.5 cm），用"刀口"工具将相关部分打上刀眼（注意事项：大袖的袖山弧线必须是一条曲线，指示必须按曲线顺序指示，袖对刀在后袖窿曲线及后袖山曲线上生成的第一个刀口一律为双刀）。面布裁剪样版如图 8-23 所示。

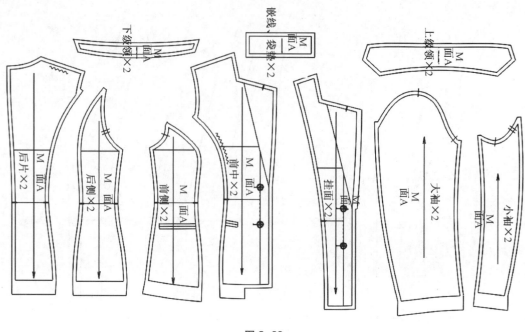

图 8-23

（五）生成里布裁片

（1）以下将里布不做成弧形分割，而是处理成整片结构的形式。将后片两片样版以袖窿分割点为旋转点，用"旋转"工具将交叉部分旋开，以此为基础用"枣弧省"工具作菱形省，前片分离出挂面后用"智能笔"将胸省转移至分割缝，画顺调节圆顺，用"枣弧省"工具作前片菱形省（图 8-24）。

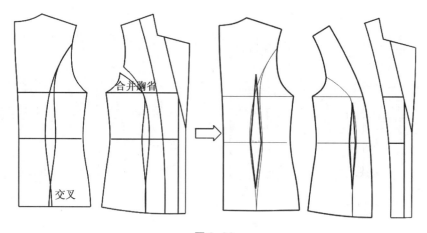

图 8-24

（2）复制相关衣片净样版放缝得到里布样版，用"缝边刷新"统一加缝份 1.2 cm，再根据西服工艺要求，将不同部位的缝份用"缝边宽度"工具更改（袖底至袖山底 1.5~3 cm，背缝从上至下 1.2~2 cm），用"刀口"工具将相关部分打上刀眼。里布裁剪样版如图 8-25 所示。

（六）高档西服的衬布纸样

选择"平移复制"工具复制面布净样版配衬布，选择"放缝"工具，放缝时比面布毛样版每边缩进 0.2 cm，贴边衬布用"贴边"工具生成（图 8-26）。

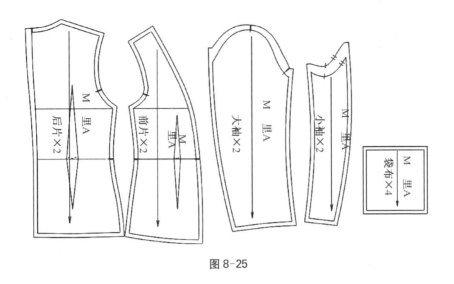

图 8-25

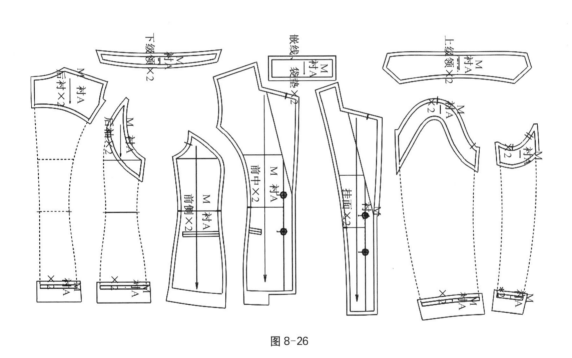

图 8-26

第二节　棒　球　服

一、款式分析

棒球运动服,较宽松直身短装,下摆、袖口、衣领为针织罗纹;三片式插肩袖,门襟拉链,前片设两斜插口袋(图 8-27)。

内里结构图:里布内接挂面,里布袖子为两片式插肩袖(图 8-28)。

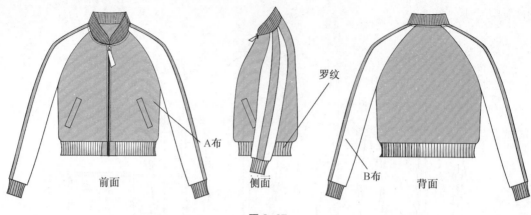

图 8-27

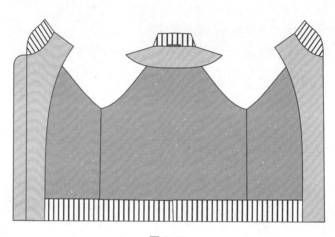

图 8-28

二、版型设计原理

后肩省量一部分转入插肩袖分割缝,前片胸省一部分作下放处理,一部分作为袖窿宽松量,一部分作为插肩袖分割缝缩缝处理。

棒球服大身平面结构设计参考示意图如图 8-29 所示。

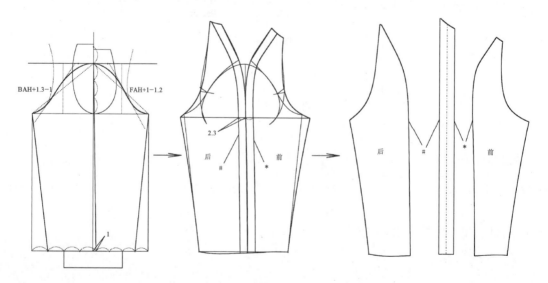

图 8-29

棒球服插肩袖平面结构设计参考示意图如图8-30所示。

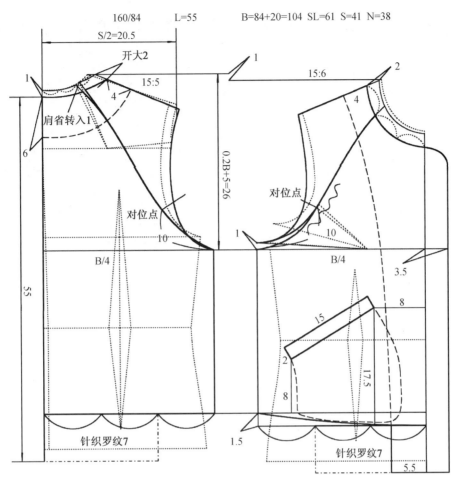

图 8-30

三、CAD 制版步骤

采用比例法作图。

规格设计:160/84A;

后衣长:L=55 cm;

胸围:B=B*+20=84+20=104(cm);

基础袖袖长:SL=0.3G+13=0.3×160+13=61(cm);

肩宽:S=41 cm;

基础领围:N=38 cm。

(1) 选择菜单栏"设置"—"尺寸表"设置尺寸,基础版为M(160/84A)(图8-31)。

(2) 用"智能笔",输入框输入后衣长55 cm,半胸围B/2=52 cm(图8-32)。

图 8-31

用"智能笔"绘制后上平线延长3.5 cm,前上平线下落1 cm,前衣长下放1 cm(图8-33)。

(3) 用"智能笔"平行线功能绘制袖窿深线(上平线向下26 cm)、侧缝线、用"智能笔"工具绘制基础领窝和后肩斜15:5(图8-34)。

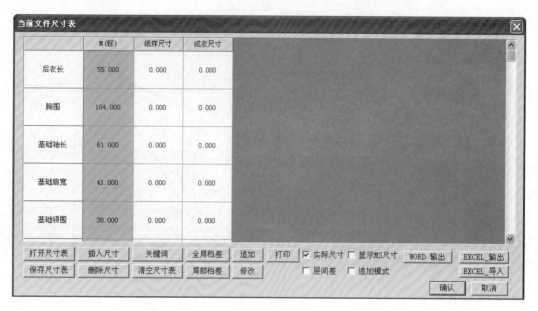

图 8-32

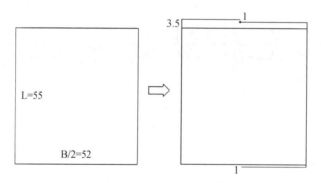

图 8-33

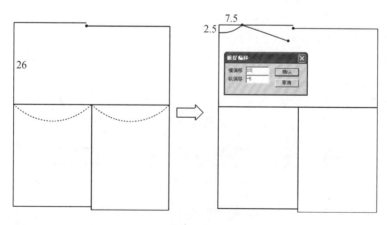

图 8-34

（4）用"智能笔"工具绘制肩宽 S/2＝20.5 cm，背宽线（冲肩量 1.5 cm），下摆罗纹高 7 cm，基础领横开大 2 cm，直开领开大 1 cm（图 8-35）。

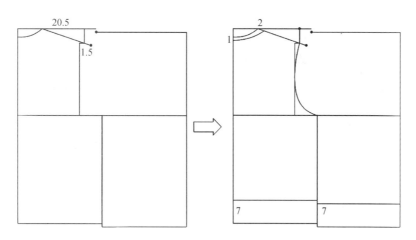

图 8-35

（5）选择"智能笔"工具绘制插肩袖分割线和 0.7 cm 袖窿省，用"智能笔"转省至分割线领口处，用"智能笔"工具绘制前基础领窝（图 8-36）。

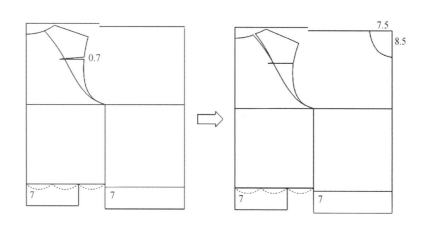

图 8-36

（6）选择"智能笔"工具绘制前肩斜 15∶6，前领窝开大 2 cm，前胸宽为背宽－1.2 cm，袖窿省 1 cm，画顺前袖窿弧线（图 8-37）。

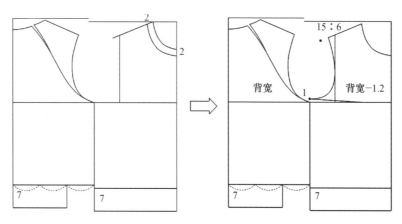

图 8-37

（7）选择"智能笔"工具绘制插肩袖前分割线,用"智能笔"转省至分割线辅助线处作为归拢量（图 8-38）。

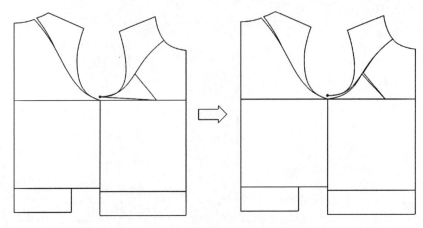

图 8-38

（8）选择"智能笔"工具绘制里襟和下摆设计线部件（图 8-39）。

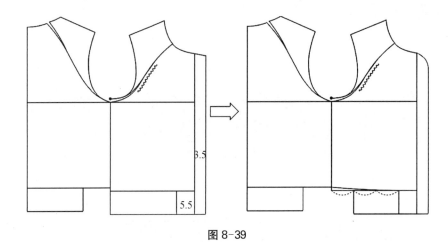

图 8-39

（9）参照前面提供的平面结构图,用"智能笔"工具绘制口袋、挂面和后领贴等（图 8-40）。

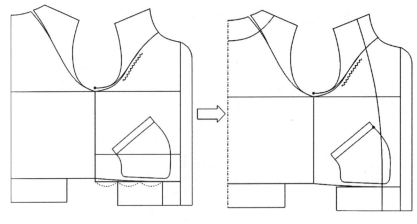

图 8-40

（10）通过已知的前后袖窿的数值,自动生成插肩袖。注意:裁片的摆放必须是前中向左,后中向右。
① 鼠标左键框选所有的前袖线,右键过渡到下一步。

② 鼠标左键框选所有的后袖线,右键过渡到下一步。

③ 鼠标左键选择前袖窿底端点 1,左键选择后袖窿底端线点 2。

④ 鼠标左键选择前袖分割线底端点 3,左键选择后袖分割线底端点 4。

⑤ 在合适的位置指示袖山基线点 5,弹出对话框后,按需要调整袖山的形状及数据。

⑥ 按确定键,直接生成插肩袖(图 8-41)。

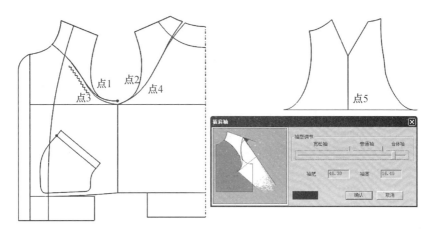

图 8-41

(11) 选择"智能笔"工具绘制袖身,用"形状对接"工具将挂面与后领贴分割线复制至插肩袖部分(便于生成袖子里布纸样),袖中线用"圆角工具"绘制袖中线,调节圆顺线条,保证前后长度相等,袖口取袖肥的 3/4,罗纹袖口按袖口长的 2/3 估算(图 8-42)。

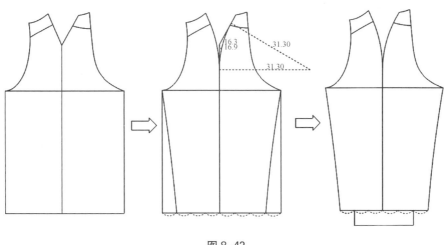

图 8-42

(12) 面布纸样的制作,用"纸型剪开"工具分离前后袖,用"智能笔"工具绘制袖中条时依据前后袖分割线的长度来确定(图 8-43)。

(13) 面布纸样的生成。

① 根据面布纸样的构成情况,利用"平移"的复制功能和"纸型剪开"工具生成面布的净样版(图 8-44)。

② 将衣片净样线以外的线作为非片线,用"缝边刷新"统一加缝份 1 cm,再根据棒球服工艺要求,将不同部位的缝份用"缝边宽度"工具更改(袋口 2 cm),用"刀口"工具将相关部分打上刀眼,注意面布样版在定义"裁片属性"时,按 A、B 布种设置。面布裁剪样版如图 8-45 所示。

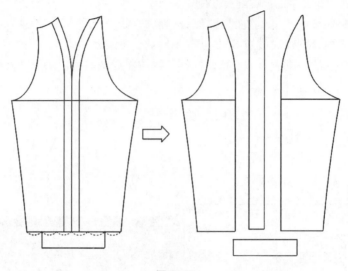

图 8-43

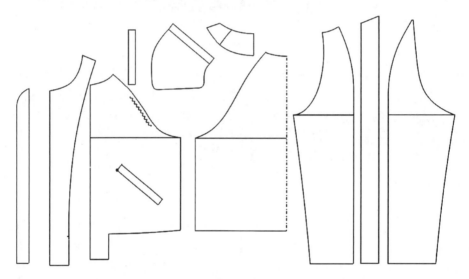

图 8-44

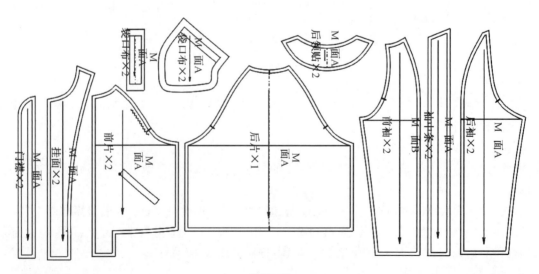

图 8-45

（14）复制相关衣片净样版放缝得到里布样版,注意插肩袖样版去除了挂面和后领贴部分,前片是去除挂面后、后片是去除后领贴后得到的,用"缝边刷新"统一加缝份1.2 cm,再根据棒球服工艺要求,将不同部位的缝份用"缝边宽度"工具更改,用"刀口"工具将相关部分打上刀眼。里布裁剪样版如图 8-46所示。

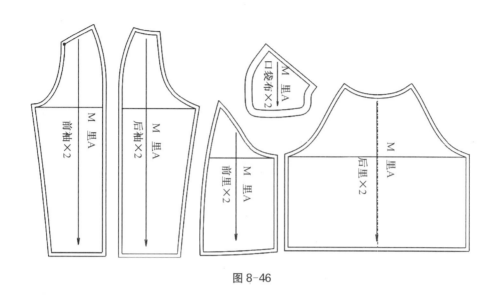

图 8-46

（15）罗纹样版:下摆、袖口、衣领用罗纹面料做缩短处理,尺寸要根据材料的弹性试样后方可得到最终样版(图 8-47)。

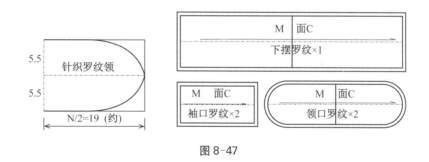

图 8-47

第三节 驳折领两片袖箱形大衣

一、款式分析

衣身为直线型大衣,不收腰,下摆略有放大,简洁的暗门襟,后中开衩便于运动。衣领为领座低而领面宽的驳折领;衣袖为两片袖,开袖衩(图 8-48)。

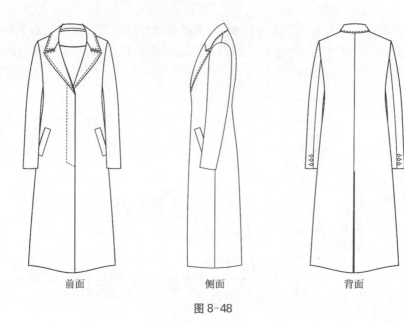

前面   侧面   背面

图 8-48

二、版型设计原理

（1）后片将部分肩背省转移至肩缝作为缩缝量（约 0.7～1 cm，视面料的性能），其余作为袖窿的宽松量和制作时袖窿牵条归拢量，背长拉长 0.7～1 cm。

（2）前片转移胸省约 15：2 的量至领口省，其余作为袖窿的宽松量和下摆量。

三、CAD 制版步骤

（1）规格设计。

基于大衣的穿着特点，本款式按较宽松偏合身的（160/84A）尺寸设计，胸围放松量放 18 cm。

后中长：$L=0.6G+9=0.6×160+9=105$（cm）；

胸围：$B=B^*+18=84+18=102$（cm）；

肩宽：$S=0.25B+15=0.25×102+15=40$（cm）；

袖长：$SL=0.3G+(10～11)=0.3×160+10=58$（cm）；

袖口宽：$CW=0.1B+5=0.1×102+5=15$（cm）；

选择菜单栏"设置"—"尺寸表"设置尺寸，基础版为 M（160/84A）（图 8-49）。

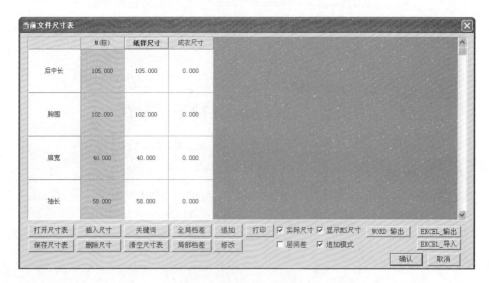

图 8-49

（2）选择菜单栏"设置"—"附件调出"以要素模式调出女装原型，用"智能笔"单向省功能绘 0.7 cm 单向省转向后肩缝缩缝，用"平移"工具背长拉开 0.7 cm，用"智能笔"转省功能转省，胸省 15∶3 转入领口省，前后下摆切展 1 cm（图 8-50）。

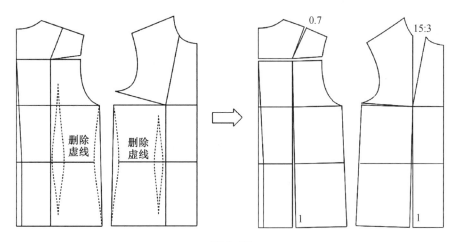

图 8-50

（3）按规格设计要求加入松量：选择"智能笔"工具将后横开领开大 1.5 cm，直开领开大 0.5 cm，胸围每边增大 2 cm，袖窿深开深 1.5 cm，半肩宽延长 0.5 cm，衣长延长至设计长度（图 8-51）。

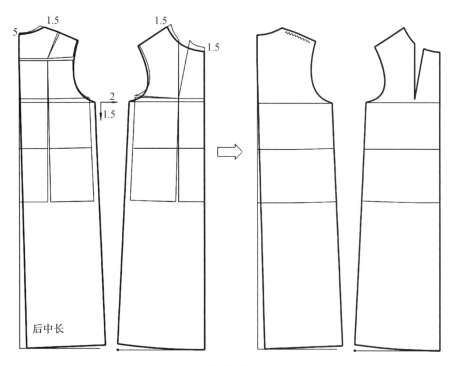

图 8-51

（4）选择"智能笔"工具将领口省暂时转移至侧缝，用"智能笔"工具平行线功能将门襟放出 3 cm，用"智能笔"工具绘制驳头造型、前大袋，尺寸如图 8-52 所示。

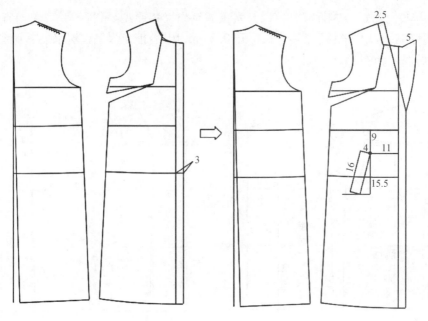

图 8-52

（5）自动生成西装领（可参考本章第一节）。

① 裁片的摆放调整。前中向左,用"形状对接"工具将前后领口线接合,并进行"要素合并"成一整条线,驳角暂时删除,驳头处连接完好,翻折线与驳头线必须相交。框选时,必须框靠领嘴的一端。

② 鼠标左键选择驳头线,弹出调整框,输入所需参数,按确定键,直接生成西装领,后领中线自动生成对称线（图 8-53）。

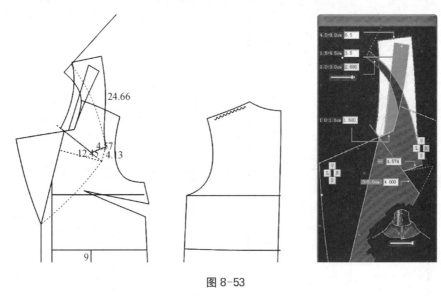

图 8-53

（6）选择"智能笔"工具将领口省修正隐藏于驳头下,重新绘制饿驳头,用"智能笔"工具绘制后开衩（图 8-54）。

（7）两片袖 CAD 自动制版（参考本章第一节）（图 8-55）。

（8）选择"智能笔"工具将领口省转移至挂面与里布的分割缝,完成面布净缝图（图 8-56）。

（9）将衣片净样线以外的线作为非片线,用"缝边刷新"统一加缝份 1.2 cm,再根据大衣工艺要求,将不同部位的缝份用"缝边宽度"工具更改（下摆、袖口 5 cm,挂面驳头 1.5 cm）,用"刀口"工具将相关部分打上刀眼（注意事项:大袖的袖山弧线必须是一条曲线,指示必须按曲线顺序指示,袖对刀在后袖窿曲线及后袖山曲线上生成的第一个刀口一律为双刀）。面布裁剪样版如图 8-57 所示,里布纸样略。

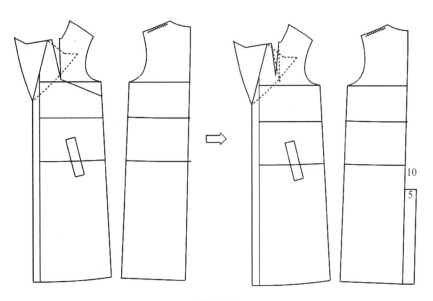

图 8-54

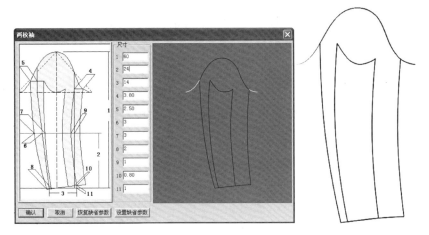

图 8-55

图 8-56

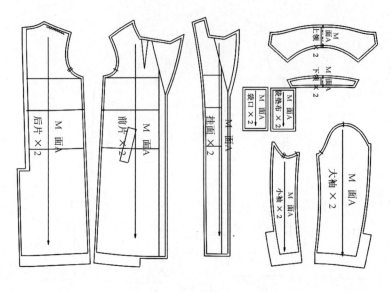

图 8-57

第四节　大廓形插肩袖风衣

一、款式分析

衣身为小 A 形风衣,不卡腰,下摆略有放大,双排扣门襟,后中开衩便于运动;衣领为翻立领,领面较宽,驳折头;衣袖为两片插肩袖(图 8-58)。

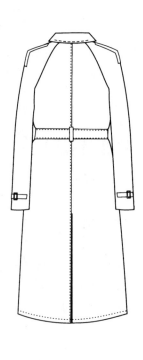

图 8-58

二、原型应用

(1) 将后片肩背省转移至下摆 2 cm、后中 0.4 cm、肩缝缩缝量约 0.5~0.7 cm(视面料的性能),其余作为袖窿的宽松量,背长拉长 0.7~1 cm。

(2) 将前片胸省转移下摆 2 cm、前中 0.4 cm、前领口松量约 0.3~0.5 cm,其余作为袖窿的宽松量(图 8-59)。

(3) 在正肩袖的基础上绘制插肩袖结构。

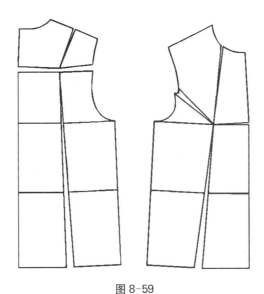

图 8-59

三、CAD 版型设计步骤

(1) 规格设计。

本款式按宽松(160/84A)尺寸设计,胸围放松量放 32 cm。

后中长:$L=0.7G$(身高)$+4=0.7×160+4=116$(cm);

胸围:$B=B^*$(净胸围)$+32=84+32=116$(cm);

原装袖肩宽:$S=0.4B^*$(净胸围)$+5=0.4×84+5=39$(cm);

原装袖袖长:$SL=0.3G$(身高)$+11=0.3×160+11=59$(cm);

菜单栏"设置"—"尺寸表"设置尺寸,基础版为 M(160/84A)(图 8-60)。

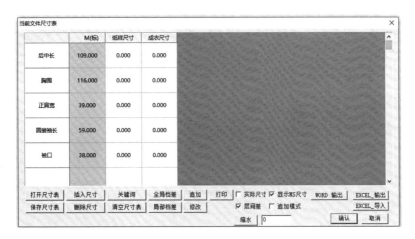

图 8-60

（2）选择菜单栏"设置"—"附件调出"以要素模式调出女装箱形原型，"智能笔"单向省功能绘制分散省的大小，用"平移"工具背长拉开 1 cm，用"形状对接"工具转省（图 8-61）。

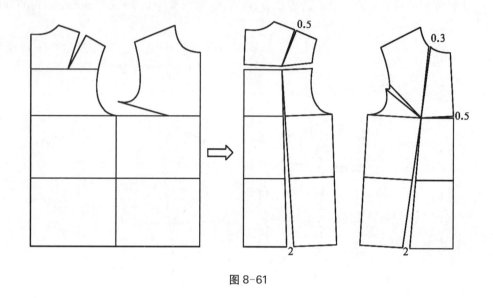

图 8-61

（3）按阔版规格设计要求加入松量（后片松量大于前片）；选择"删除"工具删除多余线条，在背宽线和胸宽线处增大胸围（图 8-62）。

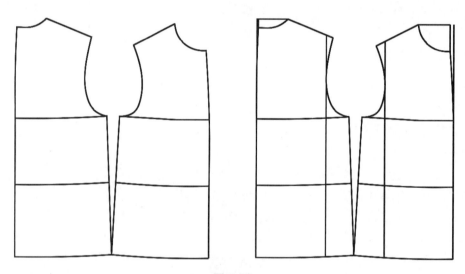

图 8-62

（4）选择"平移"工具将胸围加大至设计尺寸，用"形状对接"工具将袖窿旋转展开，用"智能笔"工具开大领口、绘制轮廓造型至设计尺寸（图 8-63）。

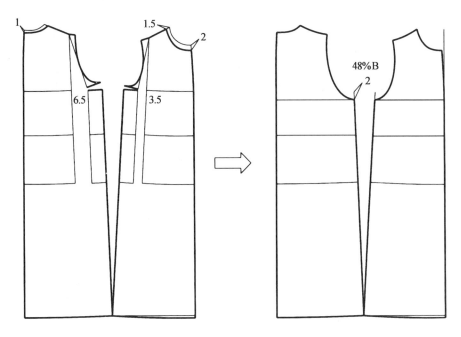

图 8-63

（5）绘制一片正肩袖。

① 用"双圆规"工具按袖肥 0.4B－(3～4)绘制袖山斜线，前袖山斜线长度为 FAH－0.5 cm，后袖山斜线长度为 BAH，选择"智能笔"工具按图示辅助线绘制袖山弧线。

② 用"智能笔"工具绘制袖身线，袖口大小为袖肥的 0.75 左右，袖山与袖窿的对位点在袖山高 1/4 至 1/5 左右（图 8-64）。

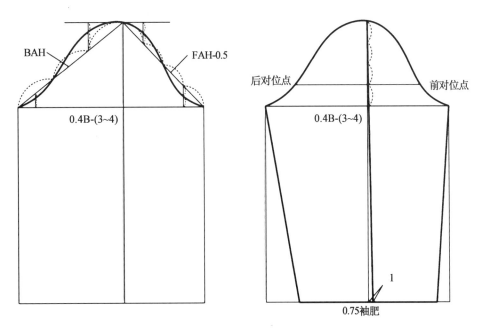

图 8-64

（6）选择"平移"工具将圆装袖的前后片袖按对位点平移至袖窿位置，用"旋转"工具以对位点为圆心将袖片旋转至袖山弧线与袖窿弧线相切（图 8-65）。

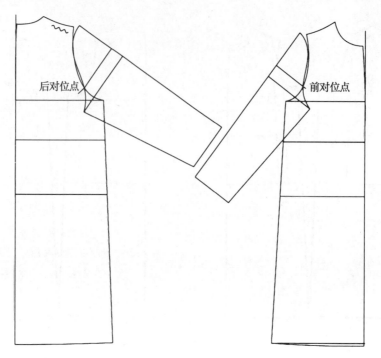

图 8-65

（7）绘制插肩袖：用"智能笔"工具经过前后对位点绘制插肩袖分割线，用"智能笔"工具绘制袖中线，并调整圆顺（图 8-66）。

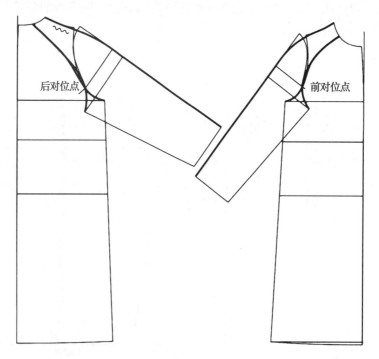

图 8-66

（8）选择"智能笔"工具绘制背衩、袖衩、肩衩、门襟、口袋等，用"扣子""扣眼"工具绘制双排扣（图 8-67）。

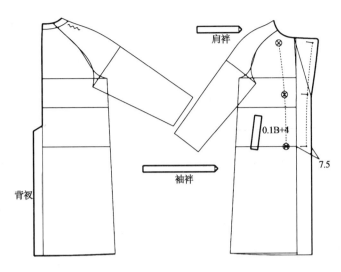

图 8-67

（9）用"智能笔"工具绘制风衣领（图 8-68）。

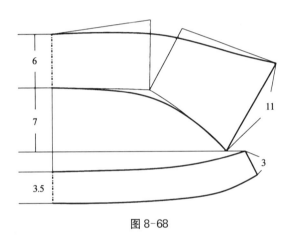

图 8-68

（10）阔版插肩袖风衣结构完成图（图 8-69）。

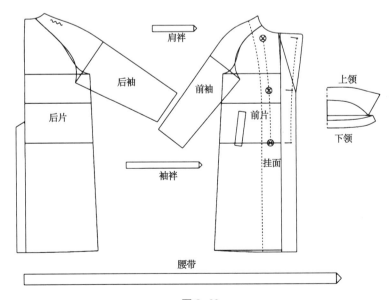

图 8-69

（11）将衣片净样线以外的线作为非片线，用"缝边刷新"统一加缝份 1.2 cm，再根据大衣工艺要求，将不同部位的缝份用"缝边宽度"工艺更改（下摆、袖口 5 cm，挂面驳头 1.5 cm），用"刀口"工具将相关部分打上刀眼。面布裁剪样版如图 8-70（里布纸样略）。

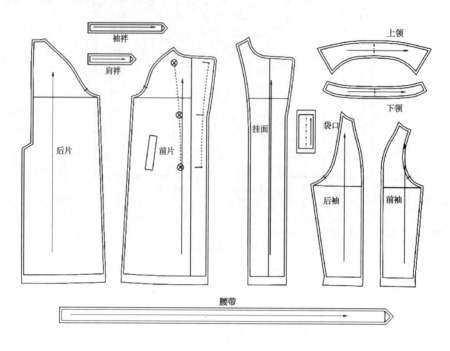

图 8-70

第五节　大廓形落肩袖连帽卫衣

一、款式分析

超宽松风格，套头带帽，落肩袖卫衣（图 8-71）。

图 8-71

二、原型应用

调出女装箱形原型,将原型肩省和胸省分散处理。

(1) 将后片肩背省转移部分至下摆 2 cm、后中 0.4 cm、肩缝缩缝量约 0.3～0.5 cm(视面料的性能),其余作为袖窿的宽松量,背长拉长 0.7～1 cm。

(2) 将前片胸省转移下摆 2 cm、前中 0.5 cm、前领口松量约 0.3～0.5 cm,其余作为袖窿的宽松量(图 8-72)。

(3) 在正肩袖基础上绘制落肩袖结构。

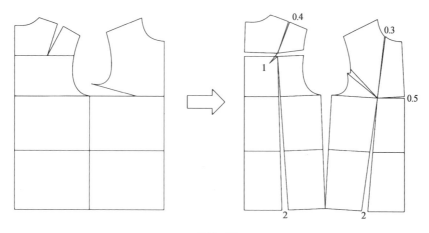

图 8-72

三、CAD 版型设计步骤

(1) 规格设计。

本款式按宽松(160/84A)尺寸设计,胸围放松量放 40 cm。

后中长:$L=0.4G$(身高)$+6=0.4×160+6=70$(cm);

胸围:$B=B^*$(净胸围)$+40=84+40=124$(cm);

正袖肩宽:$S=0.4B^*$(净胸围)$+4=0.4×84+4=38$(cm);

落肩袖肩宽:$S=38+22=60$(cm);

正装袖袖长:$SL=0.3G$(身高)$+14=0.3×160+14=63$(cm);

落肩袖长$=63-11=52$(cm);

菜单栏"设置"—"尺寸表"设置尺寸,基础版为 M(160/84A)(图 8-73)。

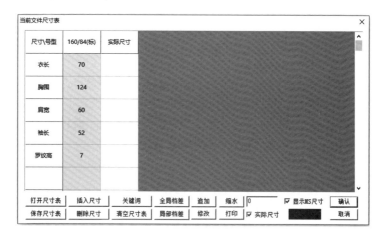

图 8-73

（2）选择菜单栏"设置"—"附件调出"以要素模式调出女装箱形原型，"智能笔"单向省功能绘制分散省的大小，用"平移"工具背长拉开 1 cm，用"形状对接"工具转省，用"水平垂直补正"工具将前后中心线垂直补正（图 8-74）。

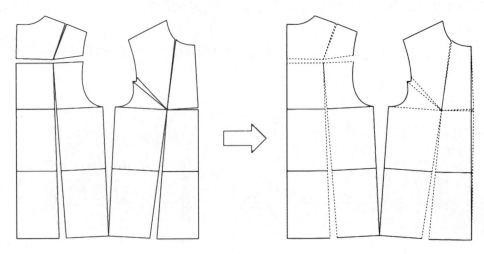

图 8-74

（3）按阔版规格设计要求加入松量（后片松量大于前片）：选择"删除"工具删除多余线条，用"智能笔"工具在处理原型的基础上，开大领口，延伸衣长，按规格设计要求，后胸围取 33 cm 前胸围取 29 cm，袖窿深取 27.5 cm（图 8-75）。

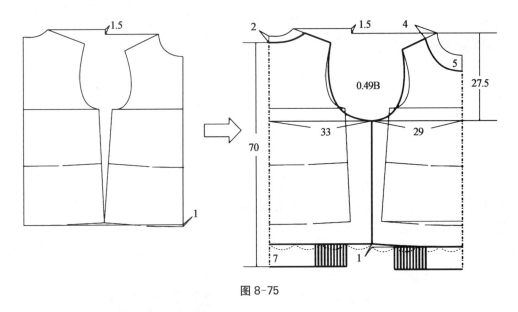

图 8-75

（4）绘制一片正肩袖。

① 用"双圆规"工具按袖肥 0.4B−2 cm 绘制袖山斜线，前袖山斜线长度为 FAH−0.9 cm，后袖山斜线长度为 BAH−0.6 cm，选择"智能笔"工具按图示辅助线绘制袖山弧线。

② 用"智能笔"工具绘制袖身线，袖口大小为袖肥的 0.75 左右，袖口罗纹高 7 cm，袖口宽 20 cm（图 8-76）。

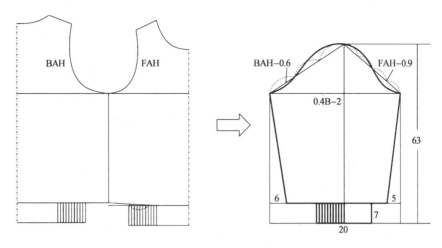

图 8-76

（5）选择"平移"工具将圆装袖的前后片袖按对位点平移至袖窿位置,用"旋转"工具将袖窿与袖山吻合(图 8-77)。

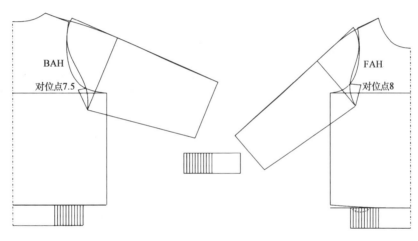

图 8-77

（6）绘制落肩袖:用"智能笔"工具按落肩肩宽绘制落肩袖山线和袖窿弧线,袖窿深下落一定的量,使袖山有一定的倒吃缝量(0.4 cm 左右),并调整圆顺(图 8-78)。

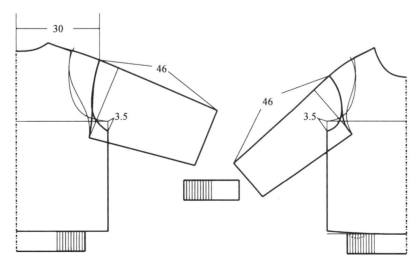

图 8-78

（7）用"平移"工具、"形状对接"工具、"水平垂直补正"工具等将前后落肩袖合并（图 8-79）。

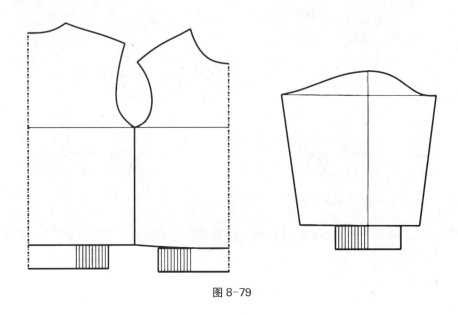

图 8-79

（8）用"智能笔"等工具绘制风帽、口袋（图 8-80）。

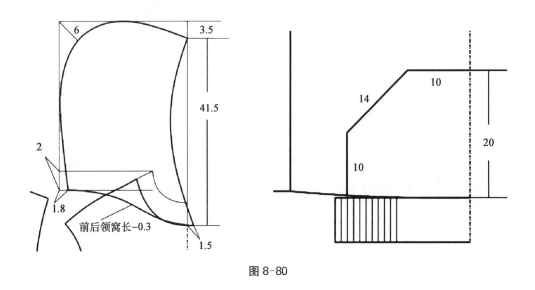

图 8-80

（9）落肩袖连帽卫衣结构完成图（图 8-81）。

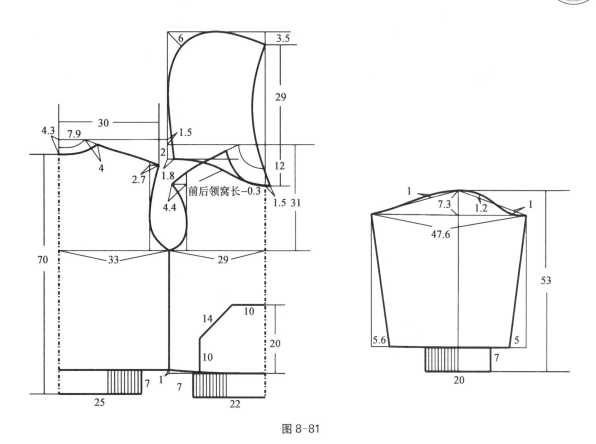

图 8-81

（10）根据面布纸样的构成情况，利用"平移"的平移复制功能和"纸型剪开"工具生成面布的净样版。将衣片净样线以外的线作为非片线，用"缝边刷新"统一加缝份 1 cm，再根据工艺要求，将不同部位的缝份用"缝边宽度"工艺更改（袋口 2.5 cm），裁剪样版如图 8-82：

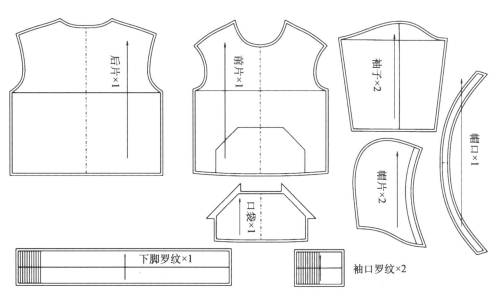

图 8-82

第九章
经典男装 CAD 版型设计

    男女体型的差异和男女装风格的不同,故男装与女装的原型样版差异较大,男装制版与女装制版不尽相同。

    (1) 中国成年男性中间体号型 170/88A(现在多以 170/92A 为主),南北方略有差异;中国成年女性中间体号型 160/84A,南北方略有差异。

    (2) 胸背特征的不同。女性胸部发达,呈半球体,臀部丰满而腰细;女装前片浮余量较多,多用省缝结构;男性胸部呈扁平体,背部凹凸明显,男装前片浮余量较少,多用撇胸或下放量处理结构。

    (3) 肩宽男性大于女性。男性肩部宽平,躯干呈倒梯形,如号型 172/92A 的男性肩宽 45 cm 左右;而女性肩部窄斜,如号型 160/84A 的女性肩宽 39 cm 左右。

    (4) 女性三围变化明显,女装多用曲线造型,表现女性柔美形象;男性三围变化较少,男装多用平直造型,表现男性阳刚之气。

第一节 男 衬 衫

一、款式分析

    正装男衬衫作为内衣配合西服穿着,袖长设计时露出西服 2～3 cm,袖窿浅于西服袖窿;衬衫领高出西服领 1.5～2 cm。衣身构成为 H 形轮廓,直腰身,前左贴胸袋一个,后片装育克,燕尾下摆。门襟为翻门襟 6 粒扣,翻立领,衣袖:长袖,袖口处装宝剑头袖衩,收两个褶裥,装平头袖克夫(图 9-1)。

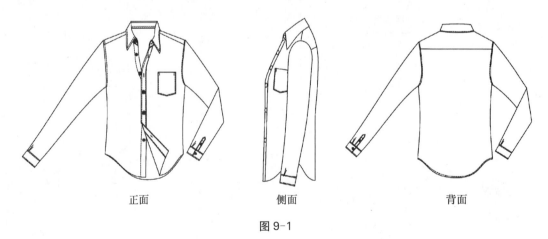

正面   侧面   背面

图 9-1

二、版型设计原理

衣身平衡采用梯形—箱形平衡，前浮余量下放 1 cm，其余放入袖窿作宽松处理，后浮余量在后育克放 1 cm，其余放入袖窿作宽松处理。

三、CAD 制版步骤（单位：cm）

规格设计：号型 170/92A；

前衣长：$L=0.4G+6\sim8=74$；

领围：$N=40$；

背长：$=0.25G=42.5$；

前袖窿深：$FBL=0.2B+3+3=26.5$；

胸围：$B=B^*+(10\sim20)=92+12=104$；

后袖窿深：$BBL=FBL+3=29.5$；

袖长：$SL=0.3G+(9\sim10)=61$；

袖口宽：$CW=0.1B+(2\sim3)=12$；

肩宽：$S=44$；

后背宽：冲肩 1.5 左右。

（1）在菜单栏"设置"—"尺寸表"中设置尺寸，基础版为 M（170/92A），其余 S（165/88A）、L（175/96A）（图 9-2）。

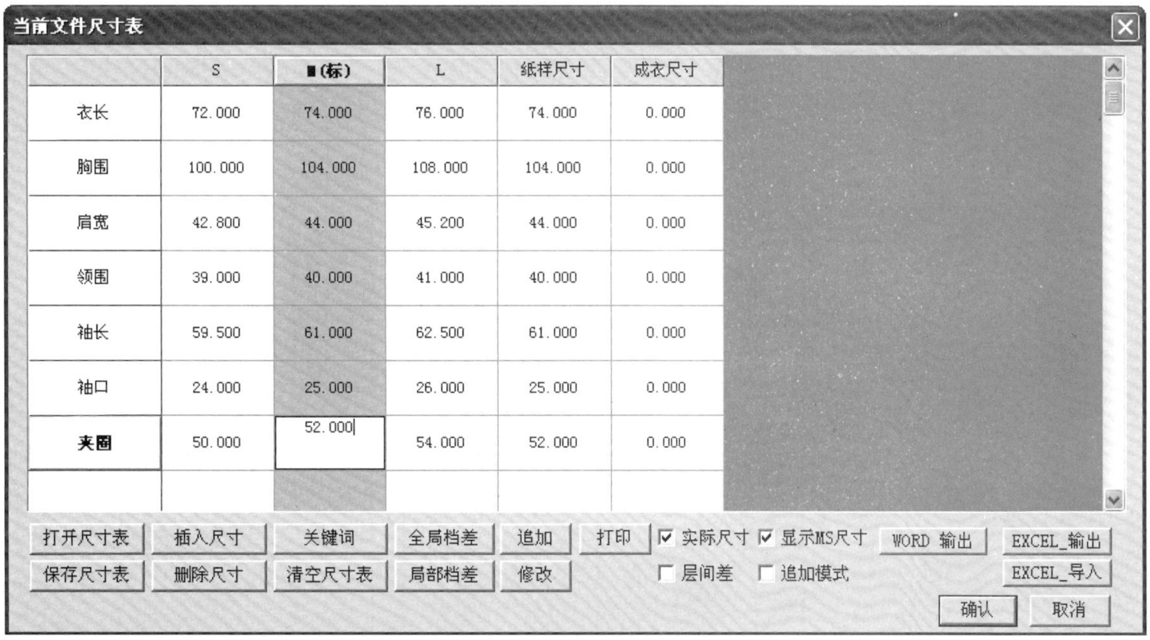

	S	■(标)	L	纸样尺寸	成衣尺寸	
衣长	72.000	74.000	76.000	74.000	0.000	
胸围	100.000	104.000	108.000	104.000	0.000	
肩宽	42.800	44.000	45.200	44.000	0.000	
领围	39.000	40.000	41.000	40.000	0.000	
袖长	59.500	61.000	62.500	61.000	0.000	
袖口	24.000	25.000	26.000	25.000	0.000	
夹圈	50.000	52.000	54.000	52.000	0.000	

当前文件尺寸表

打开尺寸表　插入尺寸　关键词　全局档差　追加　打印　☑实际尺寸 ☑显示MS尺寸　WORD 输出　EXCEL_输出

保存尺寸表　删除尺寸　清空尺寸表　局部档差　修改　　☐层间差 ☐追加模式　　EXCEL_导入

确认　取消

图 9-2

男衬衫大身结构参考图如图 9-3 所示(单位:cm)。

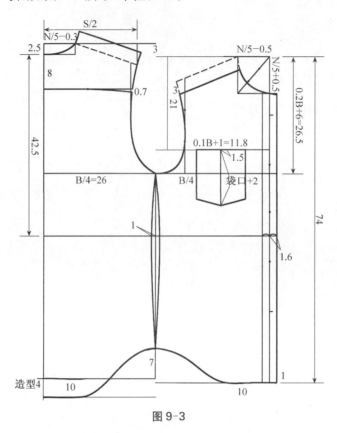

图 9-3

男衬衫领袖结构参考图如图 9-4 所示(单位:cm)。

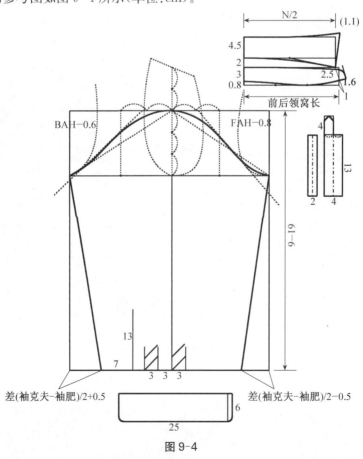

图 9-4

(2) 用“智能笔”，输入框输入衣长 74 cm，半胸围 52 cm(图 9-5)。

智能模式F5
0
长度
74
宽度
52

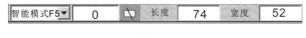

图 9-5

(3) 用“智能笔”平行线功能，输入框输入胸围至上平线长 26.5 cm，用“智能笔”调整功能后衣长延长 3 cm(图 9-6)。

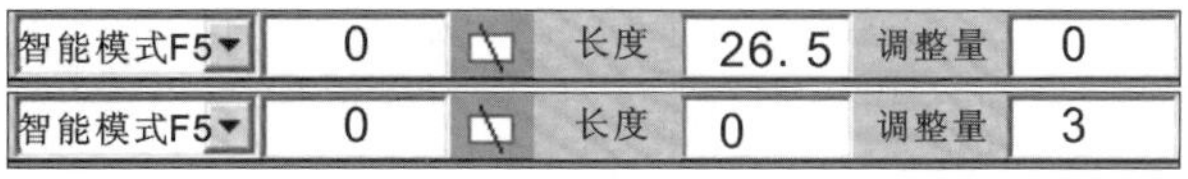

智能模式F5
0
长度
26.5
调整量
0
智能模式F5
0
长度
0
调整量
3

图 9-6

用“智能笔”+Ctrl 键绘制侧缝基础线(图 9-7)。

74
52
3
26.5

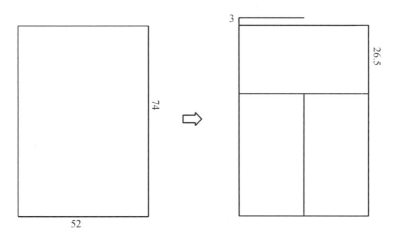

图 9-7

(4) 用“智能笔”工具作后领弧线，横开领 7.7 cm，直开领 2.5 cm，背长 42.5 cm 作腰节线，用“智能笔”+Enter 键作后肩斜 15∶5(图 9-8)。

捕捉偏移
横偏移 15
纵偏移 -5
确认
取消

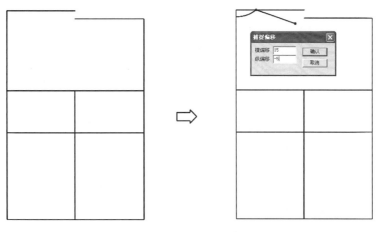

图 9-8

（5）用"智能笔"＋Enter 键作肩宽，冲肩量 1.5 cm 作背宽，用"智能笔"工具绘制前领弧线，横开领 7.5 cm，直开领 8.5 cm，前后小肩线相等，前胸宽小于后背宽 1.2 cm（图 9-9）。

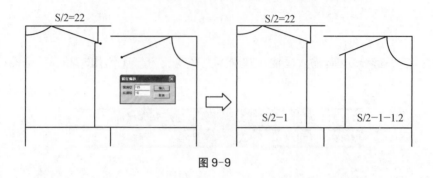

图 9-9

（6）用"智能笔"作前后袖窿线并右键调整形态，作后育克分割线（图 9-10）。

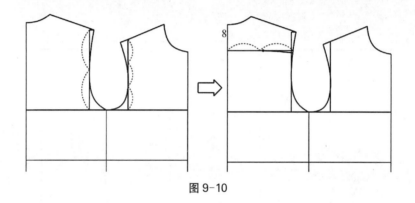

图 9-10

（7）用"智能笔"参照结构图作侧缝线（用要素对称工具），燕尾下摆，门筒，口袋等。

胸袋定位如图 9-11 所示。

① 左右位置，胸宽线中点外偏 1 cm。

② 上下位置：上平线往下 21 cm 左右。

③ 袋宽：0.1B＋1 cm，取 11 cm。

④ 袋深：袋宽＋2 cm，为 13 cm。

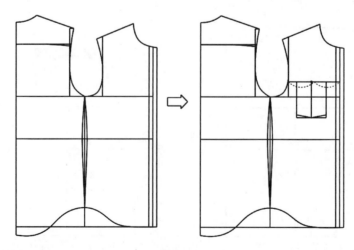

图 9-11

（8）将前肩线平行前移 3 cm,用"形状对接"工具将前肩线平移部分对接至后小肩处,并将曲线调节圆顺(图 9-12)。

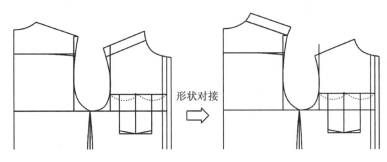

图 9-12

（9）衬衫领 CAD 制版。

男衬衫领制版可参照第六章女衬衫 CAD 版型设计中女衬衫领制版方法。

① 用"拼合检查"测量前后领窝之和为 21 cm,选择"智能笔"绘制下级领长,高 3.8 cm(领高 3 cm+起翘 0.8 cm),用"智能笔"绘制下级领下口线后起翘 0.8 cm,前起翘 1 cm,右键调顺(图 9-13)。

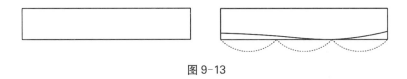

图 9-13

② 选择菜单栏"打版"—"服装工艺"—"角度线"输入长度 2.5 cm,以 90°角度绘制前领高,用"智能笔"绘制下级领上口线,右键调顺(图 9-14)。

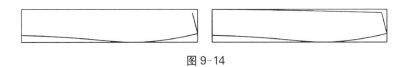

图 9-14

③ 选择"智能笔"长度调整功能将领长调整出领嘴长为 1.5 cm,用"智能笔"画顺领嘴造型。选择"智能笔"+Ctrl 键画上领向下起翘 2 cm,领长 N/2=20 cm(图 9-15)。

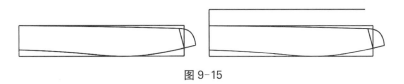

图 9-15

④ 选择"智能笔"绘制上级领框架线领长 N/2=20 cm,领高 4.5 cm,将上级领造型调节圆顺(图 9-16)。

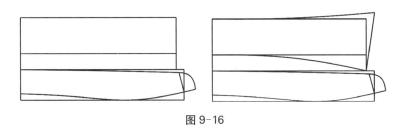

图 9-16

（10）男衬衫衣袖 CAD 制版。

一片袖自动结构设计如下：

① 取基本袖窿深 3/5 为袖山高，用"一片袖"工具自动生成一片袖，在一片袖对话框中输入袖山高（本例测得 13.7 cm），袖山溶位为 0 cm，自动生成一片袖袖山（图 9-17）。

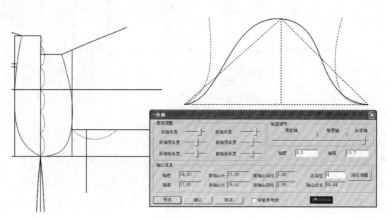

图 9-17

② 选择"智能笔"长度调整功能将袖长调整为 61－6＝55(cm)。选择"智能笔"＋Shift 键平行线功能绘制袖口，袖口大小为 24 cm(袖克夫 25 cm－1 cm 的叠门量)，用"智能笔"绘制袖口褶裥量 2 cm×2＝4 cm，计算袖口与袖克夫的差，后袖口收进比前袖口收进多 1 cm(图 9-18)。

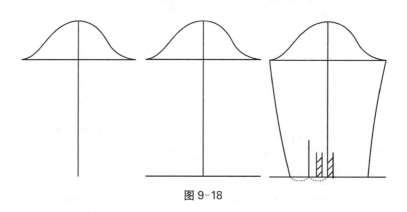

图 9-18

③ 选择"智能笔"绘制袖克夫长 25 cm，高 6 cm，用"圆角处理"工具设置半径为 1 cm 作袖克夫圆角（图 9-19）。

图 9-19

④ 按袖衩结构图尺寸用"智能笔"绘制袖衩，先绘制小衩，再平移复制大袖衩，对称复制大袖衩，延长宝剑头端，绘制宝剑头(图 9-20)。

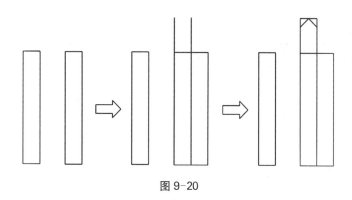

图 9-20

（11）男衬衫工业纸样的分解（包缝工艺）。

结构底图完成图如图 9-21 所示。

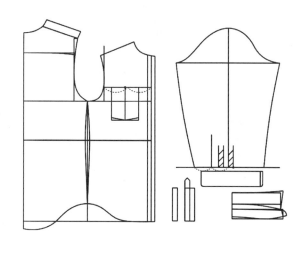

图 9-21

① 将结构底图用"平移"和"纸型剪开"工具将各裁片分离，用"要素属性设置"工具设置对称线，将裁片以外的图形设置为非片线（图 9-22）。

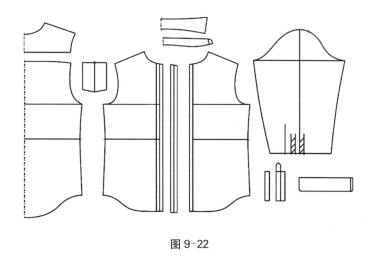

图 9-22

② 用"缝边刷新"统一加缝份 1 cm，再根据包缝工艺要求，将不同部位的缝份用"缝边宽度"工具更改，包缝工艺缝边宽度可参考图 9-23，用"刀口"工具将相关部分打上刀眼。用"裁片属性"工具命名为面布样版，完成裁剪样版（12 片纸样）（图 9-24）。

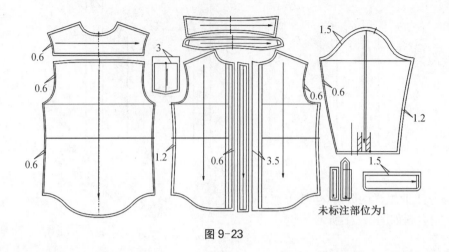

图 9-23

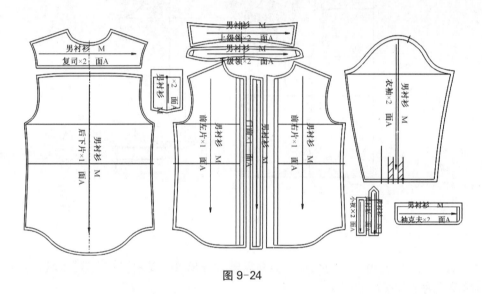

图 9-24

③ 选择"平移"工具复制相关净样版,用"缝边宽度"工具设置缝份为 0.8 cm(比面布小 0.2 cm),用"裁片属性"工具命名为衬布样版,如图 9-25 所示(上领×2、下领×2、门襟×1、面祄×2、底祄×2、袖克夫×2)。

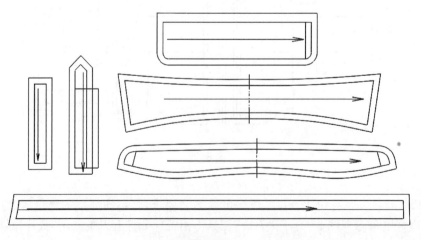

图 9-25

④ 选择"平移"工具复制相关净样版,用"裁片属性"工具命名为工艺样版(实样),如图 9-26 所示(门襟、上领、下领、面衩、底衩、袖克夫)。

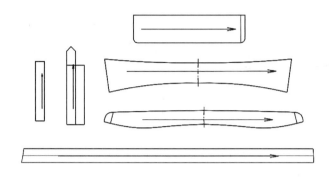

图 9-26

(12) 用"扣眼"工具完成锁眼钉扣工艺(图 9-27)。

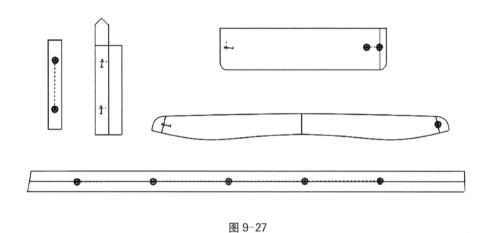

图 9-27

第二节　男　西　服

一、款式分析

现代西服由 17 世纪普鲁士士兵军服演变而来,驳领、插花眼、手巾袋、开衩等随着历史的演变成为装饰设计细节。西装种类很多,按用途可分为日常西装、礼服西装、西便装;按门襟基本款式又分为单排扣西服、双排扣西服。

本款式男西服为较贴体风格衣身,前片俩双嵌线袋盖大袋,前左手巾袋一个;

门襟:单排两粒扣;

衣领:平驳领;

衣袖:贴体弯身两片袖(图 9-28)。

男西服内里结构如图 9-29 所示。

二、版型设计原理

衣身为箱形平衡,前浮余量作撇胸处理,后浮余量在后肩作缩缝处理。

男西服大身结构参考图 9-30(单位:cm)。

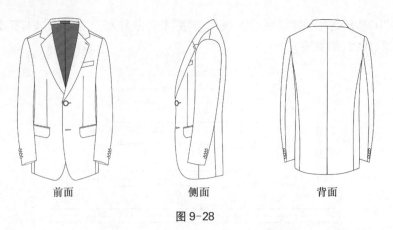

前面　　　　　　侧面　　　　　　背面

图 9-28

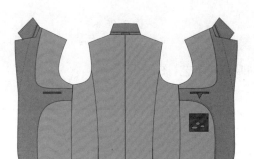

图 9-29

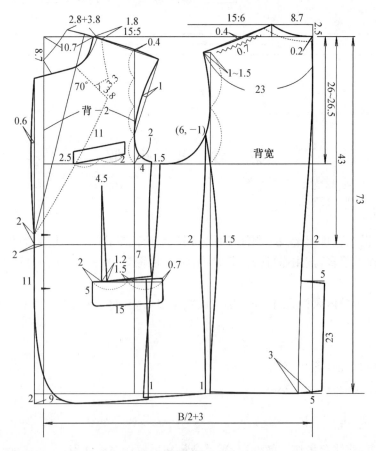

图 9-30

男西服配袖参考图如图 9-31 所示(单位:cm)。

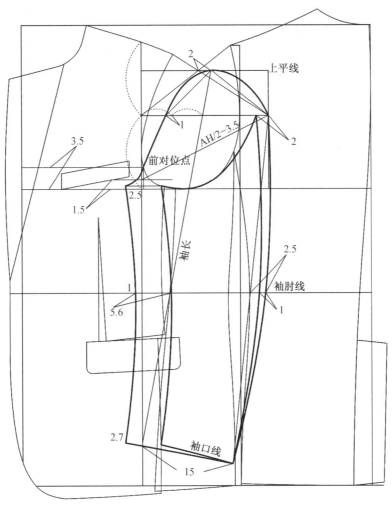

图 9-31

三、CAD 制版步骤(单位:cm)

规格设计:170/92A;

前衣长:L＝0.4G＋(6～8)＝73;

肩宽:S＝45;

前腰节长:＝0.25G＝42.5(背长);

衬衫领围:N＝40;

胸围:B＝B*＋(10～20)＝92＋16＝108;

袖口:CW＝0.1B＋4＝15;

袖长:SL＝0.3G＋(8～9)＝60。

(1) 选择菜单栏"设置"—"尺寸表"设置尺寸。基础版为 M(170/92A),其余 S(165/88A)、L(175/96A)(图 9-32)。

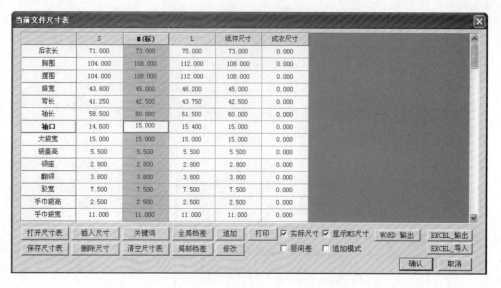

图 9-32

（2）用"智能笔"，输入框输入衣长 55 cm，半胸围 B/2＝52 cm（图 9-33）。

图 9-33

（3）用"智能笔"平行线功能，输入框输入背长（上平线至腰围）42.5 cm，用"智能笔"调整功能将后衣长延长 2 cm（图 9-34）。

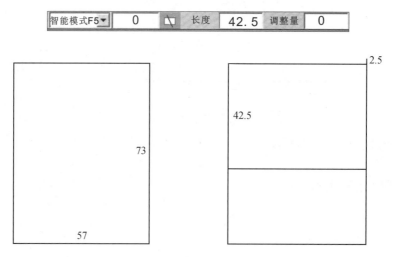

图 9-34

（4）用"智能笔"工具作后领弧线，横开领 N/5－0.3＋1＝8.7（cm），直开领 2.5 cm，用"智能笔"＋Enter 键作后肩斜 15：6（图 9-35）。

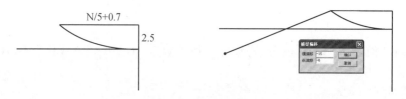

图 9-35

（5）用"智能笔"＋Enter 键作后肩宽 S/2＋0.5＝23（cm），调整后小肩凹进 0.4 cm，用"智能笔"＋Ctrl 作后冲肩量 1.5 cm（图 9-36）。

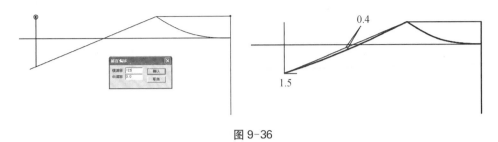

图 9-36

（6）用"智能笔"平行线功能，输入框输入袖窿深＝0.2B＋5＝26（cm），上平线以下 26 cm 作胸围线，用"智能笔"＋Ctrl 键作背宽线（图 9-37）。

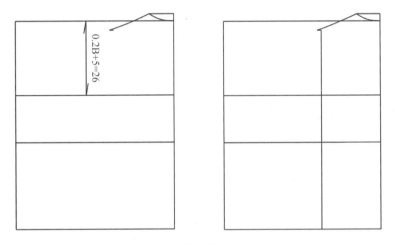

图 9-37

（7）选择"智能笔"作背缝线，从后领窝中点劈去 0.2 cm，向下经 2/5 胸围处劈 2 cm，底摆劈 3 cm。用"智能笔"作摆缝线，从背宽与胸围交点水平方向偏移－1 cm，垂直方向偏移 6 cm 点（袖窿上的点）向下作摆缝线，腰围处劈 2 cm，底摆在背宽线位置。注意下摆起翘要呈直角（图 9-38）。

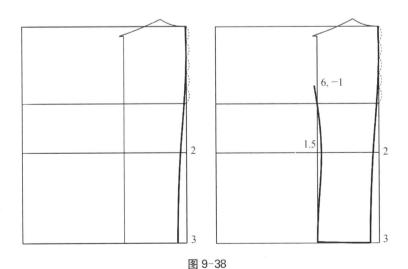

图 9-38

（8）用"智能笔"工具作前领基础线，横开领 N/5＋0.7＋撇胸 2＝10.7（cm），直开领 8.5 cm，用"智能笔"＋Ctrl 键放出叠门背宽 2 cm。用"智能笔"＋Enter 键作前肩斜 15∶5（图 9-39）。

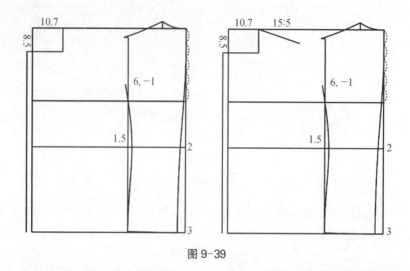

图 9-39

（9）用"智能笔"调节前小肩凸出 0.4 cm，长度为后小肩长♯减 0.7 cm，用"智能笔"＋Ctrl 键作胸宽线，胸宽比背宽少 2 cm。用"智能笔"作前袖窿线，经 3/4 胸宽点凹进 1 cm，经胸围处 4 cm，胸宽胸围对角线凹进 2 cm（图 9-40）。

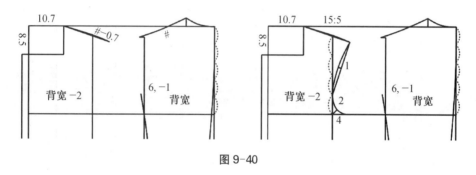

图 9-40

（10）用"智能笔"作袖窿弧线，离前袖窿弧线 1.5 cm（腋下省），经摆缝（6，−1）点，背宽线 1/2 点连接肩袖点，调节画顺（图 9-41）。

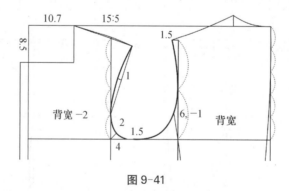

图 9-41

（11）选择"智能笔"作侧片和前侧缝线并调顺，侧片摆缝腰节处离背宽线 2 cm，下摆处离背宽线 1 cm，前侧缝线袖窿处 1.5 cm，腰节处 2 cm，下摆处交叉 1 cm。

（12）用"智能笔"作大袋位，大袋的位置：上下位置为腰节以下 7 cm，左右位置为袋中心在胸宽线偏前 2 cm。口袋大小 15 cm，倾斜 0.7 cm，前省离胸围线 4.5 cm，袋角 2 cm（图 9-42）。

（13）用"旋转"工具将前腰节省旋转开 1 cm，折叠袖窿后重新画顺，袖窿处抬升 0.4 cm（图 9-43）。

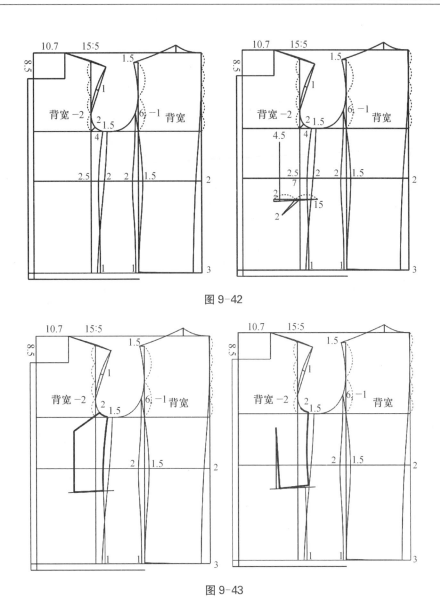

图 9-42

图 9-43

（14）用"智能笔"向前领窝延长肩线领座 $2.8×0.7≈2(cm)$ 为翻折基点，在腰围线上 2 cm 驳折点作两粒扣翻折线，用"智能笔"作前下摆造型，驳折点向下扣距 11 cm 始作弧形，离前止口线 9 cm 止，绘制下摆，调节至与前侧缝相等（图 9-44）。

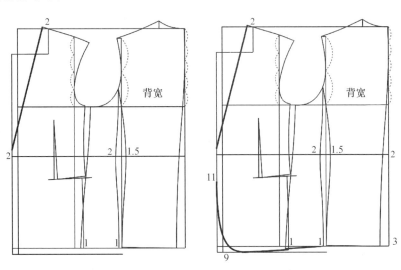

图 9-44

（15）用"智能笔"作背衩，长 23 cm，宽 5 cm，内收 0.5 cm，绘制驳头，用"圆角处理"工具作前领窝弧线，用"要素镜像"将驳头对称复制至翻折线另一侧（图 9-45）。

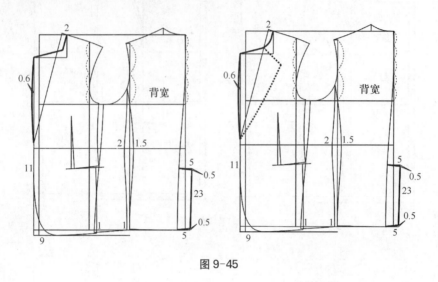

图 9-45

（16）用"智能笔"绘制手巾袋，长 11 cm，宽 2.5 cm，倾斜 2 cm；用"智能笔"绘制大袋盖，长 15 cm，宽 5 cm，用"圆角处理"工具作袋盖弧线；用"智能笔"绘制前领造型，驳角 3.8 cm，领角 3.3 cm，翻领高 3.8 cm（图 9-46）。大袋盖和前领见图 9-47。

图 9-46

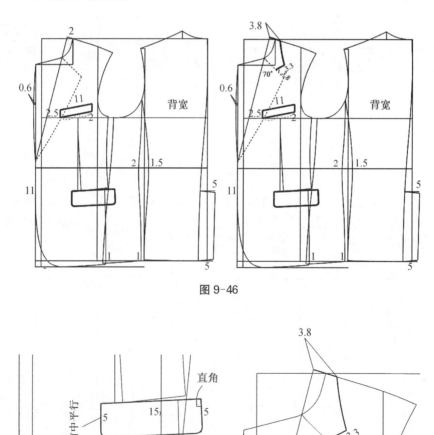

图 9-47

（17）选择"要素镜像"将前领对称复制至翻折线另一侧，领高 2.8 cm＋3.8 cm，用"智能笔"绘制后领在后衣身的外沿线形状(图 9-48)。

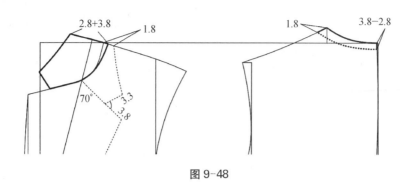

图 9-48

(18) 参考第八章第一节女公主线西服领制版原理用"指定分割"工具切展领外沿线 # 一 * ,调顺线条得到基本西服领(图 9-49)。

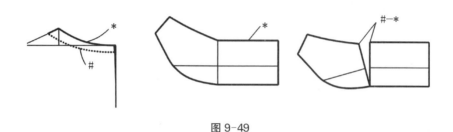

图 9-49

(19) 领子的处理,为解决后领口翻折线上出现的锯齿形褶皱(俗称长牙齿),要对翻领结构进行处理,即将上下领沿翻折线偏下 0.5 cm 处进行分割处理,用"纸型剪开"工具得到上下领的结构(图 9-50)。

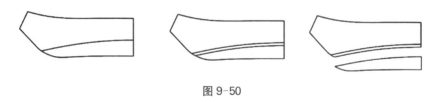

图 9-50

(20) 选择"固定等分分割"工具在分割线处将上下领收缩约 1~1.5 cm,得到分割后上下领的结构(图 9-51)。

图 9-51

(21) 用"智能笔"取前胸宽线高的 1/2 作水平线,胸围线抬升 1.5 cm,选择"单圆规"工具向该水平线作斜线,线长袖窿弧长 AH/2－3.5 cm,前后肩点向该水平线段引线交点得到袖山高线(图 9-52)。

(22) 选择"单圆规"工具从袖山斜线交点偏后 2 cm 向胸宽线延长线作袖长 60 cm,用"角度线"90°作袖口大小 15 cm,用"智能笔"＋Enter 键工具在胸宽线延长线上分别偏移 2.5 cm、1 cm、2.7 cm 作大袖前袖弯线,胸围线抬高 3.5 cm 为前对位点,将前袖窿底部对称复制到袖山底部(图 9-53)。

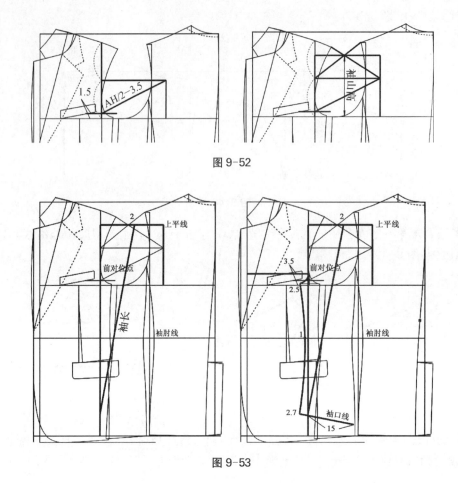

图 9-52

图 9-53

（23）选择"智能笔"绘制小袖，大小袖前缝线平行相距 5.6 cm，大袖前袖缝比小袖前袖缝短约 0.3 cm 拔开量，大袖后袖缝比小袖后袖缝短约 0.3 cm 归拢量（图 9-54）。

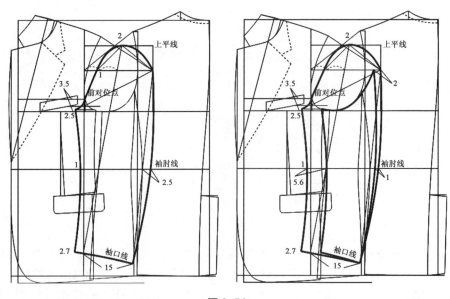

图 9-54

（24）用"平移"和"纸型剪开"工具提取各净片结构图，其中内部线条（如袖子、口袋等）用框内模式选取（图 9-55）。

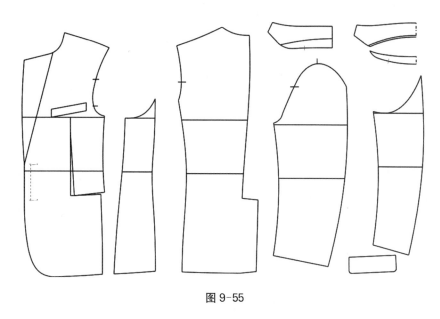

图 9-55

（25）用"接角圆顺"工具调顺袖窿弧线（图 9-56）。

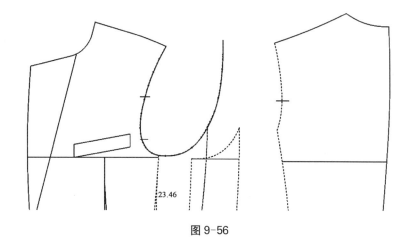

图 9-56

（26）用"接角圆顺"工具调顺袖山弧线（图 9-57）。

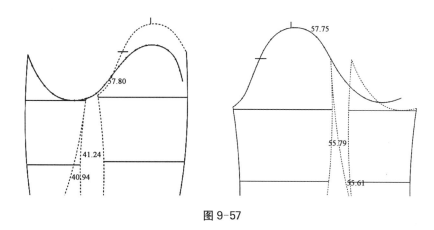

图 9-57

（27）用"智能笔"工具绘制挂面，用"纸型剪开"工具提取前面里布，选择"衣褶"工具放出前上里布褶量 2 cm(图 9-58)。

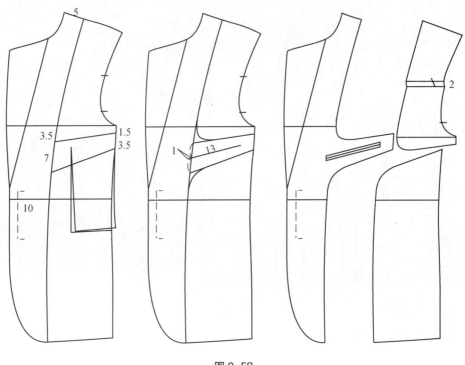

图 9-58

（28）将衣片净样线以外的线作为非片线,用"缝边刷新"统一加缝份 1 cm,再根据西服工艺要求,将不同部位的缝份用"缝边宽度"工具更改(下摆、袖衩 4 cm,挂面驳头 1.5 cm,背缝 2 cm),用"刀口"工具将相关部分打上刀眼。用"裁片属性"工具定义裁片属性,面布裁剪样版(大片纸样 6 片)如图 9-59 所示。

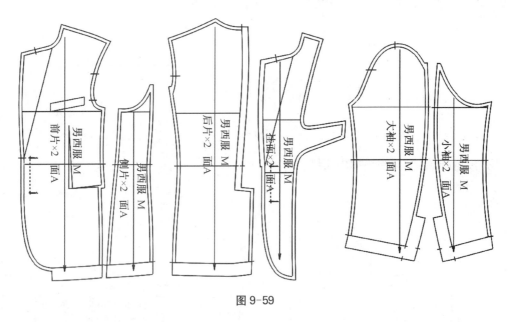

图 9-59

（29）西服工艺要求绘制零部件,用"缝边刷新"统一加缝份 1 cm 或直接绘制毛样版,再将不同部位的缝份用"缝边宽度"工具更改,用"刀口"工具将相关部分打上刀眼。用"裁片属性"工具定义裁片属性,零部件裁剪样版(纸样 8 片)如图 9-60 所示。

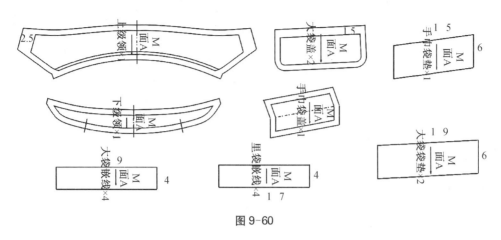

图 9-60

（30）复制衣片净样版放缝得到里布样版，用"缝边刷新"统一加缝份 1.2 cm，再根据西服工艺要求，将不同部位的缝份用"缝边宽度"工具更改（袖底至袖山底 1.5～3 cm，背缝从上至下 1.2～2 cm），用"刀口"工具将相关部分打上刀眼。用"裁片属性"工具定义裁片属性，里布裁剪样版（大片纸样 7 片）如图 9-61 所示。

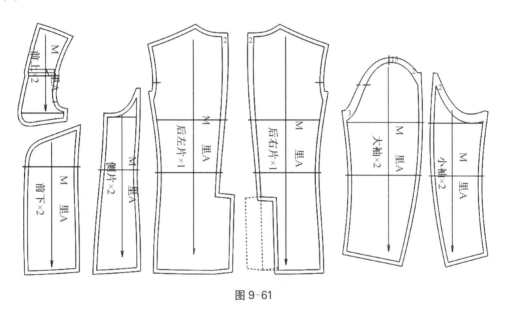

图 9-61

（31）用"智能笔"直接绘制里布零部件毛样版，用"裁片属性"工具定义裁片属性（纸样 4 片）（图 9-62）。

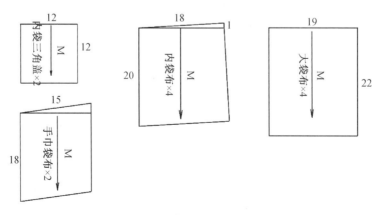

图 9-62

（32）复制相关净样版，在此基础上用"缝边宽度"工具配衬布，比面布毛样版每边缩进 0.2 cm，贴边衬布用"贴边"工具生成，用"裁片属性"工具定义裁片属性（图 9-63）。

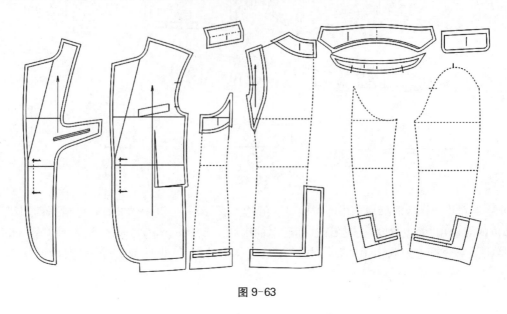

图 9-63

（33）选择"平移"工具平移复制净样版做出工艺样版，用"裁片属性"工具定义裁片属性（图 9-64）。

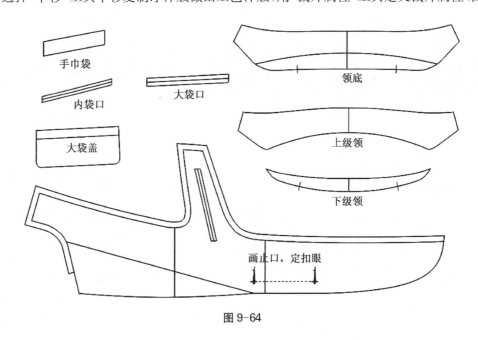

手巾袋

内袋口

大袋口

大袋盖

领底

上级领

下级领

画止口，定扣眼

图 9-64

第十章
服装 CAD 放码

第一节　服装 CAD 放码基础

服装样版推档又可称为推版、扩号、放码等。服装样版推档是制作成套样版最科学、最实用的方法,尤其是在成衣化生产中应用广泛。服装样版推档的特点是速度快、误差小,且可以将数档规格的样版绘制在一张图纸上,便于保管、归档,以下简称放码。

一、放码的基本原理

放码是以某一档规格的样版(标准样版)为基础,按既定的规格系列进行有规律地放大或缩小样版的制作方法。所谓标准样版是指成套样版中最先制作的样版,也称中心样版、基本样版或母板。

从数学角度看,放码完成的样版与标准样版应是相似形,即经过扩大或缩小的样版与标准样版结构相符。

服装放码时,要先确定一个合理的坐标系,即横向公共线和纵向公共线(图 10-1)。

常见服装横向公共线和纵向公共线的设置见表 10-1。

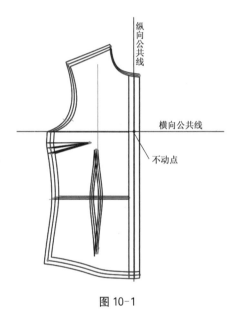

图 10-1

表 10-1

序号	服装种类或部位	纵向公共线	横向公共线	备注
1	女裙	前后中心线	上平线	
			臀围线	常用
2	西裤	前后中心线	裆深线	常用
			臀围线	
3	上衣衣身	前后中心线	胸围线	常用
		前胸宽线、背宽线	胸围线	
		前后中心线	上平线	

（续　表）

序号	服装种类或部位	纵向公共线	横向公共线	备注
4	一片袖	袖中线	袖肥线	常用
5	两片袖	袖中线	袖肥线	常用
		前袖缝线	袖肥线	

二、服装 CAD 放码方法

放码的方法很多,服装 CAD 软件放码通常有点放码、线放码等。

1. 点放码

点放码是计算机放码的常见方式,其基本原理是在基本样版上选取决定样版造型的关键点作为放码点,根据档差,在放码点上分别给出不同号型的 X 和 Y 方向的增减量,即围度方向和长度方向的变化量,构成新的坐标点,根据基本样版的轮廓造型,连接这些新的坐标点构成不同号型的样版。同时,服装 CAD 放码系统提供了多种检查工具,大大提高了放码的精度,与手工放码原理相似,却有更高的精度和效率。

2. 线放码

线放码是在纸样放大或缩小的位置引入恰当合理的切开线对纸样进行假想的切割,并在这个位置输入一定的切割量(根据档差计算得到的分配数),从而得到另外的号型样版。常用的三种方式的切开线:水平、竖直和倾斜的切开线。水平切开线使切开量沿竖直方向放大或缩小,竖直切开线使切开量沿水平方向放大或缩小,倾斜切开线使切开量沿切开线的垂直方向放大或缩小。

第二节　A 字裙放码

（1）在打版系统中打开 A 字裙制版文件,点击右上方工具条进入推版系统,按既定的系列档差进行点放码操作(图 10-2)。

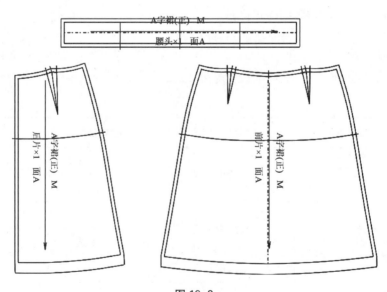

图 10-2

（2）选择菜单栏"设置"—"尺寸表"设置各部位的尺寸,依据此数据进行点放码,基础版为 M(160/68A),小码为 S(155/64A),大码为 L(165/72A)(图 10-3)。

图 10-3

（3）各部位档差情况见表 10-2。

表 10-2

单位:cm

部位	裙长	腰围 W	臀围 H	摆围	腰宽	身高 G
档差	1.5	4	4	4	0	5

前后片各特征放码点:A1—F1、A2—F2 为纵向公共线,G1—D1、G2—D2 为横向公共线。

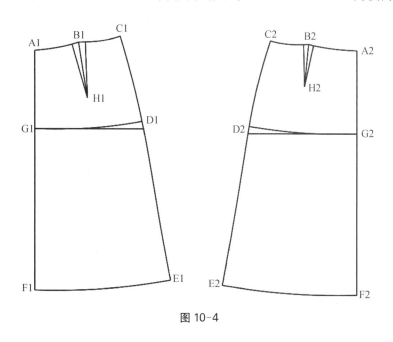

图 10-4

后片各放码点位移情况与前片放码点位移情况相似,但需注意位移的方向性,即位移量的正负数(图 10-4、表 10-3)(表中 G′、W′、H′ 分别代表身高、腰围、臀围的档差)。

表 10-3

放码点	移位值	移位数依据	备注
A1	X:0 Y:0.5	在纵向公共线上 $0.1G'=0.1×5=0.5$	纵向公共线 臀高的档差是身高的 1/10
B1	X:0.5 Y:0.5	$(W'/4)/2=4/8=0.5$	是 C1 点 X 方向的 1/2 同 A1 点 Y 方向
C1	X:1 Y:0.5	$W'/4=4/4=1$	腰围的 1/4 同 A1 点 Y 方向
D1	X:1 Y:0	$H'/4=4/4=1$	臀围的 1/4 横向公共线上
E1	X:1 Y:−1	裙长−臀高的档差=1.5−0.5=1	与臀围同步
F1	X:0 Y:−1	裙长−臀高的档差=1.5−0.5=1	纵向公共线上 同 E1 点 Y 方向
G1	X:0 Y:0		不动点 不动点
H1	X:0.5 Y:0.25	$(W'/4)/2=4/8=0.5$ 臀高的档差的 1/2	同 B1 点 X 方向 制版时省长约为臀高的 1/2

（4）进入推版系统后，缝份将自动隐藏。为更加直观和便于初学者的理解，以下为单片裁片逐片放码，熟练操作时，可按放码规则的需要，几片同时操作（图 10-5）。

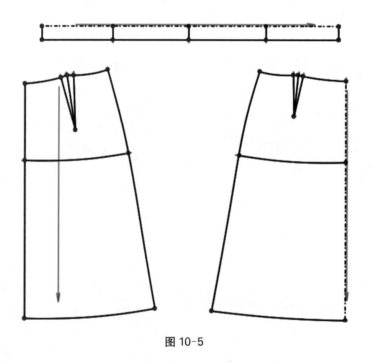

图 10-5

（5）选择"移动点工具"，鼠标左键框选后片腰口多个放码点，弹出"放码规则"对话框，输入垂直方向放大一个码的位移量 0.5 cm（图 10-6）。

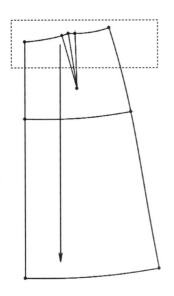

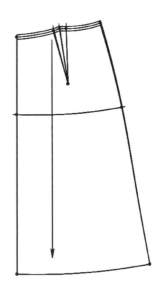

图 10-6

（6）选择"移动点工具"，鼠标左键框选摆围线两个放码点，弹出"放码规则"对话框，输入垂直方向放大一个码的位移量-1 cm（图 10-7）。

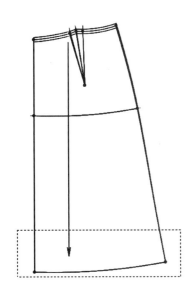

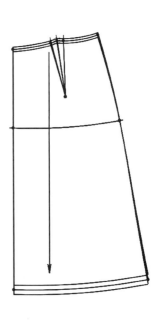

图 10-7

（7）选择"移动点工具"，鼠标左键框选侧缝线多个放码点，弹出"放码规则"对话框，输入水平方向放大一个码的位移量 1 cm（图 10-8）。

（8）选择"移动点工具"，鼠标左键框选后腰省多个放码点，弹出"放码规则"对话框，输入水平方向放大一个码的位移量 0.5 cm（图 10-9）。

（9）选择"移动点工具"，鼠标左键框选后腰省尖放码点，弹出"放码规则"对话框，输入垂直方向放大一个码的位移量 0.25 cm（图 10-10）。

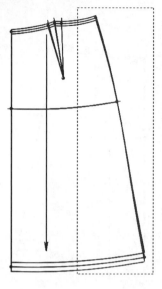

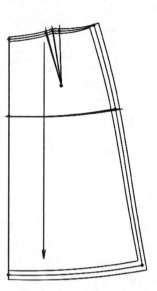

图 10-8

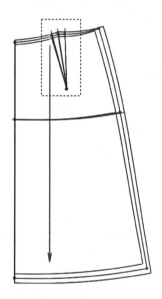

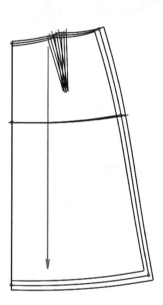

图 10-9

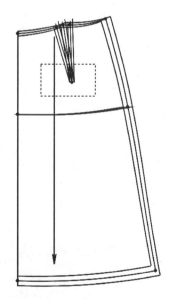

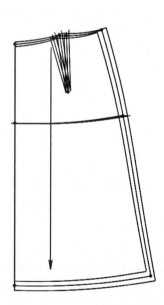

图 10-10

（10）选择"移动点工具"，鼠标左键框选腰头一端放码点，弹出"放码规则"对话框，输入水平方向放大一个码的位移量 4 cm（图 10-11）。

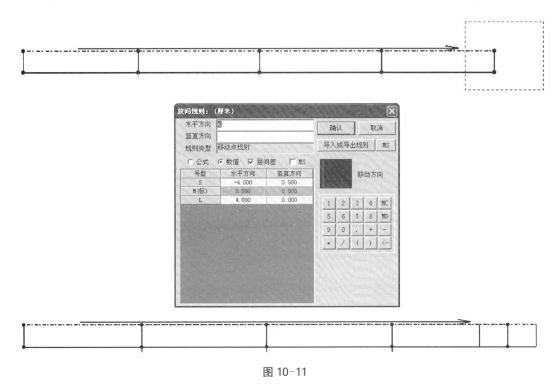

图 10-11

　　（11）选择"移动点工具"，鼠标左键框选腰头上对应前后片各对位放码点，弹出"放码规则"对话框，分别输入水平方向放大一个码的位移量 3 cm、2 cm、1 cm（图 10-12）。

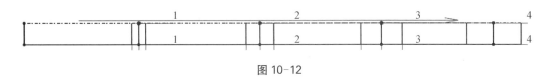

图 10-12

　　（12）选择"移动点工具"，按后片放码方法将前片放码。完成图如图 10-13 所示。

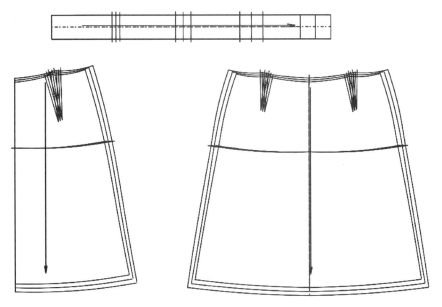

图 10-13

第三节 低腰牛仔裤放码

(1) 在打版系统中打开低腰牛仔裤制版文件，点击右上方工具条进入推版系统，按既定的系列档差进行点放码操作，口袋布此处忽略(图 10-14)。

M 面A
后片×2
M 面A
机头×2
M 面A
口袋×2
M 面A
里襟×1
M 面A
门襟×1
M 面A
腰头×2
M 面A
前片×2
M 面A
袋垫布×2
M 面A
小袋×2

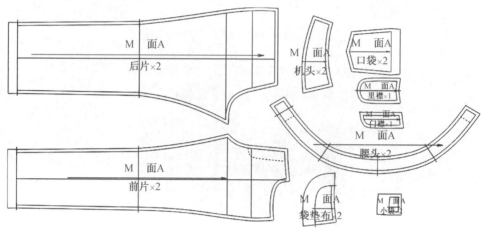

图 10-14

(2) 选择菜单栏“设置”—“尺寸表”设置尺寸各部位的档差数据，依据此数据进行点放码，基础版为 M(160/68A)，小码为 S(155/64A)，大码为 L(165/72A)(图 10-15)。

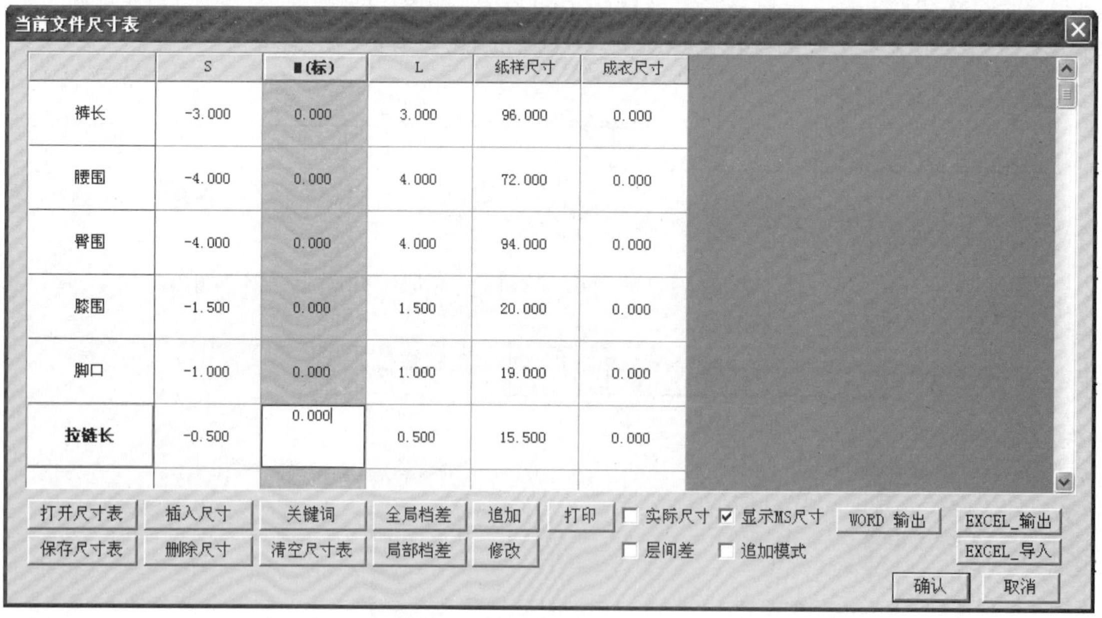

当前文件尺寸表

	S	M(标)	L	纸样尺寸	成衣尺寸
裤长	-3.000	0.000	3.000	96.000	0.000
腰围	-4.000	0.000	4.000	72.000	0.000
臀围	-4.000	0.000	4.000	94.000	0.000
膝围	-1.500	0.000	1.500	20.000	0.000
脚口	-1.000	0.000	1.000	19.000	0.000
拉链长	-0.500	0.000	0.500	15.500	0.000

打开尺寸表
插入尺寸
关键词
全局档差
追加
打印
实际尺寸
显示MS尺寸
WORD 输出
EXCEL_输出
保存尺寸表
删除尺寸
清空尺寸表
局部档差
修改
层间差
追加模式
EXCEL_导入
确认
取消

图 10-15

(3) 各部位档差情况见表 10-4。

表 10-4

单位：cm

部位	裤长	腰围 W	臀围 H	膝围	脚口	拉链长	身高 G
档差	3	4	4	1.5	1	0.5	5

前后片各特征放码点：C1—I1、C2—I2 为纵向公共线，F1—L1、F2—L2 为横向公共线，O1、O2 为不

动点(图 10-16)。

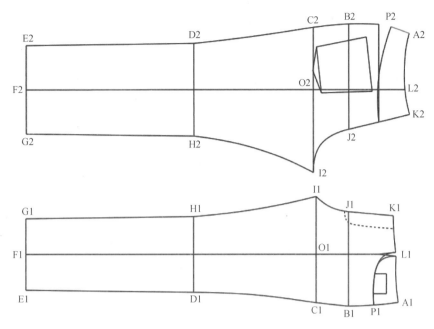

图 10-16

前片各放码点位移情况见表 10-5。

表 10-5　　　　　　　　　　　　　　　　　　　　　　　　　　　　单位:cm

放码点	移位值	移位数依据	备注
A1	X:0.7 Y:−0.6	$0.15G'=0.15\times5=0.75$ 取 0.7 $W'/4\times60\%=0.6$	参考原型裤数据公式 前腰围档差 60%
B1	X:0.3 Y:−0.6	$0.05G'=0.05\times5=0.25$ 取 0.3 $H'/4\times60\%=0.6$	裆至臀的档差 前臀围档差 60%
C1	X:0 Y:−0.6	纵向公共线上	纵向公共线上 同 B1 点 Y 方向
D1	X:−1 Y:−0.375	$0.2G'=0.2\times5=1$ $1.5/4=0.375$	裆至膝的档差 膝围档差的一半
E1	X:−2.3 Y:−0.25	$3-0.7=2.3$ $1/4=0.25$	裤长档差−直裆档差 脚围档差的一半
G1	X:−2.3 Y:0.25	$3-0.7=2.3$ $1/4=0.25$	同 E1 点 X 方向 与 E1 点 Y 方向反向
H1	X:−1 Y:0.375	$0.2G'=0.2\times5=1$ $1.5/4=0.375$	同 D1 点 X 方向 与 D1 点 Y 方向反向
I1	X:0 Y:0.6	纵向公共线上	纵向公共线上 与 C1 点 Y 方向反向
J1	X:0.3 Y:0.4	$0.05G'=0.05\times5=0.25$ 取 0.3 $H'/4\times40\%=0.4$	同 B1 点 X 方向 前臀围档差 40%
K1	X:0.7 Y:0.4	$0.15G'=0.15\times5=0.75$ 取 0.7 $W'/4\times40\%=0.4$	同 A1 点 X 方向 前腰围档差 40%
L1	X:0.7 Y:−0.6	$0.15G'=0.15\times5=0.75$ 取 0.7 $W'/4\times60\%=0.6$ 同 A1 点 Y 方向	同 A1 点 X 方向 设定袋口大小不变

后片各放码点位移情况见表 10-6。

表 10-6　　　　　　　　　　　　　　　　　　　单位:cm

放码点	移位值	移位数依据	备注
A2	X:0.7 Y:0.7	$0.15G'=0.15\times5=0.75$ 取 0.7 $W'/4\times70\%=0.7$	参考原型裤数据公式 前腰围档差的 70%
B2	X:0.3 Y:0.7	$0.05G'=0.05\times5=0.25$ 取 0.3 $H'/4\times70\%=0.7$	裆至臀的档差 前臀围档差的 70%
C2	X:0 Y:0.7	纵向公共线上	纵向公共线上 同 B2 点 Y 方向
D2	X:-1 Y:0.375	$0.2G'=0.2\times5=1$ $1.5/4=0.375$	裆至膝的档差 膝围档差的一半
E2	X:-2.3 Y:0.25	$3-0.7=2.3$ $1/4=0.25$	裤长档差-直裆档差 脚围档差的一半
G2	X:-2.3 Y:-0.25	$3-0.7=2.3$ $1/4=0.25$	同 E2 点 X 方向 与 E2 点 Y 方向反向
H2	X:-1 Y:-0.375	$0.2G'=0.2\times5=1$ $1.5/4=0.375$	同 D2 点 X 方向 与 D2 点 Y 方向反向
I2	X:0 Y:-0.7	纵向公共线上	纵向公共线上 与 C2 点 Y 方向反向
J2	X:0.3 Y:-0.3	$0.05G'=0.05\times5=0.25$ 取 0.3 $H'/4\times30\%=0.3$	同 B2 点 X 方向 前臀围档差的 30%
K2	X:0.7 Y:-0.3	$0.15G'=0.15\times5=0.75$ 取 0.7 $W'/4\times30\%=0.3$	同 A2 点 X 方向 前腰围档差的 30%

（4）进入推版系统后,缝份将自动隐藏。为便于直观和初学者理解,以下为单片裁片逐片放码,熟练操作时,可按放码规则的需要,几片同时操作(图 10-17)。

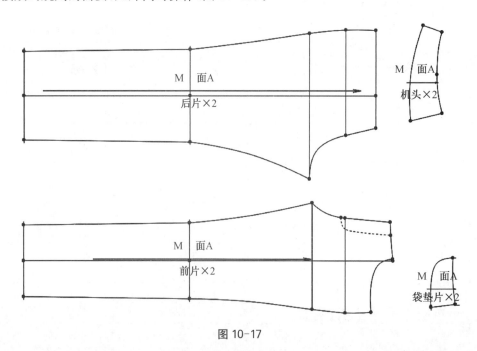

图 10-17

（5）选择"移动点工具"，鼠标左键框选前片上平线多个放码点，弹出"放码规则"对话框，输入水平方向放大一个码的位移量 0.7 cm（图 10-18）。

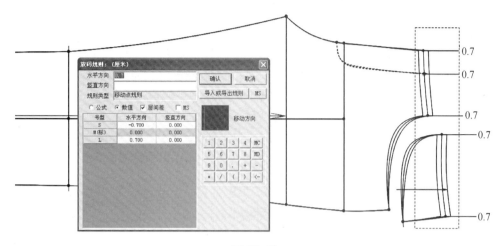

图 10-18

（6）选择"移动点"工具，鼠标左键框选前片臀围线多个放码点，弹出"放码规则"对话框，输入水平方向放大一个码的位移量 0.3 cm（图 10-19）。

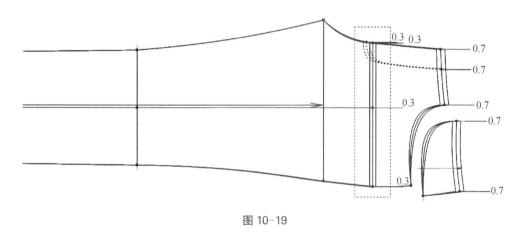

图 10-19

（7）选择"移动点"工具，鼠标左键框选前片中裆线多个放码点，弹出"放码规则"对话框，输入水平方向放大一个码的位移量 −1 cm（图 10-20）。

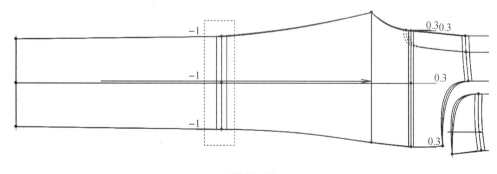

图 10-20

（8）选择"移动点"工具，鼠标左键框选前片脚口线多个放码点，弹出"放码规则"对话框，输入水平方向放大一个码的位移量 −2.3 cm（图 10-21）。

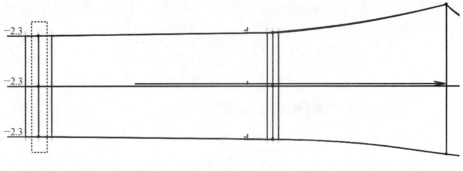

图 10-21

（9）选择"移动点"工具，鼠标左键框选前片横裆线以上外侧缝多个放码点，弹出"放码规则"对话框，输入垂直方向放大一个码的位移量－0.6 cm（图 10-22）。

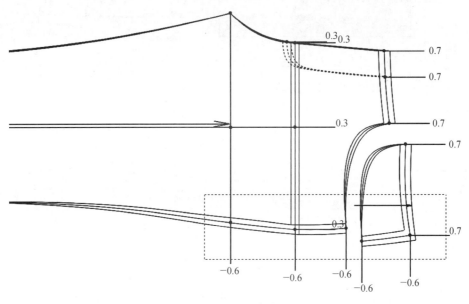

图 10-22

（10）选择"点规则拷贝"工具 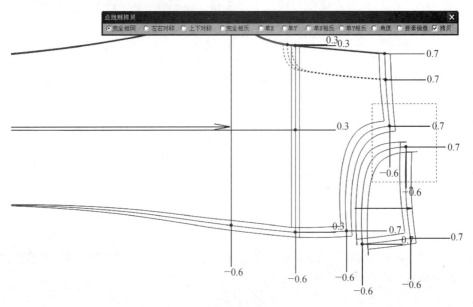 ，将月亮袋相关三个放码点拷贝一致（图 10-23）。

图 10-23

　　(11) 选择"移动点"工具,鼠标左键框选前片横裆线以上内侧缝多个放码点,弹出"放码规则"对话框,输入垂直方向放大一个码的位移量 0.4 cm(图 10-24)。

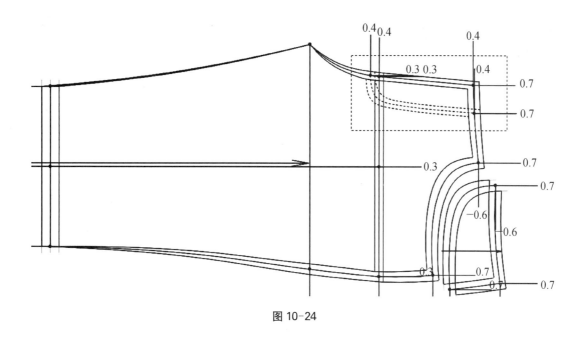

图 10-24

　　(12) 选择"移动点"工具,鼠标左键框选前片中裆线外侧缝放码点,弹出"放码规则"对话框,输入垂直方向放大一个码的位移量 −0.375 cm。鼠标左键框选前片脚口线外侧缝放码点,弹出"放码规则"对话框,输入垂直方向放大一个码的位移量 −0.25 cm(图 10-25)。

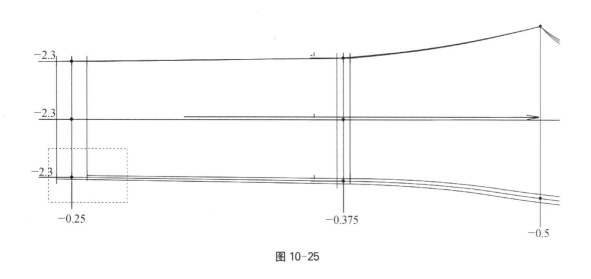

图 10-25

　　(13) 选择"点规则拷贝"工具 ，裤腿外侧三个放码点上下对称拷贝至另一侧三个对应放码点(图 10-26)。

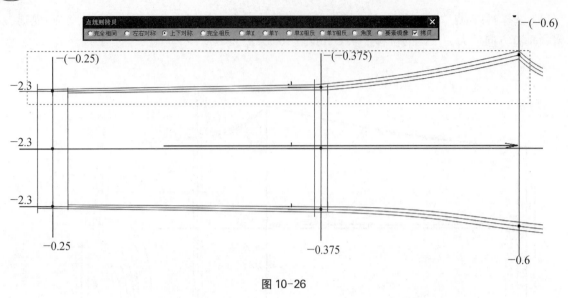

图 10-26

（14）选择"点规则拷贝"工具 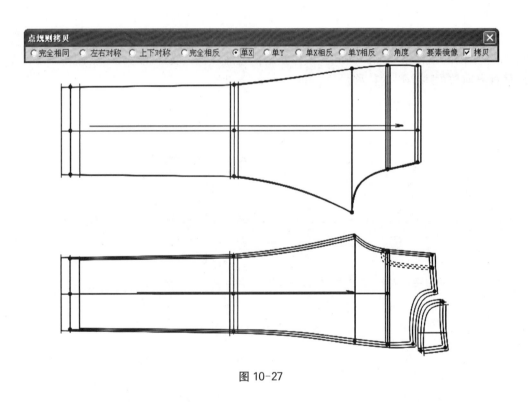，将前片相关放码点（单 X）拷贝至后片对应放码点（图 10-27）。

图 10-27

（15）选择"移动点"工具，鼠标左键框选后片横裆线以上内侧缝多个放码点，弹出"放码规则"对话框，输入垂直方向放大一个码的位移量−0.3 cm。鼠标左键框选后片横裆线以上外侧缝多个放码点，弹出"放码规则"对话框，输入垂直方向放大一个码的位移量 0.7 cm（图 10-28）。

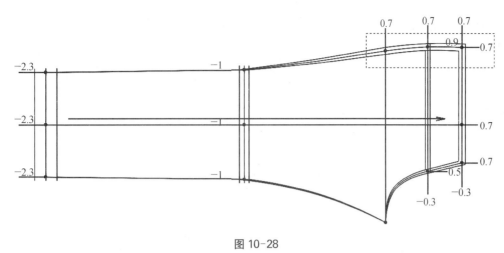

图 10-28

(16) 选择"点规则拷贝"工具 ，前片横裆以下相关放码点(单 X)拷贝至后片对应放码点。后片横裆两侧放码点也(上下对称)拷贝(图 10-29)。

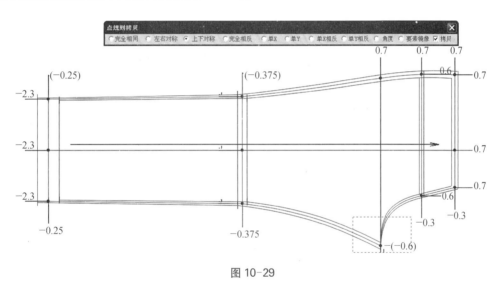

图 10-29

(17) 选择"移动点工具"，鼠标左键框选腰头侧缝放码点，同时按住 Ctrl 键，弹出"放码规则"对话框，输入垂直方向放大一个码的位移量 1 cm 进行延顺放码(图 10-30)。

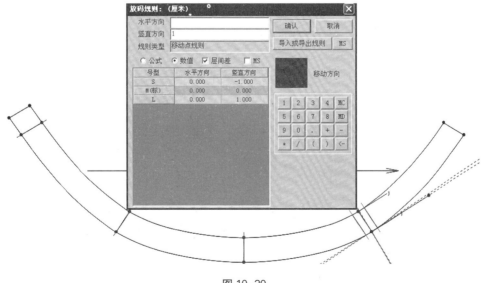

图 10-30

（18）选择"移动点工具"，鼠标左键框选腰头前中心放码点，同时按住 Ctrl 键，弹出"放码规则"对话框，输入垂直方向放大一个码的位移量 2 cm 进行延顺放码（图 10-31）。

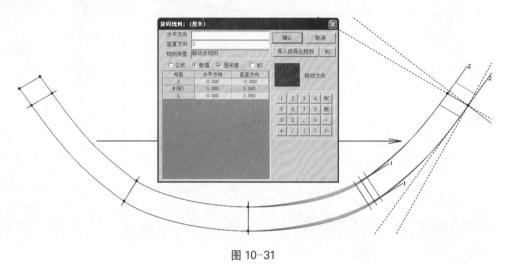

图 10-31

（19）同理，放出另一侧腰头（图 10-32）。

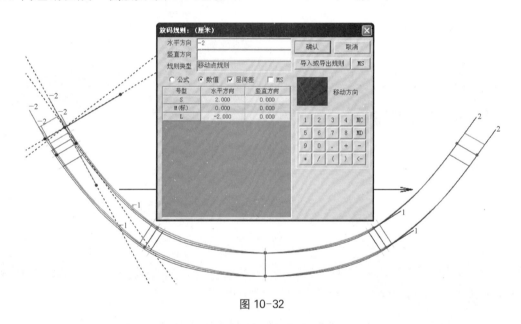

图 10-32

（20）选择"移动点"工具，鼠标左键框选门里襟上端的放码点，弹出"放码规则"对话框，输入水平方向放大一个码的位移量 0.5 cm（图 10-33）。

图 10-33

（21）前袋垫布用"对齐"工具按框选的点,对齐各号型的裁片。后育克放码:选择"移动点工具",鼠标左键框选后育克外侧缝放码点,同时按住 Ctrl 键,弹出"放码规则"对话框,输入水平方向放大一个码的位移量－0.7 cm 进行延顺放码,鼠标左键框选后育克后中心线放码点,同时按住 Ctrl 键,弹出"放码规则"对话框,输入水平方向放大一个码的位移量－0.3 cm 进行延顺放码(图 10-34)。

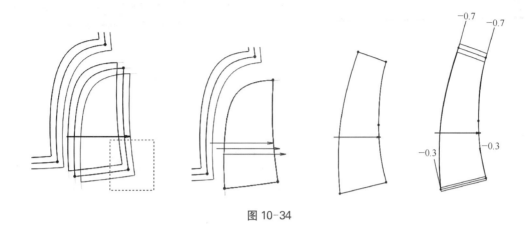

图 10-34

（22）低腰牛仔裤放码完成图。其中前后口袋、门里襟为通码(图 10-35)。

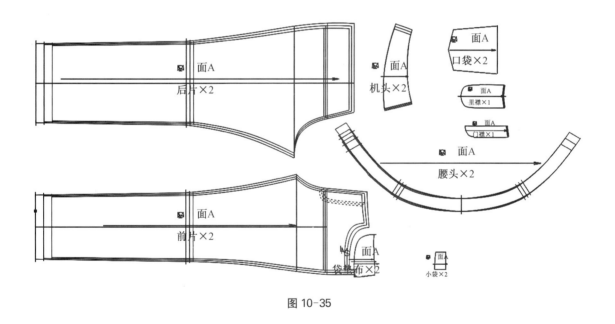

图 10-35

第四节　基本女衬衫放码

在打版系统中打开基本女衬衫制版文件,点击右上方工具条进入推版系统,按既定的系列档差进行点放码操作。

（1）选择菜单栏"设置"—"尺寸表"设置尺寸各部位的档差数据,依据此数据进行点放码,基础版为 M(160/84A),小码为 S(155/80A),大码为 L(165/88A)(图 10-36)。

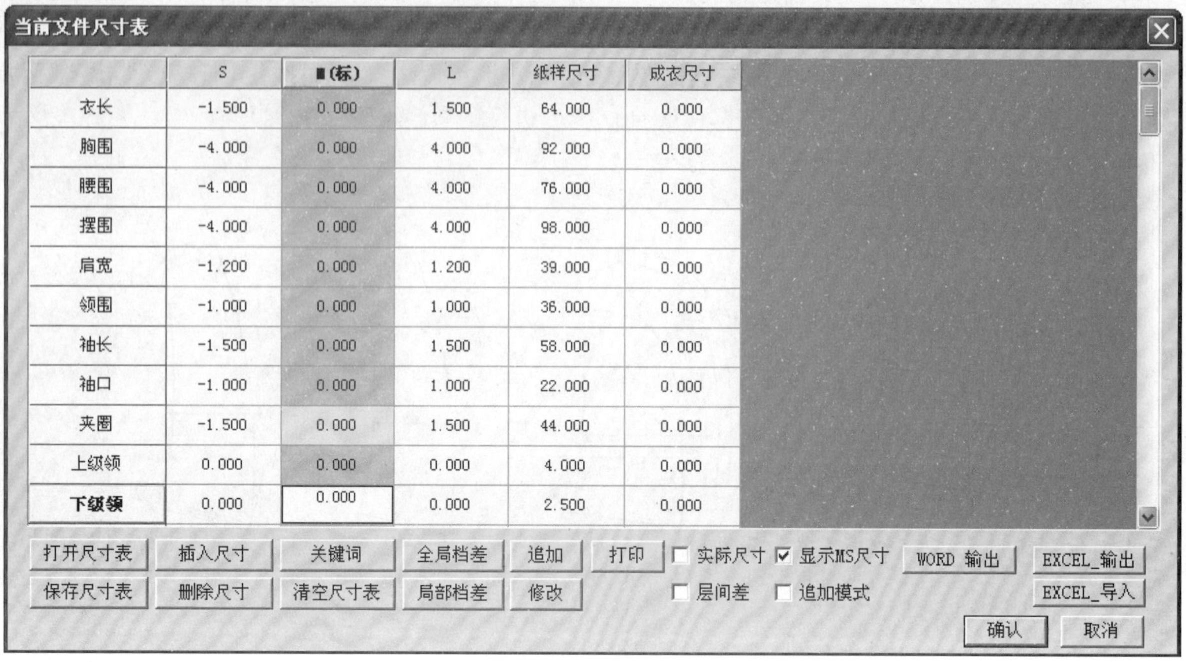

	S	■(标)	L	纸样尺寸	成衣尺寸	
衣长	-1.500	0.000	1.500	64.000	0.000	
胸围	-4.000	0.000	4.000	92.000	0.000	
腰围	-4.000	0.000	4.000	76.000	0.000	
摆围	-4.000	0.000	4.000	98.000	0.000	
肩宽	-1.200	0.000	1.200	39.000	0.000	
领围	-1.000	0.000	1.000	36.000	0.000	
袖长	-1.500	0.000	1.500	58.000	0.000	
袖口	-1.000	0.000	1.000	22.000	0.000	
夹圈	-1.500	0.000	1.500	44.000	0.000	
上级领	0.000	0.000	0.000	4.000	0.000	
下级领	0.000	0.000	0.000	2.500	0.000	

打开尺寸表　插入尺寸　关键词　全局档差　追加　打印　□实际尺寸　☑显示MS尺寸　WORD 输出　EXCEL_输出
保存尺寸表　删除尺寸　清空尺寸表　局部档差　修改　□层间差　□追加模式　EXCEL_导入
确认　取消

图 10-36

（2）各部位档差情况见表10-7。

表 10-7　　　　　　　　　　　　　　　　　　　　　　单位：cm

部位	衣长	胸围 B	腰围 W	摆围	领围 N	肩宽 S	袖长	袖口	袖窿	身高 G
档差	1.5	4	4	4	1	1.2	1.5	1	1.5	5

前后片、袖片各特征放码点：前后片 E1—F1、E2—F2 为纵向公共线，B1—B、B2—B 为横向公共线。袖片 L—P 为纵向公共线，S—M 为横向公共线（图 10-37）。

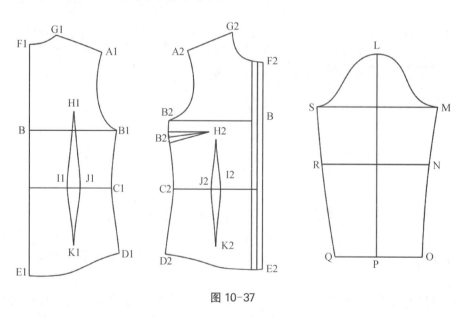

图 10-37

后片各放码点位移情况见表 10-8。

表 10-8 　　　　　　　　　　　　　　　　　　　　　　　　　　　　　　　　　　　　　单位:cm

放码点	移位值	移位数依据	备注
A1	X:0.6 Y:0.6	$S'/2=1.2/2=0.6$ 袖窿深与胸围的关系	
B1	X:1 Y:0	$B'/4=4/4=1$ 横向公共线上	
C1	X:1 Y:−0.4	胸围、腰围、摆围同步 背长档差−袖窿深档差$=1−0.6=0.4$	与胸围同步
D1	X:1 Y:−0.9	胸围、腰围、摆围同步 衣长档差−袖窿深档差$=1.5−0.6=0.9$	与胸围同步
E1	X:0 Y:−0.9	纵向公共线上 衣长档差−袖窿深档差$=1.5−0.6=0.9$	纵向公共线
F1	X:0 Y:0.6	纵向公共线上 与 G1 相同	纵向公共线 码数多时 $N'/5/3\approx0.05$
G1	X:0.2 Y:0.6	$N'/5=1/5=0.2$ 与 A1 相同	注意保持肩斜线不变

前片各放码点位移情况见表 10-9。

表 10-9 　　　　　　　　　　　　　　　　　　　　　　　　　　　　　　　　　　　　　单位:cm

放码点	移位值	移位数依据	备注
A2	X:−0.6 Y:0.6	$S'/2=1.2/2=0.6$ 袖窿深与胸围的关系	
B2	X:−1 Y:0	$B'/4=4/4=1$ 横向公共线上	胸省底与前袖窿深线同步
C2	X:−1 Y:−0.4	胸围、腰围、摆围同步 背长档差−袖窿深档差$=1−0.6=0.4$	与胸围同步
D2	X:−1 Y:−0.9	胸围、腰围、摆围同步 衣长档差−袖窿深档差$=1.5−0.6=0.9$	与胸围同步
E2	X:0 Y:−0.9	纵向公共线上 衣长档差−袖窿深档差$=1.5−0.6=0.9$	纵向公共线
F2	X:0 Y:0.4	纵向公共线上 F2、G2 之间档差 $N'/5=0.2$	纵向公共线 $0.6−0.2=0.4$
G2	X:−0.2 Y:0.6	$N'/5=1/5=0.2$ 与 A2 相同	注意保持肩斜线不变

袖片各放码点位移情况见表 10-10。

表 10-10　　　　　　　　　　　　　　　　　　　　　　　　　　　　　　　单位:cm

放码点	移位值	移位数依据	备注
L	X:0 Y:0.45	纵向公共线上 袖窿深档差×75%	纵向公共线 按制版时袖山高占袖窿深比例,本例为75%
M	X:0.55 Y:0	与 L 中的 Y 值成比例	保持袖肥与袖山高比例(并保持各码档差相同)
N			在 M、O 之间同比例
O	X:0.5 Y:−1.05	袖口档差/2=1/2=0.5 袖长档差−袖山高档差=1.5−0.45=1.05	
P	X:0 Y:−1.05		纵向公共线 与 O 点相同
Q	X:−0.5 Y:−1.05	袖口档差/2=1/2=0.5 袖长档差−袖山高档差=1.5−0.45=1.05	与 O 点相同 与 O 点相同
R			在 S、Q 之间同比例
S	X:−0.55 Y:0	与 L 中的 Y 值成比例	与 M 点相同

　　(3)进入推版系统后,缝份将自动隐藏。为便于直观和初学者理解,以下为单片裁片逐片放码,熟练操作时,可按放码规则的需要,几片同时操作(图 10-38)。

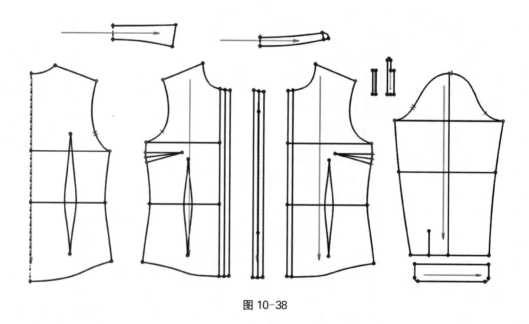

图 10-38

（4）选择"移动点工具"，鼠标左键框选侧缝线三个放码点，弹出"放码规则"对话框，输入水平方向放大一个码的位移量 1 cm（图 10-39）。

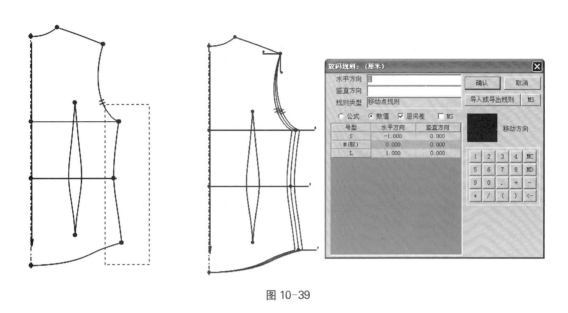

图 10-39

（5）选择"移动点工具"，鼠标左键框选肩袖点放码点，弹出"放码规则"对话框，输入水平方向放大一个码的位移量 0.6 cm，输入垂直方向放大一个码的位移量 0.6 cm（图 10-40）。

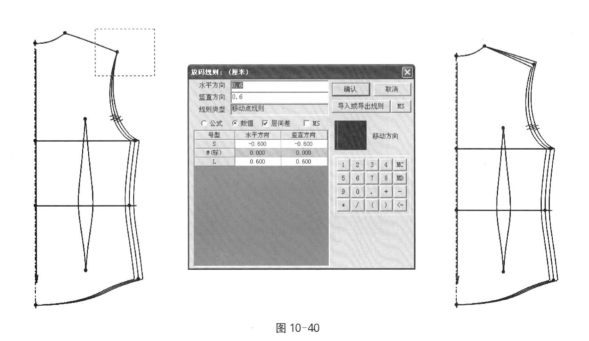

图 10-40

（6）选择"移动点工具"，鼠标左键框选肩颈点放码点，弹出"放码规则"对话框，输入水平方向放大一个码的位移量 0.2 cm，输入垂直方向放大一个码的位移量 0.6 cm（图 10-41）。

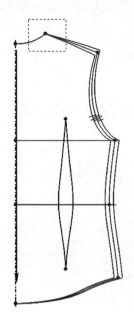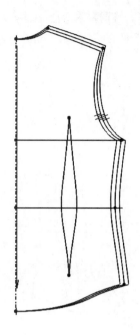

图 10-41

（7）选择"移动点工具"，鼠标左键框选后领窝中点放码点，弹出"放码规则"对话框，输入水平方向放大一个码的位移量 0 cm，输入垂直方向放大一个码的位移量 0.6 cm（图 10-42）。

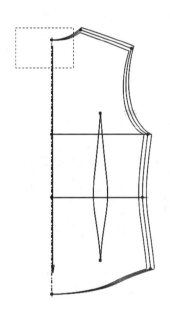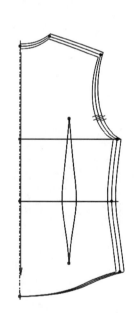

图 10-42

（8）选择"移动点工具"，鼠标左键框选后腰省 4 个放码点（在后腰省的腰节点位置用"增加点"工具增加两个放码点），弹出"放码规则"对话框，输入水平方向放大一个码的位移量 0.5 cm，垂直方向不输入，为 0（图 10-43）。

（9）选择"移动点工具"，鼠标左键框选后腰节 4 个放码点，弹出"放码规则"对话框，输入垂直方向放大一个码的位移量－0.4 cm（图 10-44）。

（10）选择"移动点工具"，鼠标左键框选后下摆和后省尖共三个放码点，弹出"放码规则"对话框，输入垂直方向放大一个码的位移量－0.9 cm（图 10-45）。

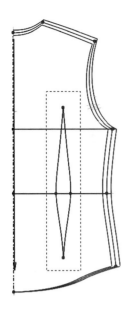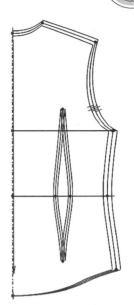

图 10-43

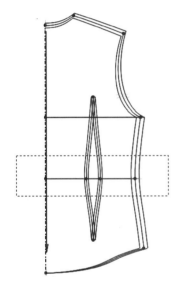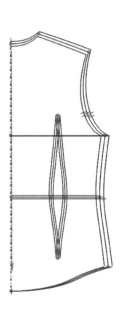

图 10-44

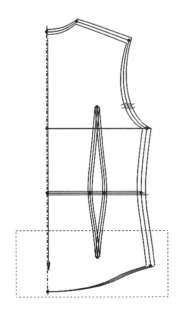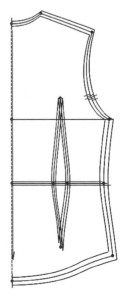

图 10-45

（11）选择"移动点工具"，鼠标左键框选侧缝线 6 个放码点，弹出"放码规则"对话框，输入水平方向放大一个码的位移量－1 cm(图 10-46)。

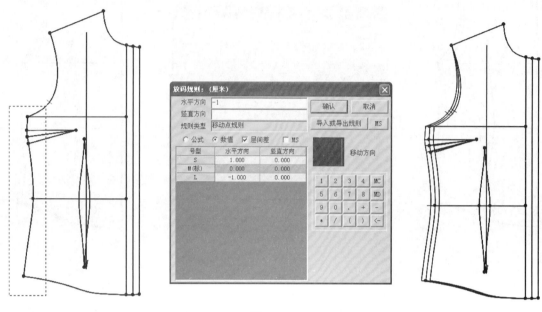

图 10-46

（12）选择"移动点工具"，鼠标左键框选肩颈点放码点，弹出"放码规则"对话框，输入水平方向放大一个码的位移量－0.2 cm，输入垂直方向放大一个码的位移量 0.6 cm(图 10-47)。

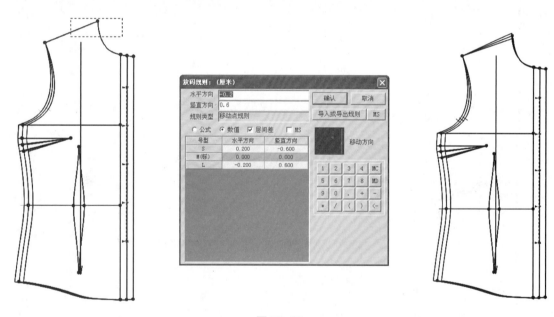

图 10-47

（13）选择"距离平行点"工具 ，肩袖放码点与已知肩线要素平行，并可以定义横向的移动量－0.5 cm，确保各码肩线平行(图 10-48)。

（14）选择"移动点工具"，鼠标左键框选前领窝中点放码点，弹出"放码规则"对话框，输入水平方向放大一个码的位移量 0 cm，输入垂直方向放大一个码的位移量 0.4 cm(图 10-49)。

（15）选择"移动点工具"，鼠标左键框选后腰省 4 个放码点和胸省省尖放码点，弹出"放码规则"对话框，输入水平方向放大一个码的位移量－0.5 cm，垂直方向不输入，为 0(图 10-50)。

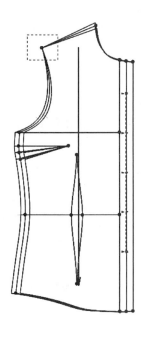

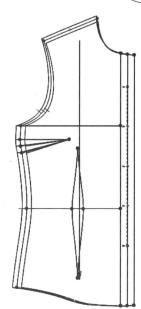

图 10-48

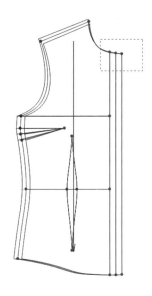

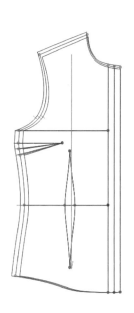

图 10-49

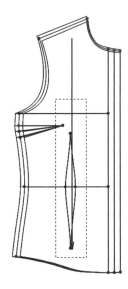

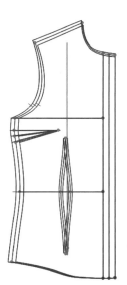

图 10-50

（16）选择"移动点工具"，鼠标左键框选后腰节 4 个放码点，弹出"放码规则"对话框，输入垂直方向放大一个码的位移量－0.4 cm（图 10-51）。

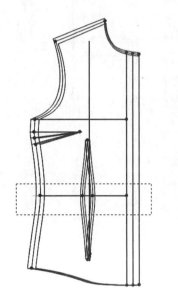

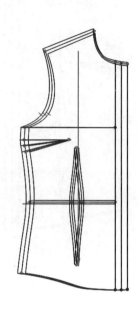

图 10-51

（17）选择"移动点"工具，鼠标左键框选前下摆和前省尖共 5 个放码点，弹出"放码规则"对话框，输入垂直方向放大一个码的位移量－0.9 cm（图 10-52）。

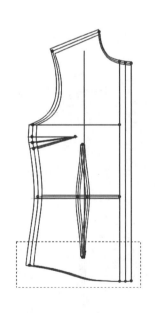

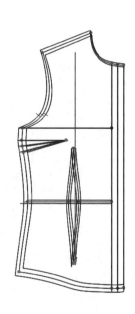

图 10-52

（18）选择"两点间比例点"工具 ，鼠标左键框选要放码的扣眼点，鼠标左键框选第一参考点领口点，鼠标左键框选第二参考点下摆（图 10-53）。

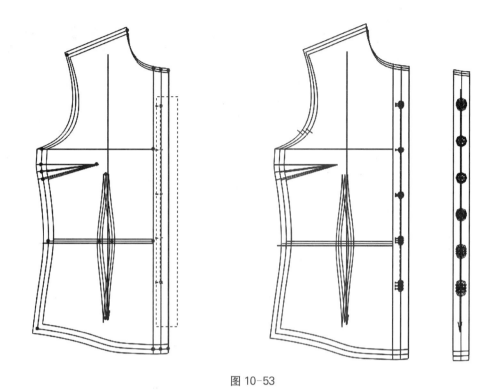

图 10-53

(19) 选择"移动点"工具,鼠标左键框选袖山顶放码点,弹出"放码规则"对话框,输入水平方向放大一个码的位移量 0 cm,输入垂直方向放大一个码的位移量 0.45 cm(图 10-54)。

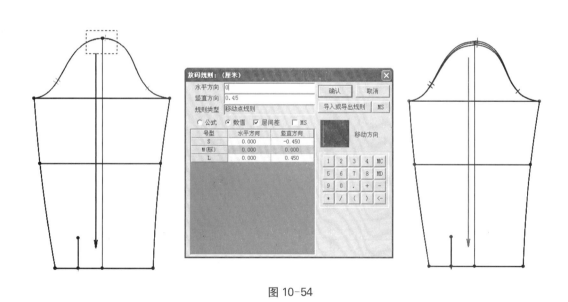

图 10-54

(20) 选择"移动点"工具,鼠标左键框选袖山顶放码点,弹出"放码规则"对话框,输入水平方向放大一个码的位移量－0.55 cm,输入垂直方向放大一个码的位移量 0 cm。选择"点规则拷贝"工具,将袖肥相关放码点拷贝左右对称,拷贝相关放码点至袖肥另一放码点(图 10-55)。

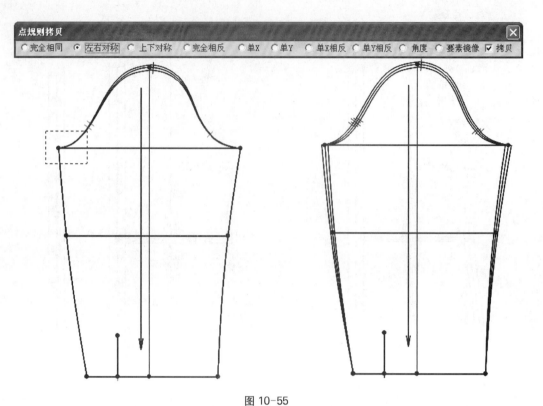

图 10-55

（21）选择"移动点"工具，鼠标左键框选袖山顶放码点，弹出"放码规则"对话框，输入水平方向放大一个码的位移量－0.5 cm，输入垂直方向放大一个码的位移量－1.05 cm。选择"点规则拷贝"工具，将袖肥相关放码点拷贝左右对称，拷贝相关放码点至袖肥另一放码点（图 10-56）。

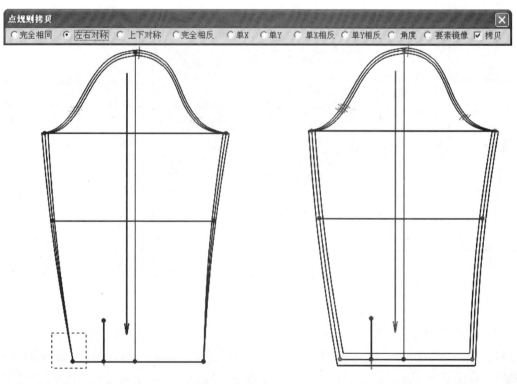

图 10-56

（22）选择"要素比例点"工具对袖肘线放码,选择"移动点工具",鼠标左键框选袖衩放码点,弹出"放码规则"对话框,输入水平方向放大一个码的位移量－0.25 cm,输入垂直方向放大一个码的位移量－1.05 cm(图 10-57)。

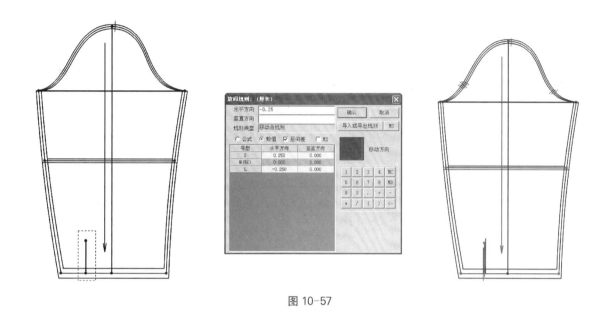

图 10-57

（23）选择"移动点工具",鼠标左键框选袖克夫一侧放码点,弹出"放码规则"对话框,输入水平方向放大一个码的位移量 1 cm(图 10-58)。

图 10-58

（24）衣领放码:选择"移动点工具",鼠标左键框选上下级领后中心线放码点,弹出"放码规则"对话框,输入水平方向放大一个码的位移量－0.5 cm(图 10-59)。

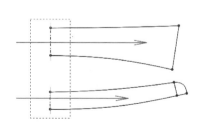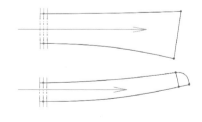

图 10-59

（25）全件放码结果，袖衩使用通码（图 10-60）。

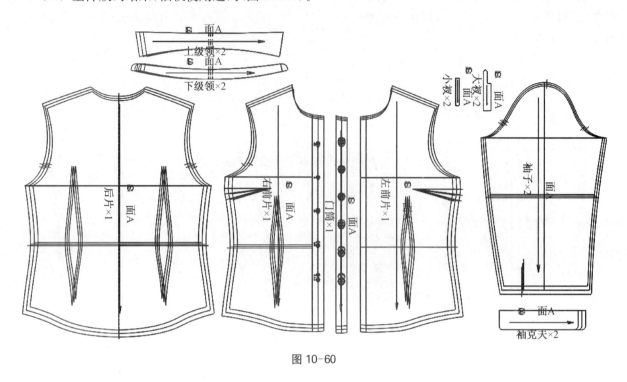

图 10-60

第五节　公主缝女西装放码

在打版系统中打开公主缝女西装制版文件，点击右上方工具条进入推版系统，按既定的系列档差进行点放码操作。

一、放码基础

（1）选择菜单栏"设置"—"尺寸表"设置尺寸各部位的档差数据，依据此数据进行点放码，基础版为 M（160/84A），小码 S（155/80A），大码 L（165/88A）（图 10-61）。

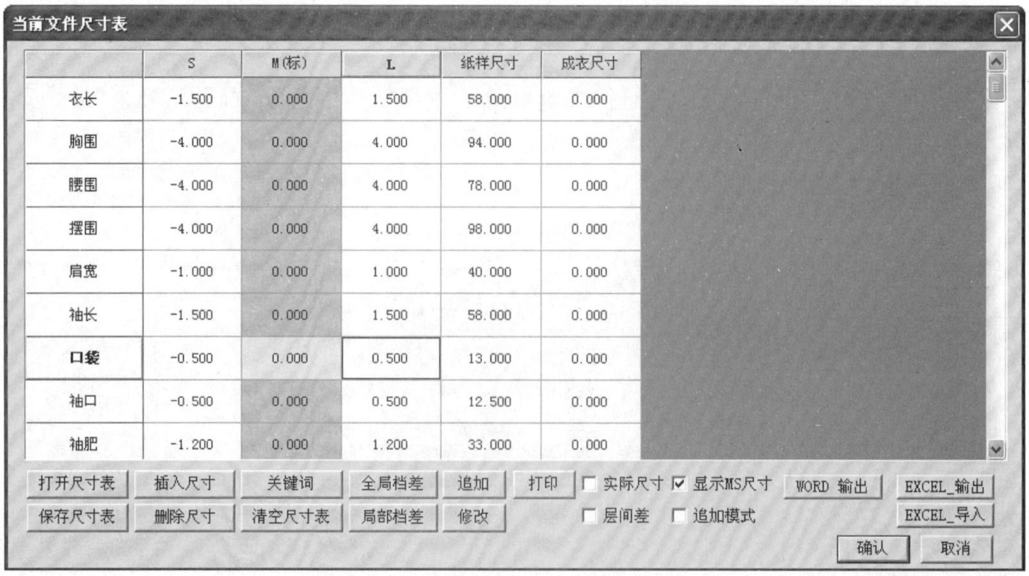

当前文件尺寸表

	S	M（标）	L	纸样尺寸	成衣尺寸	
衣长	-1.500	0.000	1.500	58.000	0.000	
胸围	-4.000	0.000	4.000	94.000	0.000	
腰围	-4.000	0.000	4.000	78.000	0.000	
摆围	-4.000	0.000	4.000	98.000	0.000	
肩宽	-1.000	0.000	1.000	40.000	0.000	
袖长	-1.500	0.000	1.500	58.000	0.000	
口袋	-0.500	0.000	0.500	13.000	0.000	
袖口	-0.500	0.000	0.500	12.500	0.000	
袖肥	-1.200	0.000	1.200	33.000	0.000	

打开尺寸表　插入尺寸　关键词　全局档差　追加　打印　□实际尺寸　☑显示MS尺寸　WORD 输出　EXCEL_输出
保存尺寸表　删除尺寸　清空尺寸表　局部档差　修改　□层间差　□追加模式　EXCEL_导入
确认　取消

图 10-61

（2）各部位档差情况见表 10-11。

表 10-11　　　　　　　　　　　　　　　　　　　　单位：cm

部位	衣长	胸围 B	腰围 W	摆围	肩宽 S	袖长	袖口	袖肥	身高 G
档差	1.5	4	4	4	1	1.5	1	1.2	5

前后片、袖片各特征放码点：前后片 E1—F1、E2—F2 为纵向公共线，B1—B0、B2—B3 为横向公共线。袖片 O1—O2，O3—O4 为纵向公共线，P1—P2，P3—P4 为横向公共线（图 10-62）。

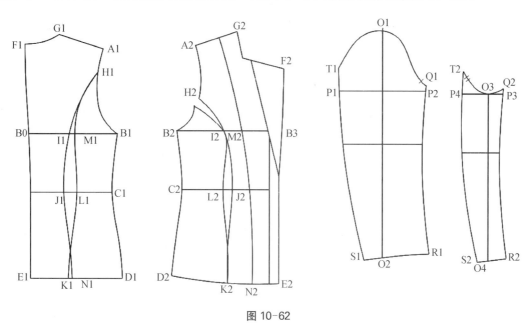

图 10-62

前后片各放码点位移情况参考第四节基本女衬衫放码。

袖片各放码点位移情况见表 10-12。

表 10-12　　　　　　　　　　　　　　　　　　　　单位：cm

放码点	移位值	移位数依据	备注
O1	X：0 Y：0.5	纵向公共线上 袖窿深档差×83%	纵向公共线 按制版时袖山高占袖窿深比例，本例为 83%
O3	X：0 Y：0		在纵向公共线上 在横向公共线上
Q1	X：0.4 Y：0.1	保持袖山高与袖肥的比例不变 袖山高的 1/5	以实际计算为准，袖山吃势不变
Q2	X：0.2 Y：0.1	保持袖山高与袖肥的比例不变 袖山高的 1/5	以实际计算为准，袖山吃势不变
R1/R2	X：0.25 Y：−1	袖口档差/2=0.5/2=0.25 袖长档差−袖山高档差=1.5−0.5=1	
S1/S2	X：−0.25 Y：−1	袖口档差/2=0.5/2=0.25 袖长档差−袖山高档差=1.5−0.5=1	
T1	X：−0.4 Y：0.25	保持袖山高与袖肥的比例不变 袖山高的 1/2	以实际计算为准，袖山吃势不变
T2	X：−0.2 Y：0.25	保持袖山高与袖肥的比例不变 袖山高的 1/2	以实际计算为准，袖山吃势不变

二、面布放码

（1）进入推版系统后，缝份将自动隐藏。先进行面布放码，为直观和便于初学者理解，以下为单片裁片逐片放码，熟练操作时，可按放码规则的需要，几片同时操作（图 10-63）。

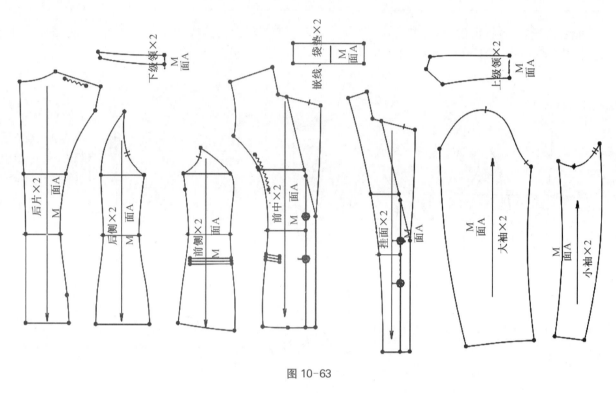

图 10-63

（2）选择"移动点工具"，鼠标左键框选侧缝线三个放码点，弹出"放码规则"对话框，输入水平方向放大一个码的位移量 1 cm（图 10-64）。

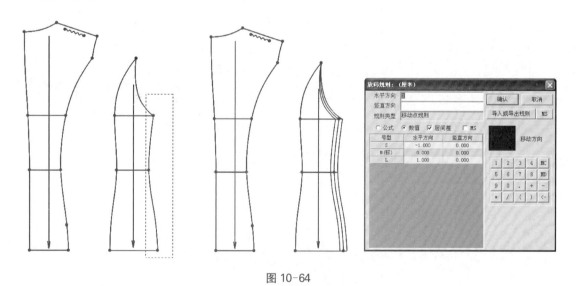

图 10-64

（3）选择"移动点工具"，鼠标左键框选肩颈点放码点，弹出"放码规则"对话框，输入水平方向放大一个码的位移量 0.2 cm，输入垂直方向放大一个码的位移量 0.6 cm（图 10-65）。

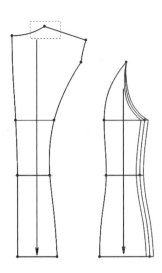

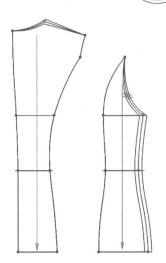

图 10-65

（4）选择"距离平行点"工具 ，此放码点与已知要素平行，并可以定义横向或纵向的移动量，确保各码肩线平行（图 10-66）。

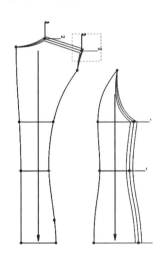
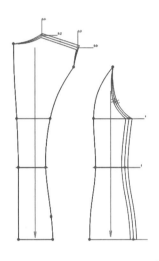

图 10-66

（5）选择"移动点"工具，鼠标左键框选后领窝中点放码点，弹出"放码规则"对话框，输入水平方向放大一个码的位移量 0 cm，输入垂直方向放大一个码的位移量 0.6 cm（图 10-67）。

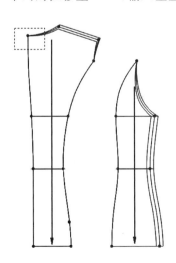

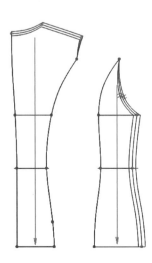

图 10-67

（6）选择"移动点"工具，鼠标左键框选后袖窿两个放码点，弹出"放码规则"对话框，输入水平方向放大一个码的位移量 0.5 cm，输入垂直方向放大一个码的位移量 0.3 cm（图 10-68）。

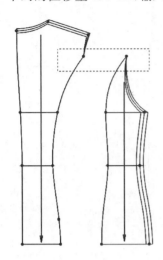

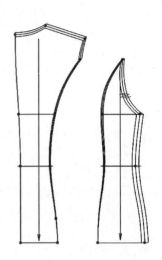

图 10-68

（7）选择"移动点"工具，鼠标左键框选后腰围线上 4 个放码点，弹出"放码规则"对话框，输入垂直方向放大一个码的位移量−0.4 cm（图 10-69）。

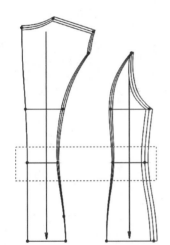

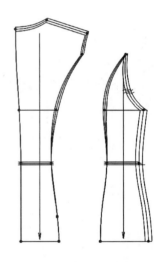

图 10-69

（8）选择"移动点工具"，鼠标左键框选后下摆共 4 个放码点，弹出"放码规则"对话框，输入垂直方向放大一个码的位移量−0.9 cm（图 10-70）。

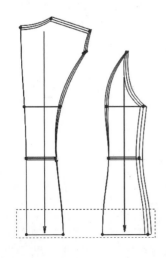

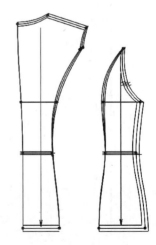

图 10-70

（9）选择"移动点"工具，鼠标左键框选后分割线上分别经胸围、腰围、摆围的共 6 个放码点，弹出"放码规则"对话框，输入水平方向放大一个码的位移量 0.5 cm（图 10-71）。

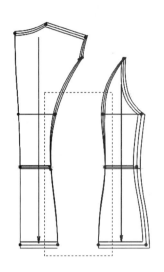

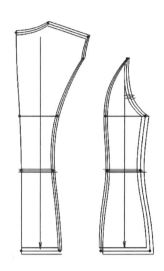

图 10-71

（10）选择"移动点"工具，鼠标左键框选前片侧缝线三个放码点，弹出"放码规则"对话框，输入水平方向放大一个码的位移量－1 cm（图 10-72）。

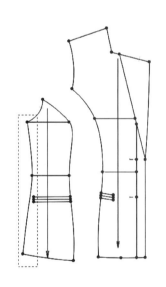

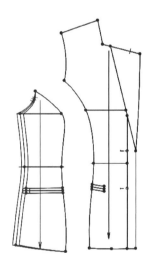

图 10-72

（11）选择"移动点工具"，鼠标左键框选肩颈点放码点，弹出"放码规则"对话框，输入水平方向放大一个码的位移量－0.2 cm，输入垂直方向放大一个码的位移量 0.6 cm（图 10-73）。

（12）选择"距离平行点"工具 ，此放码点与已知要素平行，并可以定义横向或纵向的移动量，确保各码肩线平行（图 10-74）。

（13）选择"移动点"工具，鼠标左键框选前领窝转折放码点，弹出"放码规则"对话框，输入水平方向放大一个码的位移量－0.2 cm，输入垂直方向放大一个码的位移量 0.4 cm（图 10-75）。

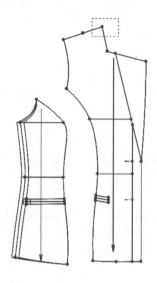

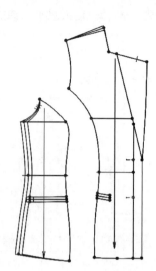

图 10-73

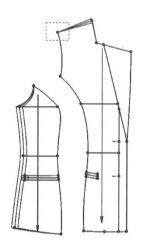

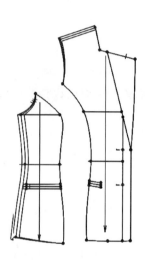

图 10-74

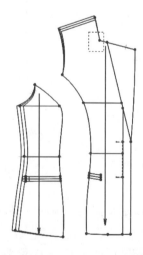

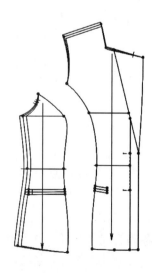

图 10-75

（14）选择"移动点"工具，鼠标左键框选驳角放码点，弹出"放码规则"对话框，输入垂直方向放大一个码的位移量 0.4 cm（图 10-76）。

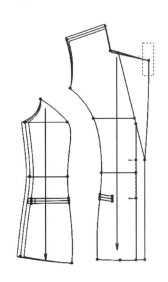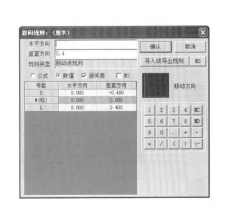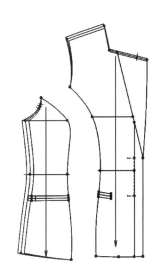

图 10-76

（15）选择"方向交点"工具 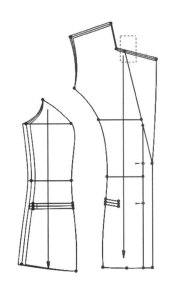，此放码点沿要素方向移动，并与放码后的另一要素相交。鼠标左键框选要放码的点，鼠标左键点选锁定要素点（图 10-77）。

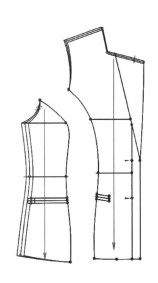

图 10-77

（16）选择"移动点"工具，鼠标左键框选前袖窿两个放码点，弹出"放码规则"对话框，输入水平方向放大一个码的位移量－0.5 cm，输入垂直方向放大一个码的位移量 0.3 cm（图 10-78）。

（17）选择"移动点"工具，鼠标左键框选前腰围线和口袋、扣眼等多个放码点，弹出"放码规则"对话框，输入垂直方向放大一个码的位移量－0.4 cm（图 10-79）。

（18）选择"移动点工具"，鼠标左键框选前下摆共 4 个放码点，弹出"放码规则"对话框，输入垂直方向放大一个码的位移量－0.9 cm（图 10-80）。

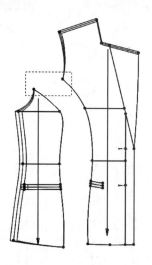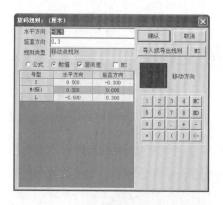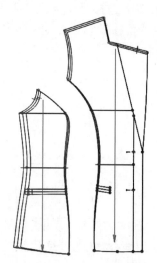

图 10-78

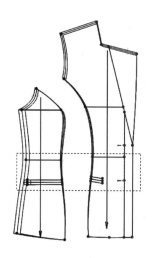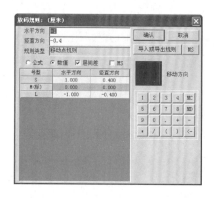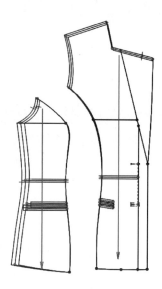

图 10-79

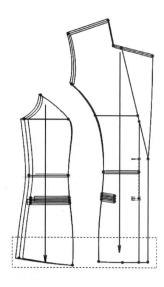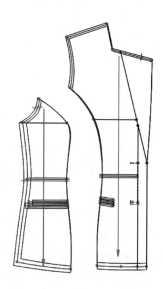

图 10-80

(19)选择"移动点"工具,鼠标左键框选后分割线上分别经胸围、腰围、摆围、口袋等多个放码点,弹出"放码规则"对话框,输入水平方向放大一个码的位移量－0.5 cm(图10-81)。

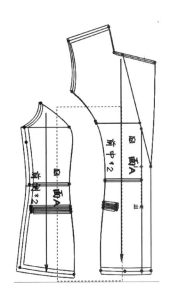
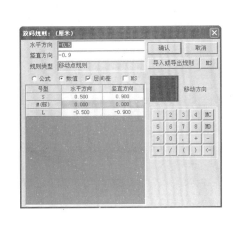
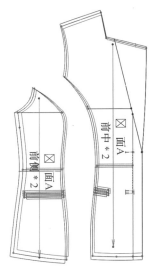

图 10-81

三、里布放码

(1)挂面与前片里布组合放码,选择"移动点"工具,鼠标左键框选前片侧缝线三个放码点,弹出"放码规则"对话框,输入水平方向放大一个码的位移量－1 cm(图10-82)。

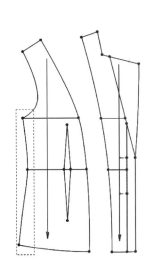
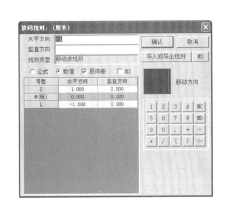
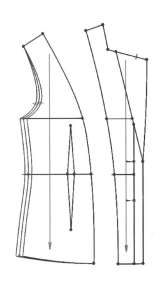

图 10-82

(2)选择"点规则拷贝"工具 ，将大身上相关放码点拷贝至挂面上,注意保持挂面的宽度不变,即水平方向挂面上相同的两点选择"点规则拷贝"工具拷贝(图10-83)。

(3)选择"点规则拷贝"工具 ，将肩线挂面上放码点拷贝至前里布相关放码点(图10-84)。

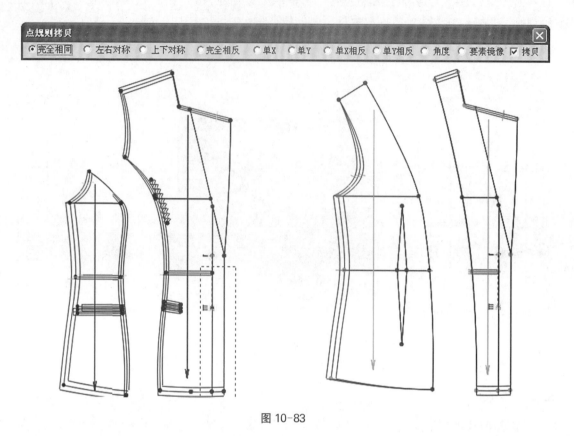

图 10-83

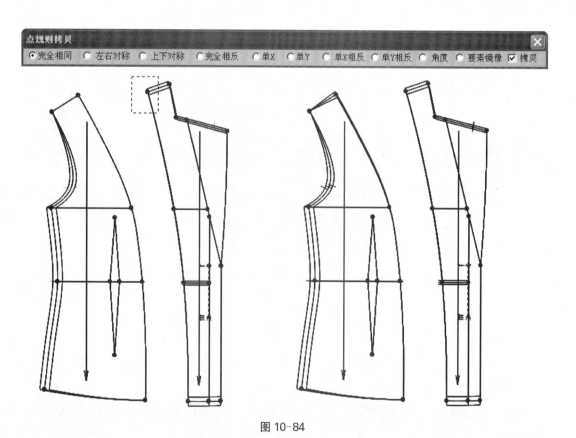

图 10-84

（4）选择"距离平行点"工具 ，此放码点与已知要素平行，并可以定义横向的移动量－0.5 cm，确保各码肩线平行（图 10-85）。

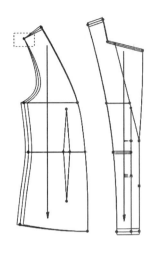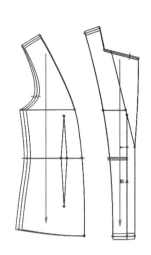

图 10-85

（5）选择"移动点"工具，鼠标左键框选前腰省四个放码点，弹出"放码规则"对话框，输入水平方向放大一个码的位移量－0.5 cm，垂直方向不输入，为 0（图 10-86）。

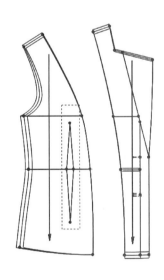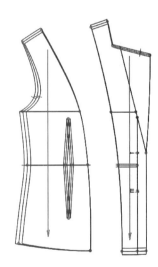

图 10-86

（6）选择"移动点"工具，鼠标左键框选前腰围线多个放码点，弹出"放码规则"对话框，输入垂直方向放大一个码的位移量－0.4 cm（图 10-87）。

（7）选择"移动点工具"，鼠标左键框选前下摆共四个放码点，弹出"放码规则"对话框，输入垂直方向放大一个码的位移量－0.9 cm（图 10-88）。

（8）选择"移动点工具"，鼠标左键框选后片省底放码点，弹出"放码规则"对话框，输入垂直方向放大一个码的位移量－0.7 cm（图 10-89）。

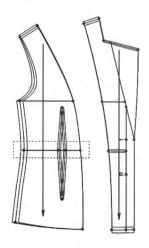

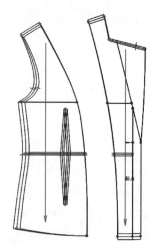

图 10-87

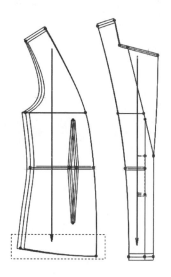

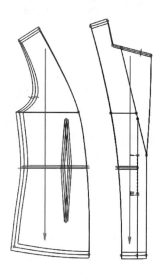

图 10-88

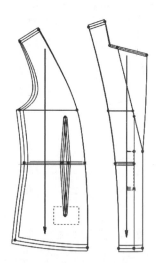

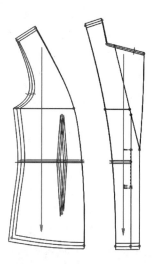

图 10-89

（9）选择"点规则拷贝"工具 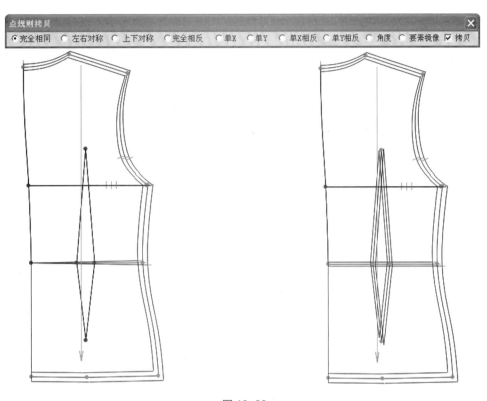，将后片面布上放码点拷贝至后片里布相关放码点。同时参考前片里布省道放码方法，将后片省道放码(图 10-90)。

图 10-90

四、袖子放码(面布与里布放码规则相同)

（1）选择"移动点工具"，鼠标左键框选大袖片袖山顶放码点，弹出"放码规则"对话框，输入垂直方向放大一个码的位移量 0.5 cm(图 10-91)。

图 10-91

（2）选择"移动点工具"，鼠标左键框选大袖片后袖山缝放码点，弹出"放码规则"对话框，输入水平方向放大一个码的位移量—0.4 cm，输入垂直方向放大一个码的位移量 0.25 cm(图 10-92)。

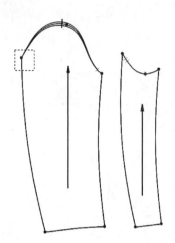

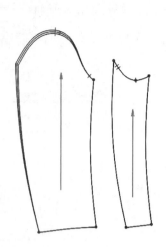

图 10-92

（3）选择"移动点工具"，鼠标左键框选大袖片前袖山缝放码点，弹出"放码规则"对话框，输入水平方向放大一个码的位移量 0.4 cm，输入垂直方向放大一个码的位移量 0.1 cm（图 10-93）。

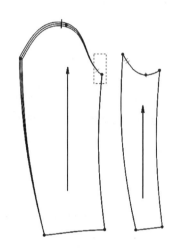

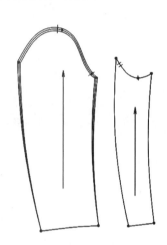

图 10-93

（4）选择"移动点工具"，鼠标左键框选小袖片后袖山缝放码点，弹出"放码规则"对话框，输入水平方向放大一个码的位移量−0.2 cm，输入垂直方向放大一个码的位移量 0.25 cm（图 10-94）。

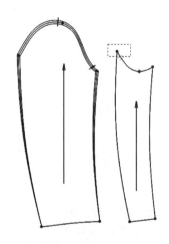

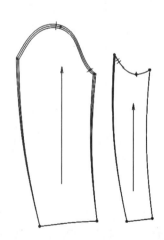

图 10-94

(5) 选择"移动点工具",鼠标左键框选小袖片前袖山缝放码点,弹出"放码规则"对话框,输入水平方向放大一个码的位移量 0.2 cm,输入垂直方向放大一个码的位移量 0.1 cm(图 10-95)。

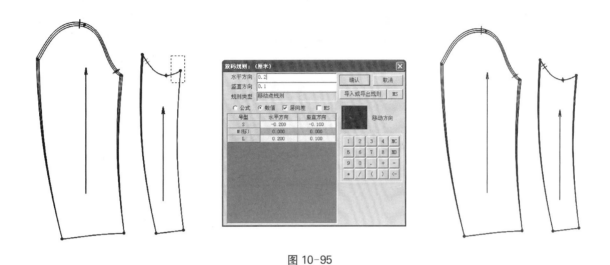

图 10-95

　　(6) 选择"移动点工具",鼠标左键框选大袖片后袖口放码点,弹出"放码规则"对话框,输入水平方向放大一个码的位移量-0.25 cm,输入垂直方向放大一个码的位移量-1 cm。选择"点规则拷贝"工具 ,将大袖后袖口放码点拷贝至小袖后袖口放码点(图 10-96)。

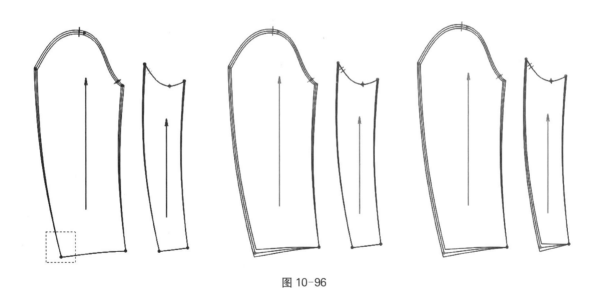

图 10-96

　　(7) 选择"移动点工具",鼠标左键框选大袖片前袖口放码点,弹出"放码规则"对话框,输入水平方向放大一个码的位移量 0.25 cm,输入垂直方向放大一个码的位移量-1 cm。选择"点规则拷贝"工具 ,将大袖前袖口放码点拷贝至小袖前袖口放码点(图 10-97)。

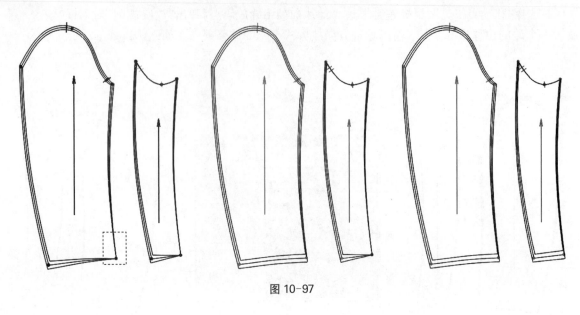

图 10-97

五、衣领放码

(1) 选择"移动点工具",鼠标左键框选上下级领后中心线放码点,弹出"放码规则"对话框,输入水平方向放大一个码的位移量 0.4 cm(图 10-98)。

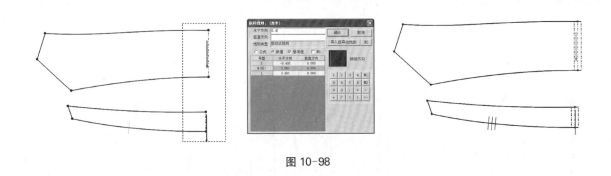

图 10-98

(2) 选择"移动点工具",鼠标左键框选上下级领后中心线放码点,同时按住 Ctrl 键,弹出"放码规则"对话框,输入水平方向放大一个码的位移量－0.2 cm 进行延顺放码(图 10-99)。

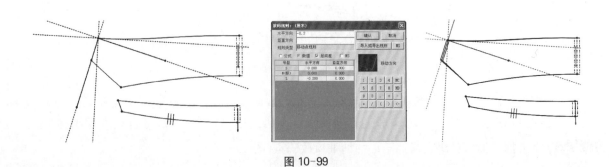

图 10-99

六、放码结果

（1）面布放码（净样版）如图 10-100 所示。

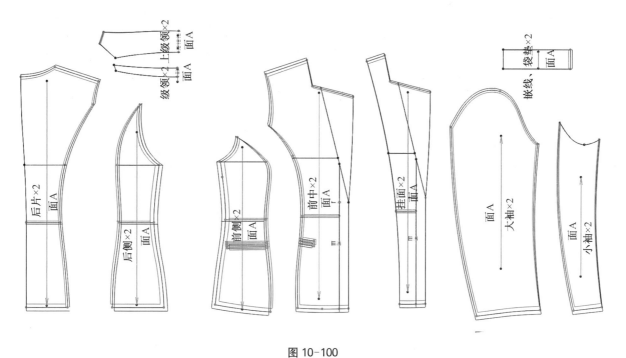

图 10-100

（2）里布放码（净样版），里布袖子放码规则从面布袖子用"点规则拷贝"工具 [⟨⟩] 拷贝（图 10-101）。

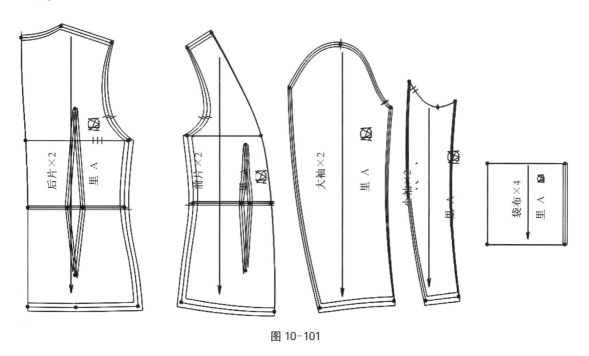

图 10-101

第六节　插肩袖风衣放码

在打版系统中打开插肩袖风衣制版文件,点击右上方工具条进入推版系统,按既定的系列档差进行点放码操作。

(1) 选择菜单栏"设置"—"尺寸表"设置尺寸各部位的档差数据,依据此数据进行点放码,基础版为 M(160/84A),小码 S(155/80A),大码 L(165/88A)(图 10-102)。

尺寸\号型	155/80	160/84(标	165/88	实际尺寸
衣长	112.500	116.000	119.500	116.000
胸围	112.000	116.000	120.000	116.000
肩袖长	73.000	73.000	73.000	73.000
袖口	31.000	31.000	31.000	31.000
上领	6.000	6.000	6.000	6.000
下领	3.500	3.500	3.500	3.500

打开尺寸表　插入尺寸　关键词　全局档差　追加　缩水 [0]　☑显示MS尺寸　确认
保存尺寸表　删除尺寸　清空尺寸表　局部档差　修改　打印　☑实际尺寸　　　取消

图 10-102

(2) 各部位档差情况见表 10-13。

表 10-13　　　　　　　　　　　　　　　　　　　　　　　　　　　　单位:cm

部位	衣长	胸围 B	摆围	领围 N	肩袖长	袖口	袖窿	身高 G
档差	3.5	4	4	1	2	1	1.5	5

前后片、袖片各主要特征放码点如下:前后片 A1—C1、A2—C2 为纵向公共线,B1—E1、B2—E2 为横向公共线。袖片 G1—H1、G2—H2 为纵向公共线,G1—J1、G2—J2 为横向公共线(图 10-103)。

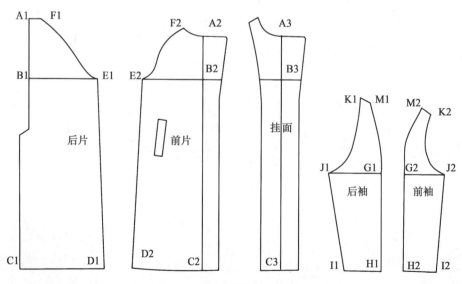

图 10-103

后片各主要放码点位移情况见表 10-14。

表 10-14

放码点	移位值	移位数依据	备注
A1	X:0 Y:0.7	纵向公共线上 B'/6=4/6=0.7	袖窿深与胸围的关系
B1	X:0 Y:0	纵向公共线上 横向公共线上	
C1	X:0 Y:−2.8	纵向公共线上衣长−袖窿深档差=3.5−0.7=2.8	
D1	X:1 Y:−2.8	胸围腰围摆围同步 衣长−袖窿深档差=3.5−0.7=2.8	侧缝线各码平行
E1	X:1 Y:0	B'/4=4/4=1 横向公共线上	
F1	X:0.1 Y:0.7	N'/10=1/10=0.1 B'/6=4/6=0.7	横开领档差的一半

前片各放码点位移情况见表 10-15。

表 10-15

放码点	移位值	移位数依据	备注
A2	X:0 Y:0.5	纵向公共线上 0.7−0.2=0.5	袖窿深减去直开领档差
B2	X:0 Y:0	纵向公共线上 横向公共线上	
C2	X:0 Y:−2.8	纵向公共线上衣长−袖窿深档差=3.5−0.7=2.8	
D2	X:−1 Y:−2.8	胸围腰围摆围同步 衣长−袖窿深档差=3.5−0.7=2.8	侧缝线各码平行
E2	X:−1 Y:0	B'/4=4/4=1 横向公共线上	
F2	X:−0.1 Y:0.6	N'/10=1/10=0.1 0.7−0.1==4/6=0.6	横开领档差的一半

后袖片各放码点位移情况如下（前袖参考后袖）见表 10-16。

表 10-16

放码点	移位值	移位数依据	备注
M1	X:0 Y:1	纵向公共线上 袖肩长的档差的一半	纵向公共线 袖肩长的档差的百分比
G1	X:0 Y:0	纵向公共线上 横向公共线上	
H1	X:0 Y:−1	纵向公共线上 袖肩长的档差的一半	
I1	X:−0.5 Y:−1	袖口档差/2=1/2=0.5 袖肩长的档差的一半	袖肩长的档差的百分比

放码点	移位值	移位数依据	备注
J1	X：−0.6 Y：0	袖肥档差 横向公共线上	
K1	X：−0.1 Y：1	$N'/10=1/10=0.1$ 袖肩长的档差的一半	横开领档差的一半 袖肩长的档差的百分比

　　（3）进入推版系统后，缝份将自动隐藏。为便于直观和初学者理解，以下为单片裁片逐片放码，熟练操作时，可按放码规则的需要，几片同时操作（图 10-104）。

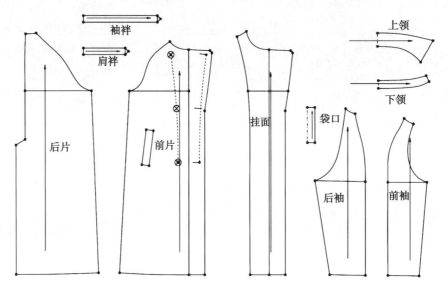

图 10-104

　　（4）选择"移动点工具"，鼠标左键框选侧缝线两个放码点，弹出"放码规则"对话框，输入水平方向放大一个码的位移量 1 cm（图 10-105）。

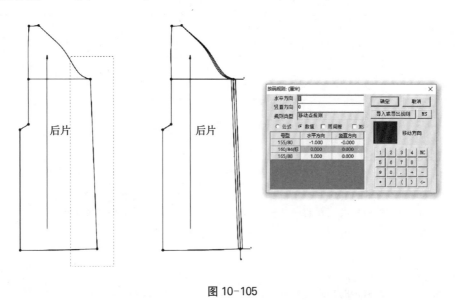

图 10-105

（5）选择"移动点工具"，鼠标左键框选后领口两个放码点，弹出"放码规则"对话框，输入垂直方向放大一个码的位移量 0.7 cm（图 10-106）。

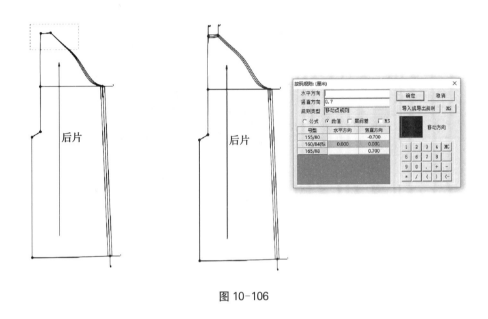

图 10-106

（6）选择"移动点工具"，鼠标左键框选领袖放码点，弹出"放码规则"对话框，输入水平方向放大一个码的位移量 0.1 cm（图 10-107）。

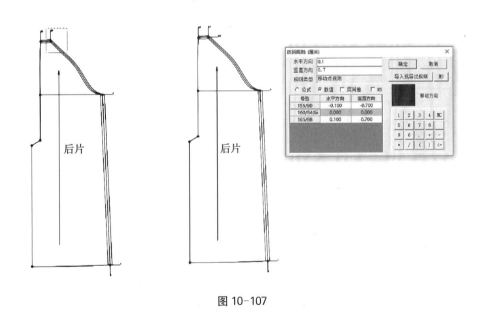

图 10-107

（7）选择"移动点工具"，鼠标左键框选背衩两个放码点，弹出"放码规则"对话框，输入垂直方向放大一个码的位移量－0.5 cm（图 10-108）。

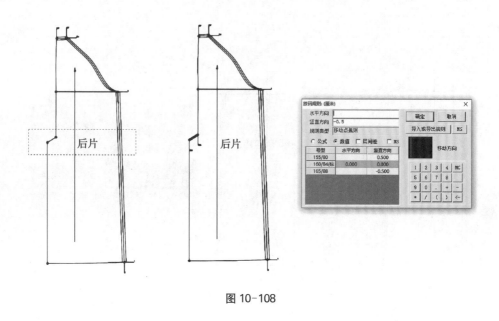

图 10-108

（8）选择"移动点工具"，鼠标左键框选后下摆两个放码点，弹出"放码规则"对话框，输入垂直方向放大一个码的位移量－2.8 cm（图 10-109）。

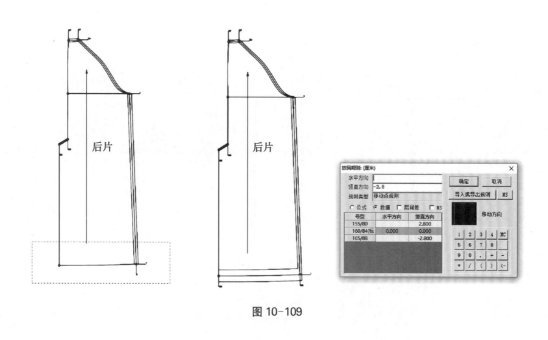

图 10-109

（9）选择"移动点工具"，鼠标左键框选侧缝线两个放码点，弹出"放码规则"对话框，输入水平方向放大一个码的位移量−1 cm（图 10-110）。

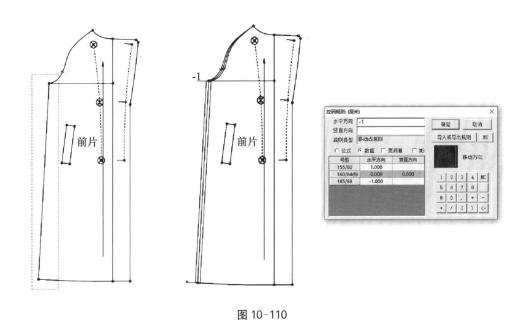

图 10-110

（10）选择"移动点工具"，鼠标左键框选前领口一个放码点，弹出"放码规则"对话框，输入垂直方向放大一个码的位移量 0.6 cm（图 10-111）。

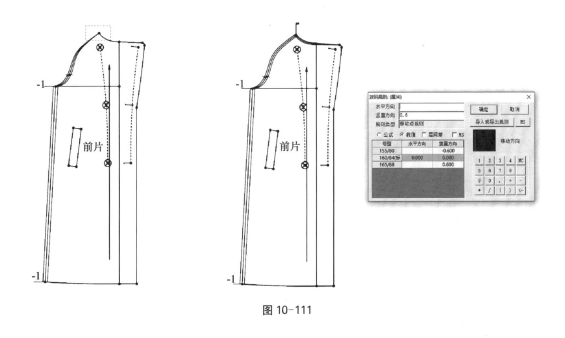

图 10-111

（11）选择"移动点工具"，鼠标左键框选前领口多个放码点，弹出"放码规则"对话框，输入垂直方向放大一个码的位移量 0.5 cm（图 10-112）。

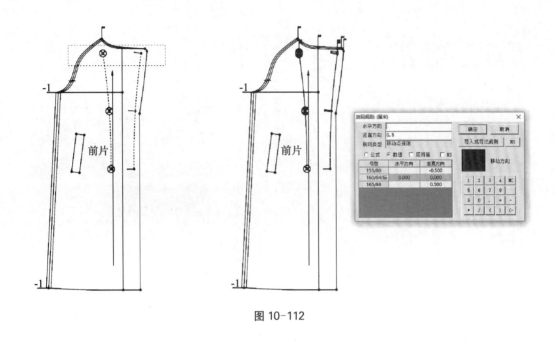

图 10-112

（12）选择"移动点工具"，鼠标左键框选后下摆两个放码点，弹出"放码规则"对话框，输入垂直方向放大一个码的位移量－2.8 cm（图 10-113）。

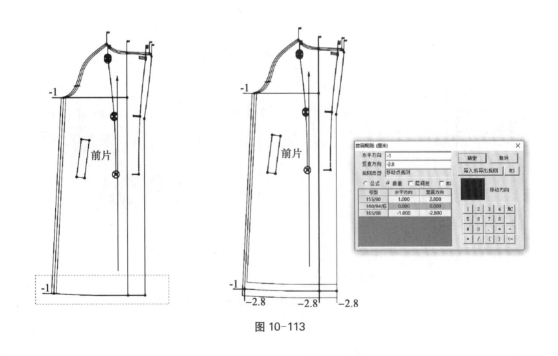

图 10-113

（13）选择"移动点工具"，鼠标左键框选大袋和最后一颗纽扣放码点，弹出"放码规则"对话框，输入垂直方向放大一个码的位移量－0.5 cm（图 10-114）。

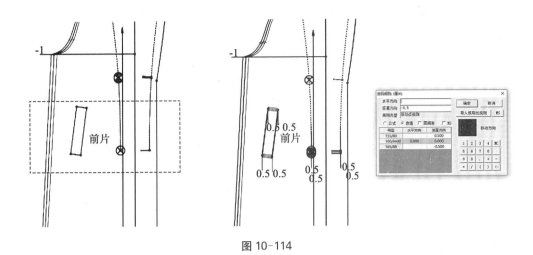

图 10-114

（14）选择"移动点工具"，鼠标左键框选大袋放码点，弹出"放码规则"对话框，输入水平方向放大一个码的位移量－1 cm，选择"点规则拷贝"工具 ◁◁▷▷ 完成挂面的放码（图 10-115）。

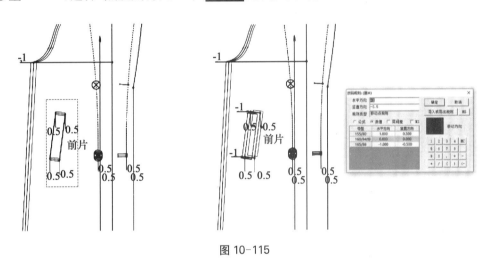

图 10-115

（15）选择"移动点"工具，鼠标左键框选后袖山顶放码点，弹出"放码规则"对话框，输入水平方向放大一个码的位移量 0，输入垂直方向放大一个码的位移量 1 cm（图 10-116）。

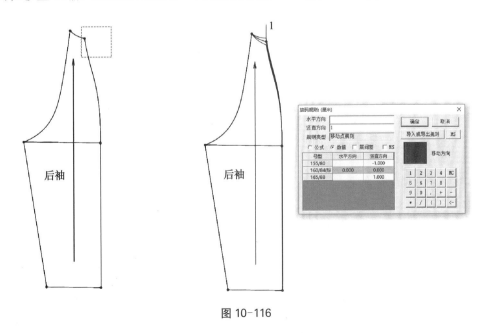

图 10-116

(16) 选择"移动点"工具,鼠标左键框选后领袖放码点,弹出"放码规则"对话框,输入水平方向放大一个码的位移量-0.1 cm,输入垂直方向放大一个码的位移量 1 cm(图 10-117)。

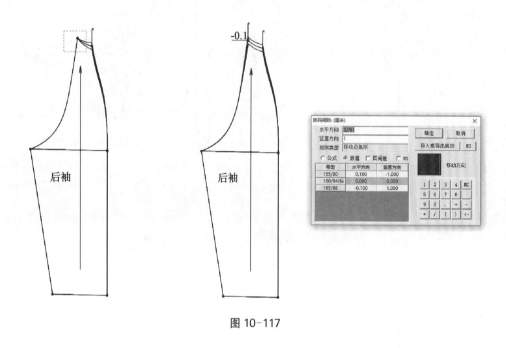

图 10-117

　　(17) 选择"移动点"工具,鼠标左键框选后袖肥放码点,弹出"放码规则"对话框,输入水平方向放大一个码的位移量-0.6 cm,输入垂直方向放大一个码的位移量 0(图 10-118)。

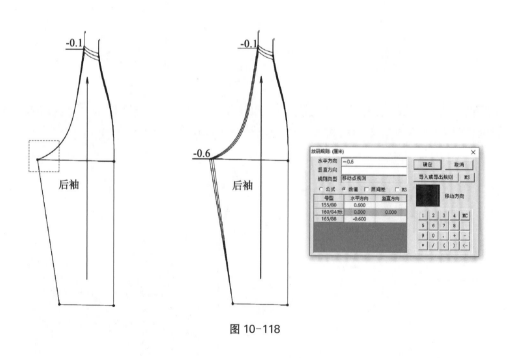

图 10-118

（18）选择"移动点"工具，鼠标左键框选后袖口放码点，弹出"放码规则"对话框，输入水平方向放大一个码的位移量－0.5 cm，输入垂直方向放大一个码的位移量－1 cm（图 10-119）。

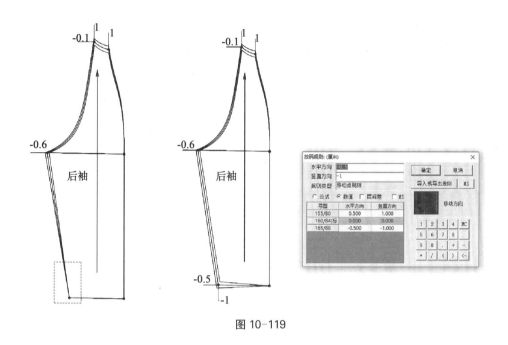

图 10-119

（19）选择"移动点"工具，鼠标左键框选后袖口放码点，弹出"放码规则"对话框，输入水平方向放大一个码的位移量－0.5 cm，输入垂直方向放大一个码的位移量－1 cm（图 10-120）。

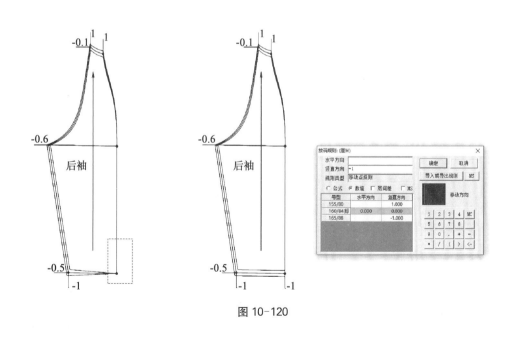

图 10-120

（20）选择"点规则拷贝"工具 完成前袖的放码（图 10-121）。

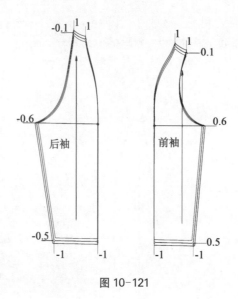

图 10-121

（21）衣领放码：选择"移动点工具"，鼠标左键框选上下级领后中心线放码点，弹出"放码规则"对话框，输入水平方向放大一个码的位移量−0.5 cm（图 10-122）。

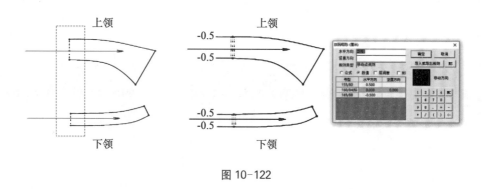

图 10-122

（22）全件放码结果（袋口使用通码）（图 10-123）。

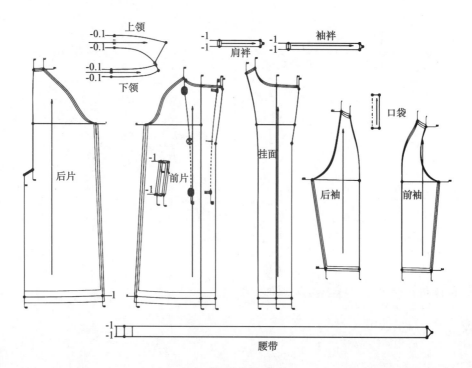

图 10-123

第十一章
欧洲原型及 CAD 版型设计

　　由于欧洲人体的尺寸和欧式服装制版习惯的不同,欧式 CAD 版型设计与前文所述会有少许的差别,但从服装制版的原理和制版的方法上来说,完全是一脉相承的,故本章对欧式服装原型与典型的 CAD 制版案例作简单介绍,基本原理和方法完全可与其他章节互相融通,完成各类服装款式的 CAD 版型设计与放码、排料任务(图 11-1、表 11-1)。

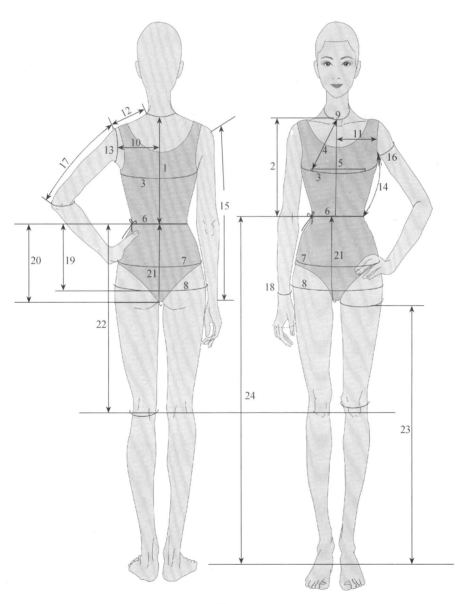

图 11-1

表 11-1　欧洲原型尺寸表　　　　　　　　　　　　　　单位:cm

序号	部位	码 号					档差
		34(XS)	36(S)	38(M)	40(M)	42(L)	
1	背长	40	40.5	41	41.5	42	0.5
2	前长	36	36.5	37	37.5	38	0.5
3	胸围	80	84	88	92	96	4
4	胸高	21	21.5	22	22.5	23	0.5
5	胸距	8.75	9	9.25	9.5	9.75	0.25
6	腰围	60	64	68	72	76	4
7	腹围	77	81	84	87	90	4
8	臀围	86	90	94	98	104	4
9	半领围	17	17.5	18	18.5	19	0.5
10	半背宽	17	17.25	17.5	17.75	18	0.25
11	半前胸宽	16	16.25	16.5	16.75	17	0.25
12	小肩宽	11.2	11.6	12	12.4	12.8	0.4
13	袖窿围	37.5	38.5	39.5	40.5	41.5	1
14	袖根至腰围长	21	21.25	21.5	21.75	22	0.25
15	臂长	60	60	60	60	60	0
16	臂围	24	25	26	27	28	1
17	肘高	35	35	35	35	35	0
18	腕围	15.5	15.75	16	16.25	16.5	0.25
19	臂高	22	22	22	22	22	0
20	立裆长	25.5	26	26.5	27	27.5	0.5
21	前后总浪长	56	58	60	62	64	2
22	膝高	56	57	58	59	60	1
23	前下半身长	104	105	105	106	106	1
24	侧下半身长	104.5	105.5	105.5	106.5	106.5	1

第一节　欧式原型裙及 CAD 版型设计

一、欧式原型裙的平面结构图

按裙长 L、腰围 W、臀围 H 和臀长制作裙装原型结构(图 11-2)。

腰围 W＝68 cm,裙长 L＝60 cm(不含腰宽),臀围 H＝94 cm＋3 cm,臀长 22 cm。

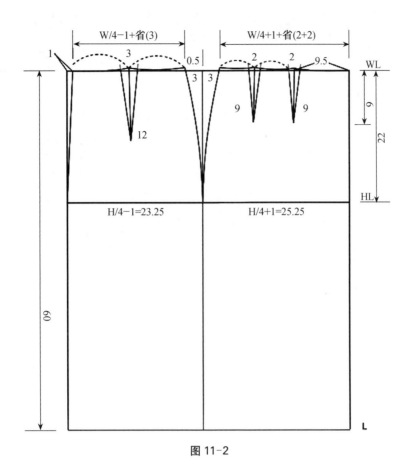

图 11-2

二、拼片裙 CAD 版型设计案例

（一）款式分析

由呈 A 字形造型的六片裙片拼合而成，平腰结构，侧缝装拉链（图 11-3）。

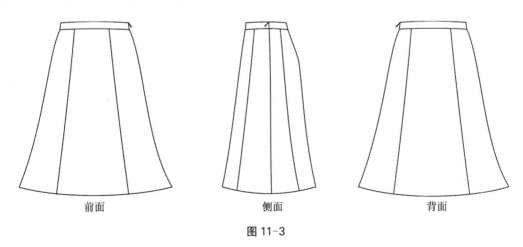

前面　　　　　　　侧面　　　　　　　背面

图 11-3

（二）版型设计原理

通过原型省尖的剪开线剪开纸型增加裙摆量，合并两个省中的一部分省，余省合并成一个省，按设计线设置分割线，在侧缝的基础上放出一定的量。

（三）CAD 制版步骤

（1）选择菜单栏"设置"—"尺寸表"设置尺寸，基础版为 38（M）（图 11-4）。

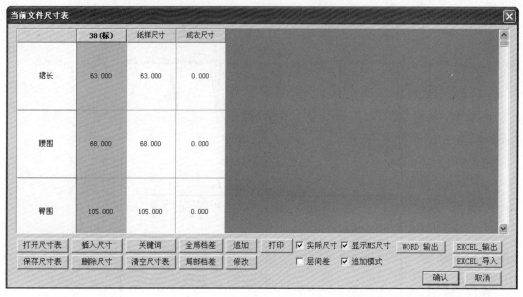

图 11-4

（2）选择菜单栏"设置"—"附件调出"以要素模式调出女裙原型，用"指定分割"工具将通过省尖的辅助线展开 4 cm（图 11-5）。具体可以参考第三章第二节内容。

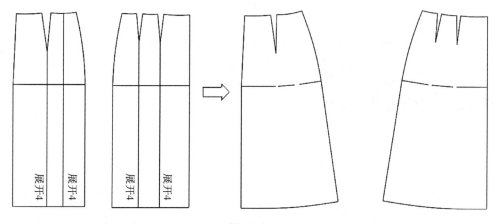

图 11-5

（3）选择"智能笔"工具将侧缝放出一定的量（2 cm），后中心放出呈直线，并用"水平垂直补正"工具补正后中心线，用"智能笔"工具将腰省 1/3 处重新分布，在下摆 1/3 处连接省尖作分割辅助线（图 11-6）。

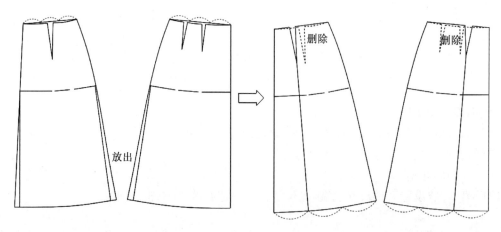

图 11-6

（4）选择"接角圆顺"工具将腰口线圆顺,用"智能笔"工具调顺省线为弧形,用"纸型剪开"工具分离纸样(图 11-7)。

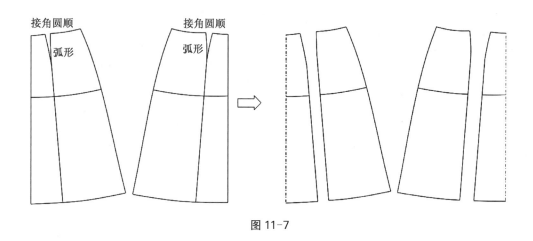

图 11-7

（5）将衣片净样线以外的线作为非片线,用"缝边刷新"统一加缝份 1 cm,再根据工艺要求,修改相关部位缝份,用"刀口"工具将相关部分打上刀眼。用"裁片属性"工具定义裁片属性,六片拼片的纱向与臀围线垂直。面布裁剪样版如图 11-8 所示。

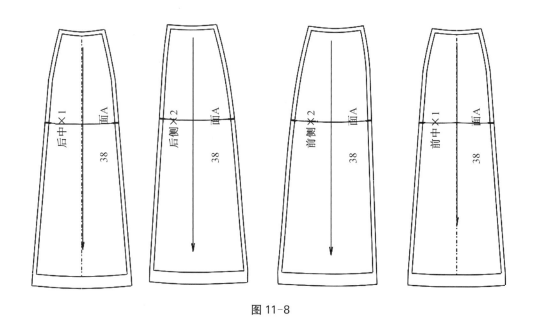

图 11-8

第二节　欧式原型裤及 CAD 版型设计

一、欧式原型裤的平面结构图

按裤长 L、腰围 W、臀围 H 和臀长制作裤装原型结构(图 11-9)。

腰围 W＝68 cm,裤长 L＝100 cm(不含腰宽),臀围 H＝94 cm＋2 cm,臀长 22 cm。

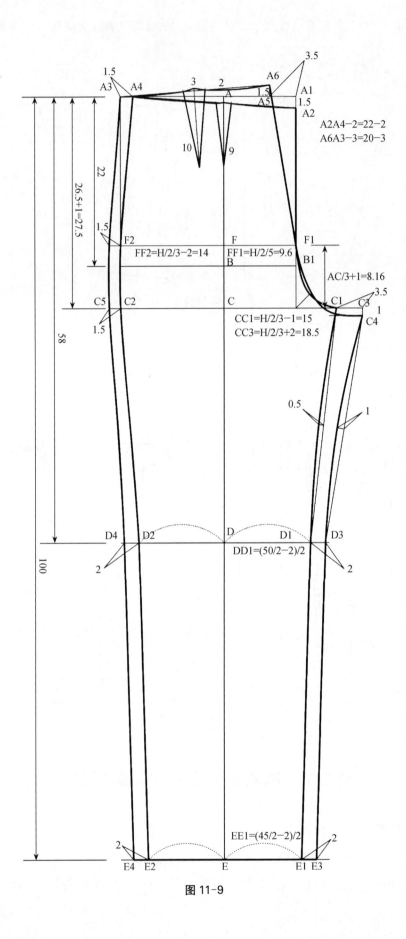

图 11-9

二、低腰七分裤 CAD 版型设计案例

(一)款式分析
低腰七分裤,弯腰结构,斜插口袋,前中装拉链(图 11-10)。

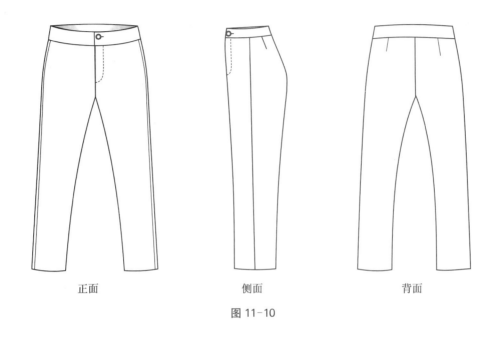

正面　　　　　　　　侧面　　　　　　　　背面

图 11-10

(二)版型设计原理
在女裤原型裤的基础上,可根据设计需要加入适当松量,裤长取原型裤长的约 70%,在腰围线向下加分割线,形成低腰结构,当低腰降至一定程度时,腰省会消失。

(三)CAD 制版步骤
(1)选择菜单栏"设置"—"尺寸表"设置尺寸,基础版为 38(M)(图 11-11)。

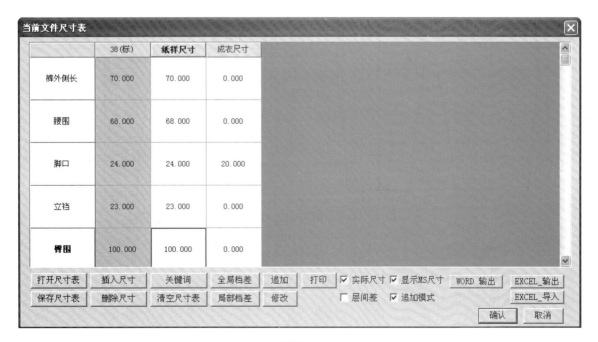

图 11-11

（2）选择菜单栏"设置"—"附件调出"以要素模式调出女裤原型，用"指定分割"工具截取裤长，在臀围、横裆、裆深方向加入松量（图 11-12）。

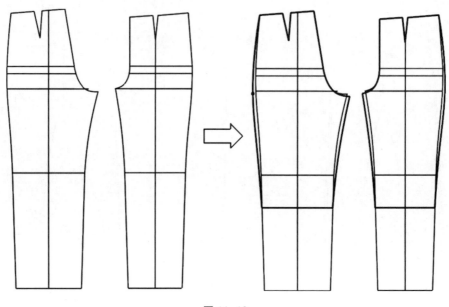

图 11-12

（3）重新分配省量，适当增加前后中心劈量，根据低腰程度用"贴边"工具降低腰线，臀腰差进一步减小，根据需要调整省大小和长度（图 11-13）。

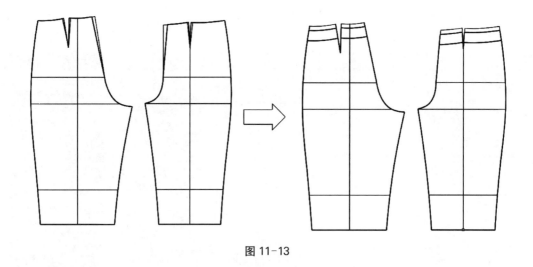

图 11-13

（4）用"纸型剪开"将低腰部分、腰头移开，删除低腰部分，用"形状对接"工具将育克、腰头合并连接，调节圆顺。用"智能笔"绘制门里襟等（图 11-14）。

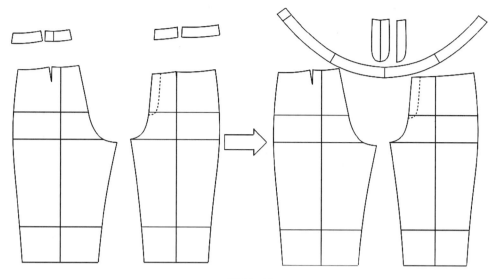

图 11-14

（5）将衣片净样线以外的线作为非片线，用"缝边刷新"统一加缝份 1 cm，再根据女裤工艺要求，将不同部位的缝份用"缝边宽度"工具更改，用"刀口"工具将相关部分打上刀眼，设置裁片属性定义。

① 加入缝份，脚口处 3 cm，其余未注明处为 1 cm。

② 对位记号。裤子中裆、腰口上作对位刀眼。

③ 画上布纹线，腰头布纹线以后中线为对称。

④ 检验。确认前后片侧缝线、前后片下裆缝是否相等，腰围线长度是否与腰头长相等，用"接角圆顺"工具拼合下裆缝，检查前后窿门是否圆顺（图 11-15）。

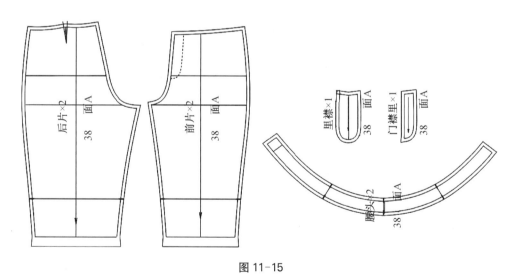

图 11-15

第三节　欧式上衣原型及 CAD 版型设计

一、欧式上衣原型的平面结构图

按胸围 B＝88 cm，臀围 H＝94 cm，领围 N＝36 cm，小肩长＝12 cm 制作上装原型结构（图 11-16）。

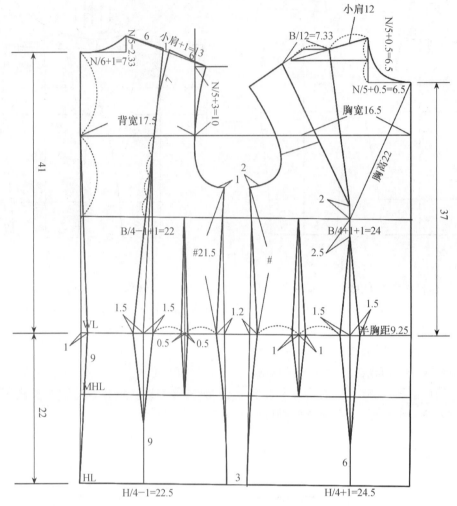

#=(背长+前长)/4+2=(41+37)/4+2=21.5

图 11-16

二、牛仔短夹克 CAD 版型设计实例

（一）款式分析

衣身结构为较合体短夹克,前片横向育克分割,带袋盖胸袋,纵向双分割线,后片肩背横向育克分割,纵向分割线,平下栏,后侧各一调节袢(耳仔),全件双明线工艺。采用牛仔面料或粗犷的麻棉面料。

门襟:单门襟 5 粒扣,挂面压明线;

衣领:直翻领;

衣袖:两片分割式长袖,平口袖克夫(图 11-17)。

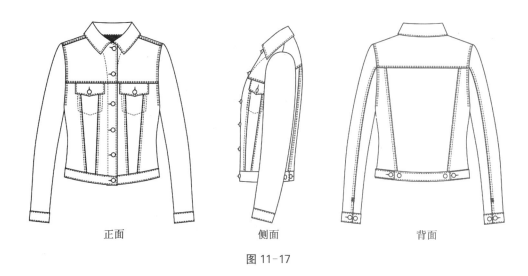

正面　　　　　　　　　　　侧面　　　　　　　　　　　背面

图 11-17

（二）规格设计

按 160/84A 较宽松风格规格设计（单位：cm）：

衣长 L＝FWL＋12＝40＋12＝52（腰节下 12）；

袖长 SL＝0.3G＋9＋3＝0.3×160＋9＋3＝60；

肩宽 S＝39；

成品胸围 B＝B* ＋16＝100。

摆围＝B−8＝86；

基础领围 N＝39 在此基础上开大；

后领高＝7；

袖克夫高＝4，长 25；

（三）版型设计原理

（1）肩省量一部分转化为后肩缩缝，一部分转化为后育克省缝 0.5 cm。

（2）胸省分为三部分，一部分转入分割线，余下作为袖窿松量。以原型操作后的结构线为基础，绘制前、后片基础线，前中心放出 2 cm 叠门量。

（四）CAD 制版步骤

（1）选择菜单栏"设置"—"尺寸表"设置尺寸，基础版为 38（M）（图 11-18）。

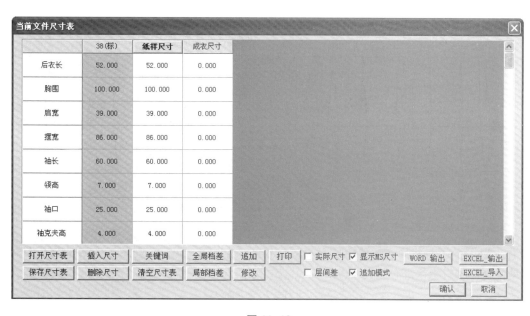

图 11-18

（2）选择菜单栏"设置"—"附件调出"以要素模式调出女装原型，用"智能笔"放出各部位松量，小肩放出 1 cm，横开领开大 0.5 cm，侧缝放出 2.5 cm，袖窿深降低 3.5 cm（袖窿弧长为半胸围减 2 cm 左右），衣长截取设计长度（图 11-19）。

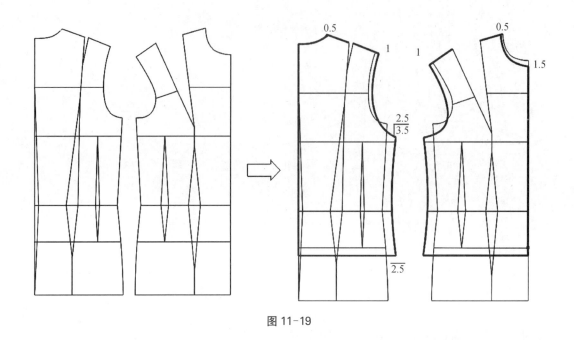

图 11-19

（3）用"智能笔"删除不必要的部分，选择"转省"工具将后肩省转移至袖窿，将前胸省转移 1 cm 至袖窿作为松量，删除前后片靠侧缝处腰省（图 11-20）。

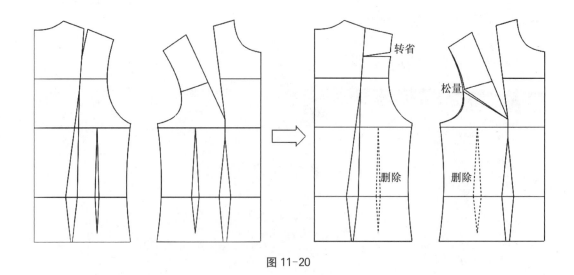

图 11-20

（4）用"智能笔"工具将后省换位至后育克设计位置，大小约 0.7 cm，剩余作为后袖窿松量，用"形状对接"工具将前片胸省上半部分合并（图 11-21）。

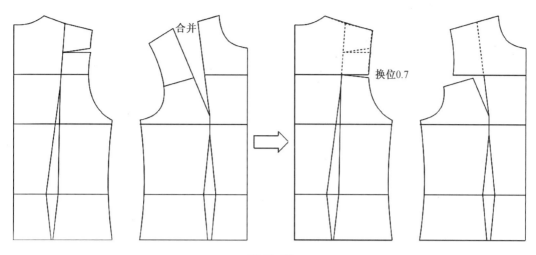

图 11-21

（5）用"智能笔"工具将前下片胸省和腰省平均分配到纵向分割线中，并调整（图 11-22）。

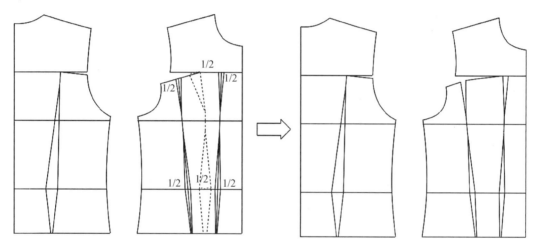

图 11-22

（6）选择"智能笔"工具绘制下栏宽 4.5 cm，前中心线平行绘制 2 cm 宽的叠门，绘制挂面，画顺各相关线条，用"纸型剪开"工具将下栏和前后上半部分结构分离（图 11-23）。

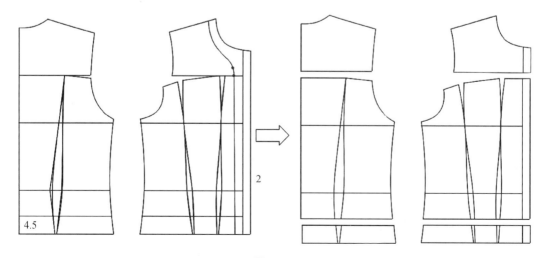

图 11-23

（7）选择"形状对接"工具将下栏各段合并，并将其调整圆顺（图 11-24）。

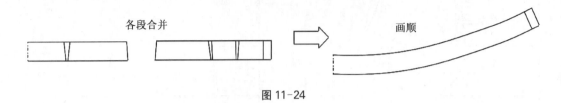

各段合并　　　　　　　　　　　　　　　　　画顺

图 11-24

（8）选择"智能笔"工具绘制胸袋和衣领结构（图 11-25）。

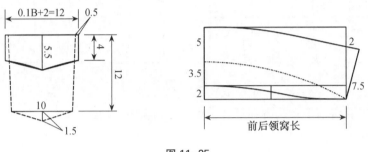

图 11-25

（9）绘制分割袖袖山：选择"一枚袖" 🗑 工具，左上方选项中选中两枚袖选项，袖肥 33 cm，溶位 3 cm，生成一枚袖袖山（图 11-26）。

图 11-26

（10）绘制分割袖袖身：选择"智能笔"工具，袖克夫尺寸为长 25 cm，高 5 cm，将袖山顶点至袖窿底点线连接，并延长至袖口长度线 60－5＝55(cm)处，此时袖口中点向前偏移约 2 cm 左右，将后袖窿分割点对应的后袖山上的点与袖口省画顺连接为大小袖分割线，注意线条的走向和袖口的直角处理（图 11-27）。

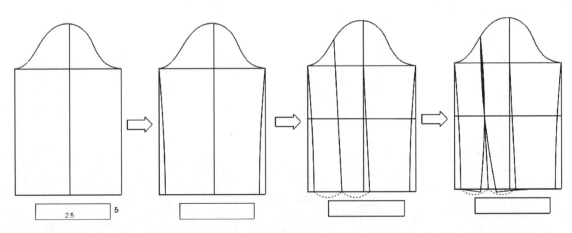

图 11-27

（11）选择"平移"工具平移或复制得到衣片净样线，并将分割裁片用"纸型剪开"工具分离（图 11-28）。

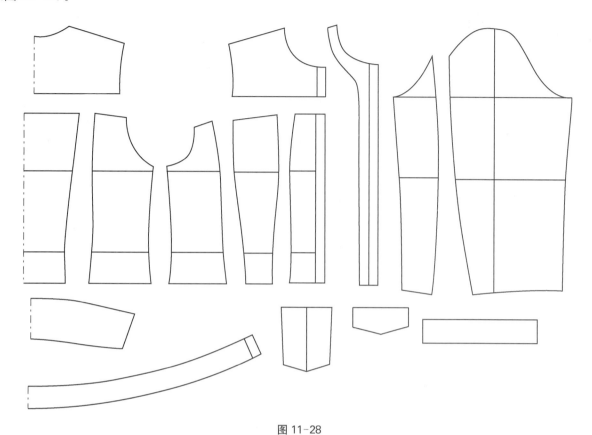

图 11-28

（12）将衣片净样线以外的线作为非片线，用"缝边刷新"统一加缝份 1 cm，再根据工艺要求，将包缝工艺部位的缝份用"缝边宽度"工具更改。包缝工艺一侧为 2 cm，另一侧为 1 cm，挂面内侧 1.5 cm，袋布边、袋盖上口 1.5 cm，用"刀口"工具将相关部分打上刀眼。面布裁剪样版如图 11-29 所示。

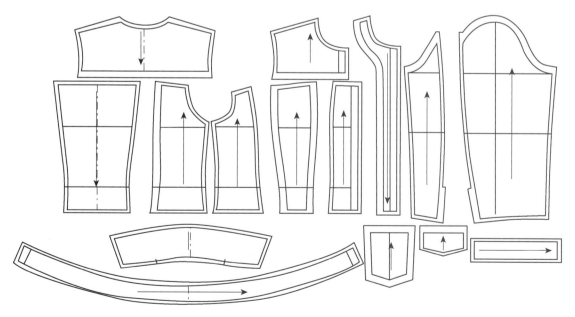

图 11-29

第十二章
服装 CAD 排料

排料是服装生产工序中非常重要的环节,排料的原则是节约面料,提高生产效率,减少劳动强度。本章主要通过实例讲解 ET 服装 CAD 自动排料、手动排料、对格排料。

第一节　服装 CAD 自动排料

随着服装 CAD 智能化的高度发展,服装 CAD 自动排料技术日益成熟。排料是在打版和推版完成之后进行的。

一、新建排料文件

(1) 双击桌面上排料图标 ![icon] 进入 ET 服装 CAD 排料系统界面——选择"文件"菜单——"新建"功能——弹出"打开"对话框(图 12-1)。

图 12-1

(2) 选择要排料的文件(可以选择多个),按"增加款式"后,文件增加到下边的白框内。款式增加完毕,按打开键,弹出"排料方案设定"对话框(图 12-2)。

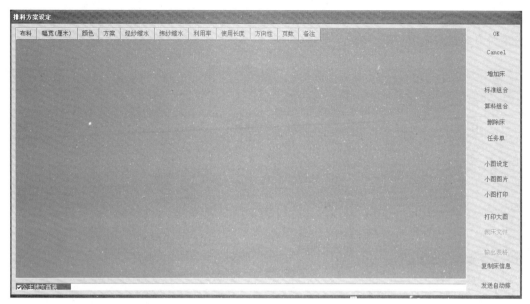

图 12-2

（3）在"排料方案设定"对话框中单击右侧工具条选项，依据需要选择"增加床"按钮，弹出排料方案对话框，根据排料方案输入相关数据（图 12-3）。

① 如幅宽 145 cm，经纬纱方向的缩率（本例中取 0.00％）等。

② 在布料的属性中进行选择，当排片方向为双向时，排料时裁片可进行 180°翻转。选择合掌时，可进行左右手形式对称翻转。

③ 如在排料套数中，面料：S1 套＋M2 套＋L1 套＝4 套，里料：S1 套＋M2 套＋L1 套＝4 套。

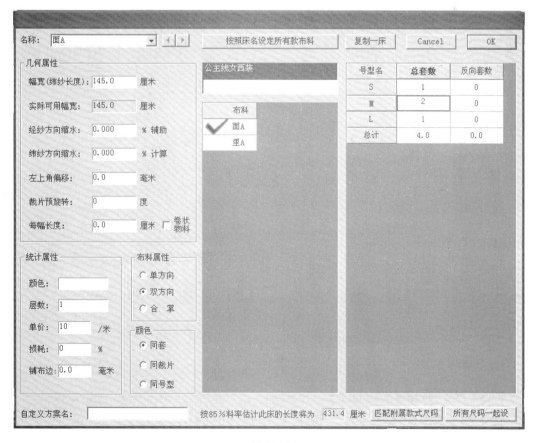

图 12-3

（4）方案设定完毕，得到本次公主线女西服面布和里布的排料方案。在菜单栏"方案 & 床次"中也可对本次排料方案进行修改（图12-4）。

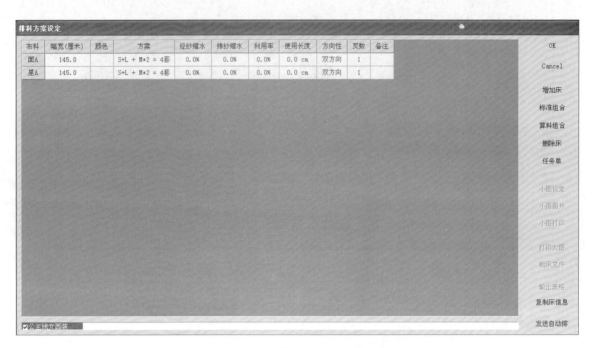

图 12-4

（5）"排料方案设定"完成按 OK 键，进入公主线女西装面料排料界面（图12-5）。

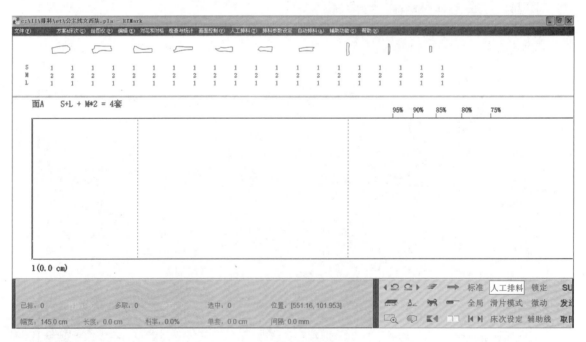

图 12-5

二、自动排料

ET 服装 CAD 系统自动排料功能分为"自动排料""继续排料""快速排料"三种排料功能。

（1）选择菜单栏"自动排料"中的"自动排料"功能，弹出"计时"框，耐心等待计时框自动消失后，唛架的利用率和长度会比较理想（图12-6）。

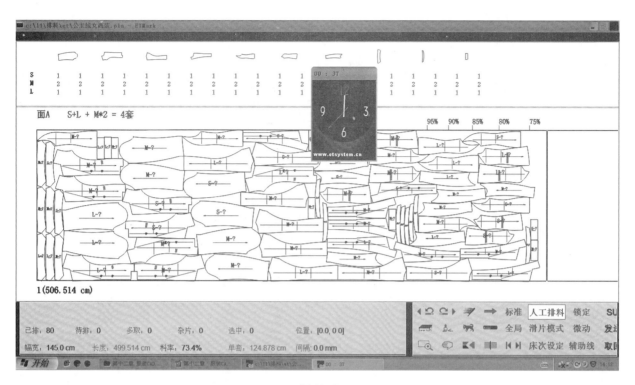

图 12-6

（2）选择菜单栏"自动排料"中的"快速排料"功能，系统会在较短的时间内自动排出较为理想的唛架，但面料的利用率会相对比较低，在排料时间比较紧张时，可利用这种方式进行初排，再用人工排料进行微调（图 12-7）。

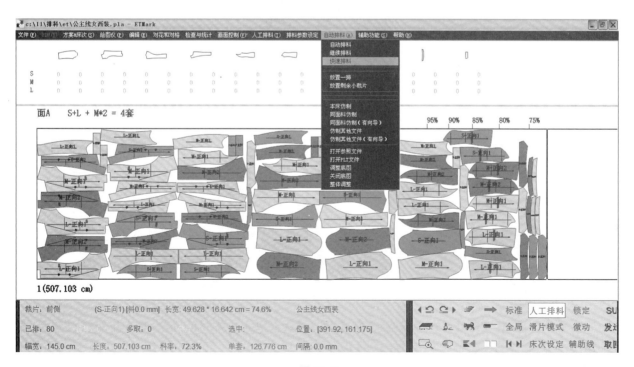

图 12-7

（3）人机互动模式排料。

① 先在排料区放置好大裁片后，选择菜单栏"自动排料"中的"继续排料"功能（图 12-8）。

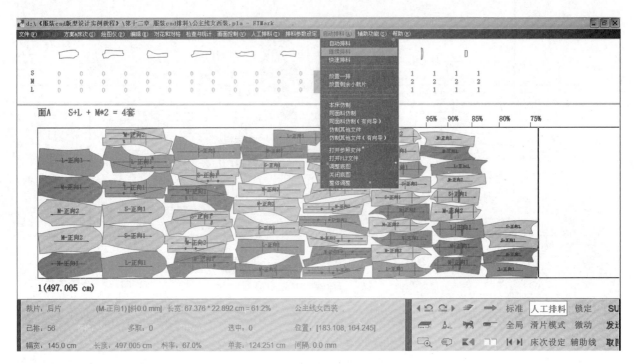

图 12-8

② 系统弹出"计时"框，耐心等待计时框自动消失后，唛架的利用率和长度会比较理想（图12-9）。

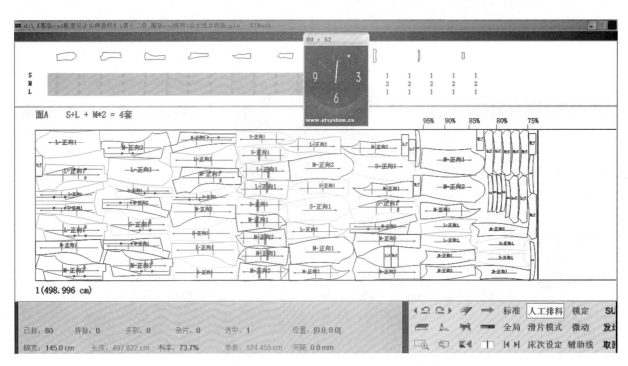

图 12-9

（4）在排完面布的唛架后，在菜单栏"方案 & 床次"选择里布的排料的床次，进入里布排料界面（图 12-10）。

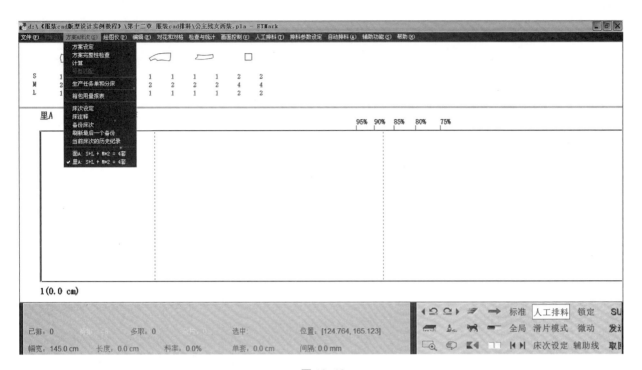

图 12-10

（5）按面布自动排料的方法完成里布的自动排料（图 12-11）。

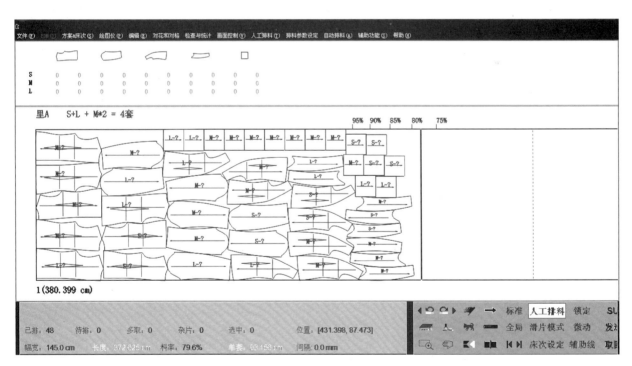

图 12-11

三、文件保存

选择菜单栏中的"文件"—"保存"功能，弹出保存对话框，选择保存排料文件的文件夹，排料文件命名为"公主线女西服 01"，点击保存按钮，完成排料文件的保存（图 12-12）。

图 12-12

第二节　服装 CAD 手动排料

一、新建排料文件

参考第一节服装 CAD 自动排料部分。

二、手动排料

新建一个排料文件后进入排料界面即可进行手动排料。手动排料的操作难度不大,主要依据服装排料的技术要求,丰富的实际操作经验是排料的关键。

手动排料的原则是先大后小,直对直,斜对斜,凹对凸。

排料操作方法如下:

1. 取片

方法如下:

(1) 在待排区中,鼠标左键点选衣片底下的数字,无论数字为几,只可取下相应的一片。

(2) 在待排区中,鼠标左键框选衣片底下的数字,就可取下框内所有裁片。

(3) 在待排区中,鼠标左键点击号型名称,可取出此号型的一套裁片。

(4) 在排料区中,鼠标左键框选,可选取多个裁片。此时若按下 Ctrl 键,可加选裁片或将选错的裁片取消。

2. 压片排料

鼠标在排料区中选定一个位置后,以叠压已排唛架的方式点击左键,该裁片会自动弹开呈靠紧状而不重叠(图 12-13)。

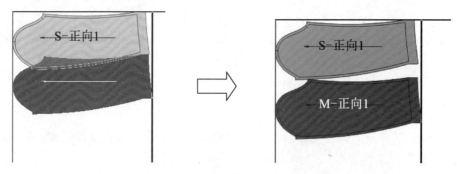

图 12-13

3. 用以下操作方法可提高面料的利用率

（1）裁片重叠操作。先选择"放大"工具，放大需要调整的部位，再选"微动"工具，用鼠标左键选择一个或一组裁片，按键盘上的↑、↓、→、←键，移动裁片使其与其他裁片重叠一定尺度，每按一次方向键，裁片移动 1 mm（屏幕上会及时显示重叠量）（图 12-14）。

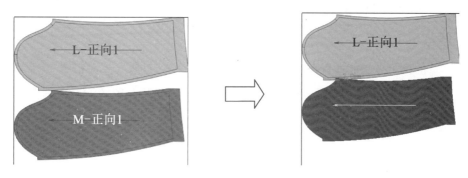

图 12-14

（2）裁片旋转操作。裁片在被鼠标吸附状态时，按空格键可以 180°旋转裁片；按"＜"或"＞"键可以向左或向右 45°旋转裁片；按 K 或 L 键可以向左或向右微转裁片。

4. "接力排料"和"选位"功能

在大片排完之后余下较多小片未排时，使用"接力排料"和"选位"功能，方便快捷。

（1）鼠标左键选择菜单栏"接力排料"功能后，左键点击待排区的裁片号型，该号型裁片将一个接一个吸附至鼠标上，这时选择"自动选位"功能，系统会用白色的引导线指示合理位置，点击鼠标左键即查以排放小片。

（2）再次点击鼠标左键，鼠标上又会有小片，再次选择"自动选位"功能，系统会用白色的引导线指示合理位置，如此反复直到排放完成（图 12-15）。

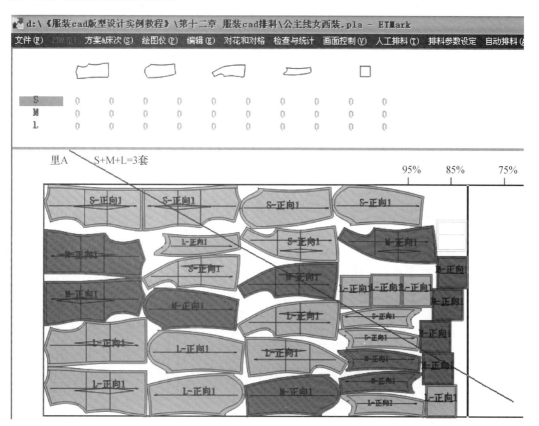

图 12-15

第三节　服装 CAD 对格排料

对于有条格的服装,排料时必然会涉及对条对格的处理,同时对布料的条格质量即条格尺寸的稳定性有所保证,以下以公主线女西装为例,对对格排料操作进行讲解。

一、设定衣片格子点

ET 服装 CAD 的格子点功能设置在打版、推版系统的菜单栏"打版"—"对格子"子菜单中,在设定衣片格子点之前,首先要确定各排片的对格关系。各衣片间存在着主从关系,取主要作用的衣片为主片,该衣片对格位置确定后,才能确定其他衣片,各衣片均有一个对格点,主从关系的衣片通过匹配位置相联系。

1. 设定横条主对格点

(1) 打开已经放好码的公主线女西装打版、放码文件,在基码 M(160/84)层进行格子点的设定,其他号型的格子点会依据基码自动生成。

(2) 先选择"打版"—"对格子"—"定义横条对位点"菜单,进行横条对位点的设置。在公主线西装的前片上腰围线与前中心线的交点 A 的位置按击鼠标左键,再按右键。此点为横条主对格点,此时画面上会出现粉红色圆点。

2. 设定横条对格子点匹配点

仍用"定义横条对位点"功能,在前片与前侧片分割线的胸围线上 B1 与 B2 点分别按鼠标左键,无先后顺序,屏幕上会出现三角与圆圈,此两点为横条对格子匹配点。用同样的方法定义 C1、C2 点,D1、D2 点,E1、E2 点,F1、F2 点,G1、G2 点。注意 E1 点为前侧片袖窿刀眼点、E2 点为大袖对应前侧片袖窿刀眼点。

3. 设定竖条主对格点

先选择"打版"—"对格子"—"定义竖条对位点"菜单,在后领窝中用鼠标左键点 H1 的位置,再按右键。此点为竖条主对格点,此时画面上会出现蓝色圆点。

4. 设定竖条对格子点匹配点

仍用"定义竖条对位点"功能,在后领窝中 H1 点的位置与领片下口中心 H2 点分别按鼠标左键,无先后顺序,屏幕上会出现三角与圆圈,此两点为竖条对格子匹配点,用同样的方法定义上下级领分割线中心 K1、K2 点为竖条对格子匹配点(图 12-16)。

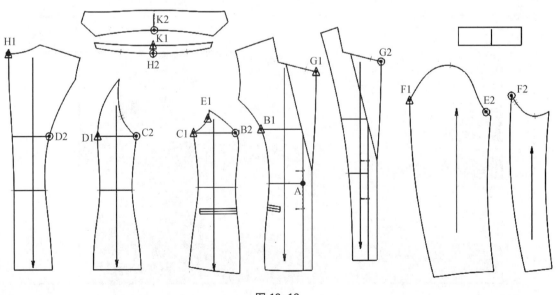

图 12-16

二、新建排料文件

定义衣片格子点完毕,保存文件,按前述方法新建排料文件。

三、设定面料的条格

在排料操作界面,选择菜单栏"对花和对格"—"条纹设定♯"子菜单,弹出条纹设定对话框,根据面料输入条纹参数(图 12-17)。

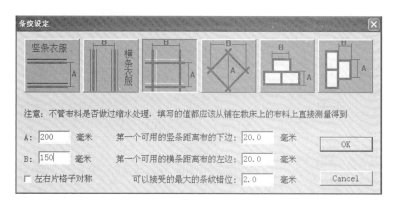

图 12-17

四、对条对格排料

进行对格排料。由于衣片有主从关系,所以对于主对格子的衣片和对格子匹配点的衣片排放方法自然不同,因此排料时应先排主片,再排匹配点的衣片。

1. 主对格子衣片的排料

鼠标左键在待排区点击主片(前衣片),至排料区再点击鼠标左键,衣片会找到最近的对格点。

2. 匹配格子点的衣片的排料

(1) 鼠标左键在待排区点击与前衣片匹配格子点的衣片,至排料区再点击鼠标左键,调整至适合的位置,可以看见匹配格子点的衣片与主对格子衣片对位了。

(2) 按照主从关系确定排片的排放顺序依次完成各衣片的排放。

排料结果如图 12-18 所示(本案例只提供部分衣片对格排料效果)。

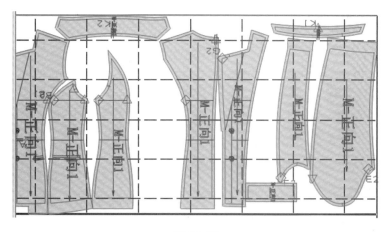

图 12-18

附录

附录1 打版、推版的快捷键及功能

点模式类	
F4:要素点模式	F5:任意模式/智能模式

显示	
F6/V:全屏显示	F7/B:单片全屏显示
F8:关闭所有皮尺显示	F9:显示与关闭分类对话框
F10:恢复前一画面显示	F11:显示隐蔽后的裁片
F12:关闭英寸白圈表示	C:视图查询
Z:放大	X:缩小
Shift+滚轮:鼠标指定位置缩放	

工具面板切换	
Alt+Q:打版工具与放码工具切换	Alt+W 或 Alt+E:线放码工具与测量工具切换

工具类	
~:智能笔工具	Enter:切换到点纵横偏移工具
Alt+A:裁片平移	Alt+C:移动点规则
Alt+D:曲线群点修改编辑	Alt+S:刷新缝边
Alt+V:切换打、推版状态	Alt+X:基础号显示
Alt+Z:放码后展开	BackSpace:曲线退点

辅助线类	
Alt+1:添加/删除水平、垂直于"屏幕"的辅助线	
Alt+2:添加/删除水平、垂直于"要素"的辅助线	

测量工具类	
Ctrl+1:皮尺测量	Ctrl+2:要素长度测量
Ctrl+3:两点测量	Ctrl+4:要素拼合测量
Ctrl+5:要素上的两点测量	Ctrl+6:角度测量

其他类	
F2/Ctrl+S:保存	F3:打开
Ctrl+Z:UBDO 撤消	Ctrl+X:恢复
Page up:切换到点输入框	Page down:切换到数值输入框
空格:所有输入框数值清零	

附录 2　排料系统快捷键

快捷键名称	应用	快捷键名称	应用
F3、F4	人工排料、输出	F7	平移
F5、F6	放大、动态放缩	+、−	组合、拆组
Ctrl+S	保存	I	垂直翻转
Ctrl+A	全选	O	水平翻转
Ctrl+O	打开	Alt+G	对格排料模式
F1	帮助		
W	排料区内排料图向下平移		
A	排料区内排料图向右平移		
S	排料区内排料图向上平移		
Z	排料区内排料图向左平移		
小键盘 2、4、6、8	人工排料时，为上、下、左、右按微动量微动		
空格键	当裁片在鼠标上时，根据布料的方向设置，转动裁片 ➢ 布料单方向，不能转动裁片 ➢ 布料双方向，180°转动裁片 ➢ 布料无方向，180°转动、水平翻转及垂直翻转裁片 ➢ 复制裁片（此功能在"允许额外选取裁片"时才能使用） ➢ 鼠标左键框选需要复制的裁片		
Insert	按"Insert"键，可将所选裁片复制到鼠标上 文字注释也可以通过同样的方法复制		
Delete	删除裁片，在鼠标上的裁片或选中的裁片，被删回待排区		
Home	床起始线到鼠标位置		
End	床尾线到鼠标位置		
Page up	排料图整页向右滚动		
Page down	排料图整页向左滚动		
K	向左微转裁片		
L	向右微转裁片		
<	向左 45°转动裁片		
>	向右 45°转动裁片		

附录 3　常用文件后缀名一览表

常用文件	后缀名	常用文件	后缀名
打推版文件	＊.prj	输出文件	＊.out
预览图文件	＊.emf	尺寸表文件	＊.stf
排料文件	＊.pla	关键词文件	mykeyword.kwf
数字化仪文件	＊.dgt	附件库文件	＊.prt
布料名称文件	cloth.txt		

附录 4　电脑知识

一、开机与关机

（1）先开外设，后开主机。

外设：指电脑的外部设备，如显示器、打印机、绘图仪、数字化仪等。

（2）先关主机，后关外设。

二、电脑主机端口识别

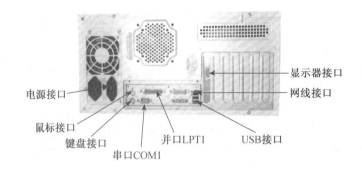

三、启动

如遇到操作系统不能正常运行，通常用以下两种方法重新启动计算机。

（1）选择开始→关机→重新启动计算机。

（2）按键盘上的 Ctrl＋Alt＋Delete→重新启动计算机。

四、部分专业术语说明

（1）左键单击。表示鼠标指针指向一个想要选择的对象，然后快速按下并释放鼠标左键。主要用于选择某个功能。

（2）左键双击。表示鼠标指针指向一个想要选择的对象，然后快速按下并释放鼠标左键两次。主要用于进入某个应用程序。

（3）右键单击。表示鼠标指针指向一个想要选择的对象，然后快速按下并释放鼠标右键。主要用于结束或取消某步操作或某个功能。

（4）左键拖动：按住鼠标左键，移动鼠标。通常用于应用软件中的放大等操作。

（5）框选：表示在空白处单击并拖动鼠标，把所选内容框在一个矩形框内，再单击。

（6）Ctrl＋Z：文中出现 Ctrl＋Z 通常是指按住 Ctrl 键的同时按 Z 键。

（7）滚轮：移动滚轮，使当前页面上下滚动。应用软件可以对滚轮做特殊的定义。